普通高等

园林景观材料

第 2 版

主　编　董莉莉　刘　华

副主编　郁雯雯　郭瑞芳

参　编　胡俊琦　彭芸霓　曾晓泉
　　　　雷　晶　汪　杰　龙　赟

主　审　杜春兰

重庆大学出版社

内容提要

本书针对园林景观材料的认知与应用，突出实践性、创新性与时效性三大原则。全书共分为四个部分：第一部分概述园林景观材料的历史、发展及其基本性质；第二部分讲解墙体、屋面与地面等构筑受力部位的结构材料；第三部分讲解石材与石料、木材、玻璃、金属材料以及有机高分子材料等装饰材料；第四部分讲解多样建筑小品和装饰小品等形制成品材料。本书选用了大量的实际案例图片，并总结形成了众多图文并茂的图表，从而以清晰直观的方式呈现了园林景观材料的认知与应用。

第2版修订后，新增大量知识拓展与资源配套内容，新增一章"工程案例"，均以数字资源形式呈现，通过扫描内容对应的二维码可进行阅读。本书另配有电子教案、课后习题及答案、试题及答案，可供教学参考。本书可作为风景园林、环境艺术等相关专业的教学用书，也可作为相关专业设计、施工与管理人员的参考用书。

图书在版编目（CIP）数据

园林景观材料 / 董莉莉,刘华主编. –– 2版. –– 重庆：
重庆大学出版社, 2024.8. –– (普通高等教育风景园林
专业系列教材). –– ISBN 978-7-5689-4792-3

Ⅰ. TU986

中国国家版本馆CIP数据核字第2024U4L662号

普通高等教育风景园林专业系列教材

园林景观材料
YUANLIN JINGGUAN CAILIAO
(第2版)

主　编　董莉莉　刘　华
副主编　郁雯雯　郭瑞芳
主　审　杜春兰

责任编辑：张　婷　　版式设计：张　婷
责任校对：刘志刚　　责任印制：赵　晟

*

重庆大学出版社出版发行
出版人：陈晓阳
社址：重庆市沙坪坝区大学城西路21号
邮编：401331
电话：（023）88617190　88617185（中小学）
传真：（023）88617186　88617166
网址：http://www.cqup.com.cn
邮箱：fxk@cqup.com.cn（营销中心）
全国新华书店经销
重庆华林天美印务有限公司印刷

*

开本：787mm×1092mm　1/16　印张：18.5　字数：498千
2016年7月第1版　2024年8月第2版　2024年8月第6次印刷
印数：8 501—10 500
ISBN 978-7-5689-4792-3　　定价：69.80元

总 序

　　风景园林学,这门古老而又常新的学科,正以崭新的姿态迎接未来。

　　"风景园林学"（Landscape Architecture）是研究规划、设计、保护、建设和管理户外自然和人工环境的学科。其核心内容是户外空间营造,根本使命是协调人与自然之间的环境关系。回顾已经走过的历史,风景园林已持续存在数千年,从史前文明时期的"筑土为坛""列石为阵"到21世纪的绿色基础设施、景观都市主义和低碳节约型园林,它们都有一个共同的特点,就是与人们追求生存环境的质量息息相关。无论东西方都遵循着一个共同规律,当社会经济高速发展之时,就是风景园林大展宏图之日。

　　今天,随着城市化进程的飞速发展,人们对生存环境的要求也越来越高,不仅注重建筑本身,更关注户外空间的营造。休闲意识的增强和休闲时代的来临,使风景名胜区和旅游度假区保护与开发的矛盾日益加大,滨水地区的开发随着城市形象的提档升级受到越来越多的关注,代表城市需求和城市形象的广场、公园、步行街等城市公共开放空间大量兴建,居住区环境景观的设计要求越来越高,城市道路在满足交通需求的前提下景观功能逐步被强调……这些都明确显示,社会需要风景园林人才。

　　自1951年清华大学与原北京农业大学联合设立"造园组"开始,中国现代风景园林学科已有59年的发展历史。据统计,2009年我国共有184个本科专业培养点。但是,由于本学科的专业设置分属工学门类建筑学一级学科下城市规划与设计二级学科的研究方向和农学门类林学一级学科下园林植物与观赏园艺二级学科;同时,本学科的本科名称又分别有园林、风景园林、景观建筑设计、景观学等,加之社会上从事风景园林行业的人员复杂的专业背景,使得人们对这个学科的认知一度呈现出较混乱的局面。

　　然而,随着社会的进步和发展,学科发展越来越受到高度关注,业界普遍认为应该集中精力调整与发展学科建设,培养更多更好的适应社会需求的专业人才,于是"风景园林"作为专业名称得到了公认。为了贯彻《中共中央 国务院关于深化教育改革全面推进素质教育的决定》的精神,促进风景园林学科人才培养走上规范化的轨道，推进风景园林专业的"融合、一体化"进程，拓宽和深化专业教学内容，满足现代化城市建设的具体要求，编写一套适合新时代的高等教育风景园林专业系列教材十分必要。

重庆大学出版社从2007年开始跟踪、调研全国风景园林专业的教学状况，2008年决定启动普通高等学校风景园林专业系列教材的编写工作，并于2008年12月组织召开了普通高等学校风景园林类专业系列教材编写研讨会。研讨会汇集南北各地园林、景观、环境艺术领域的专业教师，就风景园林类专业的教学状况、教材大纲等进行交流和研讨，为确保系列教材的编写质量与顺利出版奠定了基础。经过重庆大学出版社和主编们两年多的精心策划，以及广大参编人员的精诚协作与不懈努力，"普通高等教育风景园林专业系列教材"于2011年陆续问世，真是可喜可贺！这套系列教材广泛吸收了有关专家、教师及风景园林工作者的意见和建议，立足于培养具有综合创新能力的普通本科风景园林专业人才，精心选择内容，既考虑了相关知识和技能的科学体系的全面系统性，又结合了广大编写人员多年来教学与规划设计的实践经验，并汲取国内外最新研究成果编写而成。教材理论深度合适，注重对实践经验与成就的推介，内容翔实，图文并茂，是一套风景园林学科领域内的详尽、系统的教学系列用书，具有较高的学术价值和实用价值。

这套系列教材适应性广，不仅可供风景园林及相关专业学生学习风景园林理论知识与专业技能使用，也是专业工作者和广大业余爱好者学习专业基础理论、提高设计能力的有效参考书。

相信这套系列教材的出版，能更好地适应我国风景园林事业发展的需要，为推动我国风景园林学科的建设、提高风景园林教育总体水平起到积极的作用。

愿风景园林之树常青！

编委会主任　杜春兰

编委会副主任　陈其兵

2010年9月

前 言 （第2版）

  园林景观材料作为实现景观设计理念的基础和载体，其种类、性能和应用技术也在不断更新和进步，极大提升了园林景观作品的表现力和品质。本书出版以来，风景园林行业不断创新突破，同时，高等教育领域也迎来了工程教育的变革性发展，构建了新发展理念为引领的新型工程教育观。在此背景下，《园林景观材料》的修订再版显得愈发必要和迫切。此次修订以习近平新时代中国特色社会主义思想为指导，贯彻党的二十大精神，强调立德树人引领，旨在适应时代需求，面对新工科人才培养范式变革，助力中国式现代化建设事业。

  本书第2版充分吸取了读者对第1版教材的宝贵意见和建议，对全书内容进行了全面的梳理和修订，优化了知识框架，注意专业内容的连贯性和相关知识的串联性，对个别交叉重复的内容重新归类，强化了教材内容的逻辑性、连续性和可读性。新版教材根据国内外风景园林材料领域的最新研究成果和趋势，增加了新型景观材料知识讲解和应用案例介绍，突出创新能力和实践能力的培养。景观材料知识讲述注重环保性和可持续性评价，强调绿色、低碳、循环等环保理念在园林景观设计中的应用，案例选择注重融入创新、协调、绿色、开放、共享的新发展理念，引导读者树立正确的工程伦理观和社会责任感。

  园林景观作为人类与自然和谐共生的重要载体，不仅承载着美学与艺术的追求，更蕴含着深厚的文化底蕴与思想内涵。此次修订突出了景观材料与文化融合的理念，补充了园林景观材料美学性质、文化属性等内容，充分挖掘和展示中华文化的独特魅力，让读者在学习的过程中能够深刻感受中华文化的博大精深，坚定文化自信，更加自觉地传承和弘扬中华优秀传统文化。

  同时，编写形式上强调与信息化新技术的融合，结合新形态教材建设探索数字教材。重要知识点均配套视频、案例资料、微课等数字课程资源，利用线上教学服务平台，以二维码链接方式提供，实现"传统纸质教材＋配套数字资源＋在线教学服务平台"为一体的新形态教材模式。

  本版主编为董莉莉、刘华（重庆交通大学建筑与城市规划学院）；副主编为郁雯雯（重庆艾特兰斯园林建筑规划设计有限公司）、郭瑞芳（聊城大学建筑工程学院）；参编为胡俊琦（重庆大学建筑城规学院）、彭芸霓（重庆交通大学建筑与城市规划学院）、曾晓泉（广西艺术学院建筑艺术学院）、雷晶（重庆艾特蓝德园林建设集团有限公司）、汪杰（重庆尚源建筑景观设计有限公司）、龙赟（成都景虎景观设计有限公司）、张梓航（重庆交通大学建筑与城市规划学院）。

  此外，我们还对原书中的一些不足之处进行了修正和完善，力求使本书更加严谨、准确、实用。我们相信，通过本次再版能够为广大学者和从业者提供一本更加全面、更加深入、更加实用的园林景观材料教材。由于编写人员水平有限，时间仓促，书中缺点错误难免，望读者批评指正，以便今后进一步修改补充。

  再次感谢广大读者的支持和关注，让我们携手共进，共创美好未来！

编 者

2024 年 1 月

前　言

随着园林景观设计思潮的繁荣、工程技术的创新与可持续发展观念的强化，园林景观材料逐步脱离建筑材料与室内装饰材料的范畴，成为具有明显园林景观自身属性特质的材料范畴，同时呈现出多样与多变的需求趋势及生态与环保的发展趋势。

随着园林景观营造人性化与个性化追求的演进，传统的先设计后选材与材料选择符合施工要求的模式，被先选材后设计与施工工艺符合材料特性的模式所取代。因此，园林景观材料在园林景观营造中的地位越发重要。

本书针对园林景观材料的认知与应用，突出了实践性、创新性与时效性三大原则。

实践性原则：该课程所涉及内容具有很强的实践性，为了达到良好的教学效果，教材的编写集合了高等院校与设计、施工企业共同之力，注重书本理论紧密结合实践案例的示范性教学方式，分类详尽、思路明确、条理清晰，具有全面性、实用性和针对性，便于理解。

创新性原则：该课程以前也多用建筑学专业的教材，为了达到与风景园林专业良好的契合性，本教材的编写将材料类别适应不同使用需求作为主轴线，整合了大量实物样板与实际案例图片，以图文结合、新颖直观的方式增强学生自行阅读的效果，特别强调以表格方式形成大量知识的精简总结，同时将园林景观工程施工的工艺、质量验收规范与教材内容作了较大整合。

时效性原则：该课程与工程实践关联性紧密，为了达到理论建构以最新的规范为依据、类型归纳以最新的标准为依据、材料类型归纳以最新的实践为依据，教材的编写紧贴一线施工现场，将施工现场最基本、最实用的知识和技能进行筛选与优化整合，案例的选用均以时效作为依据，充分展示了当代最新材料的应用，以便学生能充分了解相关实践，从而有效地应对今后的职业工作。

本书针对园林景观材料的认知与应用，分为9章进行编写：第1章梳理了中外古典园林景观材料的历史发展，归纳了现代园林景观材料的应用；第2章对于材料的组成、结构与构造以及主要性质进行了总结；第3章按照墙体和屋面两个构筑部位介绍了各种砖、砌块、板材、瓦材等；第4章按照气硬性、水硬性与有机性介绍了胶凝材料与混凝土材料；第5章是本书的重点，对石材与石料的组成、结构、性质和分类作了介绍，同时将其各种应用进行了详细分析；第6章对木材、竹材与茅草进行了介绍；第7章针对玻璃与金属材料的特质与应用进行了综合介绍；第8章对有机高分子材料进行了特性介绍，并就涂料、塑料与胶黏剂的不同应用作了梳理；第9章为形制成品材料，介绍了建筑小品和装饰小品两类中形制成品材料的不同应用。

本书参加编写人员有：主编董莉莉（重庆交通大学建筑与城市规划学院）；副主编郁雯雯（重庆艾特兰斯园林建筑规划设计有限公司）、郭瑞芳（聊城大学建筑工程学院）；参编胡俊琦（重庆大学建筑城规学院）、彭芸霓（重庆交通大学建筑与城市规划学院）、曾晓泉（广西艺术学院建筑艺术学院）、雷晶（重庆艾特蓝德园林建设集团有限公司）、汪杰（重庆尚源建筑景观设计有限公司）、龙赟（成都景虎景观设计有限公司）。

本书由重庆大学杜春兰教授主审。陶勇（苏州侪联景观工程有限公司）、梁艮（北京大通方正景观设计资讯有限公司）、白建平（北京万树缘园林工程设计有限公司）、熊大荣（重庆艾特蓝德园林建设集团有限公司）、刘强（重庆艾特蓝德园林建设集团有限公司）、娄飞（重庆艾特蓝德园林建设集团有限公司）等参与了案例图片的拍摄与整理工作。

在编写过程中，承蒙有关院校和设计、施工单位的大力支持，谨此表示感谢！

编　者
2015 年 10 月

目　录

1 园林景观材料的历史发展 ·· 1

1.1 园林景观材料的概念与内涵 ································· 1
1.2 中国古典园林材料的发展 ····································· 2
1.3 外国古典园林材料的发展 ····································· 9
1.4 现代园林材料的应用 ·· 20
思考与练习 ·· 27

2 园林景观材料的基本性质 ·· 28

2.1 材料的组成、结构与构造 ····································· 28
2.2 材料的物理、化学性质 ·· 30
2.3 材料的美学与文化特性 ·· 36
思考与练习 ·· 42

3 墙体材料与屋面材料 ··· 43

3.1 砌墙砖 ··· 44
3.2 砌块 ··· 53
3.3 墙用板材 ·· 55
3.4 屋面材料 ·· 57
思考与练习 ·· 61

4 胶凝材料与混凝土材料 ·· 62

4.1 气硬性胶凝材料 ·· 63
4.2 水硬性胶凝材料 ·· 69
4.3 装饰水泥 ·· 79
4.4 装饰砂浆 ·· 84
4.5 有机胶凝材料 ·· 92
4.6 混凝土 ·· 96
思考与练习 ·· 112

5 石材与石料 ·· 113

5.1 岩石的基本知识 ·· 113
5.2 园林工程中常用天然石材 ·· 120
5.3 园林工程中常用人造石材 ·· 140
5.4 常见景观石材的工艺及应用 ·· 155
5.5 石雕的应用 ··· 184
思考与练习 ··· 190

6 木材、竹材与茅草 ·· 191

6.1 木材 ··· 191
6.2 竹材 ··· 207
6.3 茅草 ··· 216
思考与练习 ··· 222

7 玻璃与金属材料 ··· 223

7.1 玻璃 ··· 223
7.2 金属 ··· 234
7.3 有色金属材料 ·· 243
思考与练习 ··· 247

8 有机高分子材料 ··· 248

8.1 高分子化合物概述 ··· 248
8.2 涂料 ··· 249
8.3 塑料 ··· 255
8.4 薄膜材料 ·· 261
8.5 合成橡胶 ·· 266
8.6 合成纤维 ·· 267
8.7 透光云石 ·· 270
8.8 胶黏剂 ·· 270
思考与练习 ··· 272

9 形制成品材料 ·· 273

9.1 园林景观形制小品的含义 ·· 273
9.2 园林景观形制小品的特征 ·· 274
9.3 园林景观形制小品的功能 ·· 276
9.4 园林景观形制小品的分类 ·· 278
9.5 园林景观形制小品的发展 ·· 282
思考与练习 ··· 284

参考文献 ·· 285

1 园林景观材料的历史发展

本章导读 本章按照历史发展顺序，介绍中外园林材料的发展变化。按历史发展顺序将中国古典园林景观材料分为天然材料和人工材料两部分；对不同历史时期代表性中外园林的景观及材料运用进行分析讲解。通过列表概述了现代园林景观常用材料，并分析了园林景观材料的发展趋势。要求掌握中国古典园林几个时期的代表材料，熟悉外国园林中几种典型园林风格材料的运用。

1.1 园林景观材料的概念与内涵

《材料科学与工程基础》[1] 一书在序言中写道：我们周围到处都是材料，它们不仅存在于我们的现实生活中，而且扎根于我们的文化和思想领域。材料是人类从事建设活动的物质基础，长期以来随着人类经验的积累，使用的材料不断演变。事实上，材料与人类的出现和进化有着密切的关系。因而，它们的名字已作为我们人类文明的标志，如石器时代、青铜器时代等。从天然材料到人造材料，人类文明得以进步，天然材料和人造材料也成为我们生活不可分割的部分。

材料在园林景观设计中的作用举足轻重，设计概念实现于形式，而最终也将落实到材料。园林景观材料作为表达设计概念的基本单元和主要物质基础，与园林设计之间必然是相辅相成的关系。玛莎·施瓦茨[2] 认为，设计概念来自不同的尺度，不是一个真正的直线过程。"部分是整体的表达，而整体也是部分的表达。"材料表达出局部，众多的局部构成了大空间，甚至围绕一种材料也可以建立一个概念。当材料的选用受到一定限制，如何选择材料或如何用有限的材料表达设计思想，就成为设计师需要解决的问题。

随着科技的进步和时代的发展，我国园林建设中园林景观材料种类不断更新和扩充，极大地丰富了园林的形式和内容，也促进了园林景观设计理念的发展。通过园林景观材料合理地选择和应用，可以深化园林景观的设计概念，体现园林景观的特色，创造出更加人性化的园林景观空间。

---

[1] 黄根哲.材料科学与工程基础 [M].北京：国防工业出版社，2010.
[2] 玛莎·施瓦茨，1950 年生，美国景观设计师。

1.2 中国古典园林材料的发展

中国古典园林历史悠久，大约从公元前 11 世纪的奴隶社会末期到 19 世纪末封建社会解体为止，在 3 000 余年漫长而不间断的发展过程中，形成世界上独树一帜的风景式园林体系——中国园林体系[1]。

中国园林材料与中国园林的发展相辅相成，园林材料随着园林的发展不断改变与更新。因此，中国古典园林材料的发展历程大致可划分为：天然材料主导期（商末、周初时期）和人工材料的雏形期（周朝至战国时期）、发展期（秦汉时期、魏晋南北朝时期、隋唐时期）、稳定期（两宋时期、元明清时期）（图 1.1）。需求导向、就地取材是我国古典园林中材料选用的基本原则。既师法自然又善添人作，是古典园林经常采用的描述方法。这种师法自然的造园艺术，既体现了人的自然化，又体现了自然的人文化。

图 1.1　中国园林材料的发展历程

1.2.1 天然材料主导期

商末、周初时期

中国古典园林起源的历史时期为商末、周初。贵族宫苑是中国古典园林的雏形，也是皇家园林的前身。规模宏大、气魄恢宏为这个时期造园活动的主流特征。这时候的宫苑游观已经上升到主要地位，建筑、植物成为主要造园要素，建筑结合天然山水地貌而发挥其观赏作用，同时有了游赏为目的的水体。此时的园林材料多是以建筑材料为基础的延伸，并没有真正形成独立的以观赏为目的的园林材料。

图 1.2　沙丘苑台

中国有史可证的最早的园林是商末纣王所建的沙丘苑台（图 1.2）和周文王所建的灵囿、灵台、灵沼。灵囿是在植被茂盛、鸟兽孳繁的地段，掘沼筑台（灵沼、灵台），作为游憩、生活的境域。囿中的台是古代人们对山岳的模仿，高台有观景、操练、祭祀等多种功能。因此囿是中国古典园林的基本模型，其中的台、沼、植物等是园林中的基本要素，夯实的台是园林建筑和景观挡墙的雏形。此时的园林材料来自传统朴素地对自然材料进行加工。

---

[1] 世界三大园林体系包括中国园林（东方园林）体系、欧洲园林体系和伊斯兰园林体系。

商朝后期都城遗址——殷墟，其建筑基址的平面有正方形、长方形、"凹"字形等。基址全部用夯土筑成（图1.3），很多基址上面尚残存着一定间距和直线行列的石柱础。所有础石都采用直径15～30cm的天然卵石。个别上面还留有铜锧[1]，其中还隐约能看出盘面上的云霄纹饰。这些铜锧垫在柱脚下，起着取平、隔潮和装饰三重作用。在础石附近还发现木桩的烬余，可见商朝后期已经有了相当大的木构架建筑了。

图1.3　殷墟遗址

1.2.2　人工材料雏形期

周朝至战国时期

西周早期建筑凤雏宗庙遗址（图1.4）中出土了陶瓦。陶瓦在早期铺设于草顶建筑的檐口，到了西周中期逐渐发展为铺贴整个屋面。砖的使用稍迟于瓦。陕西岐山县凤雏早周遗址中曾发现土坯砖若干，砌叠于厅堂北面台基处，陶砖多为大块正方形，也有长方形的，多用于室内铺地。西周早期散水常用卵石铺砌，也有经稍稍硬化的土质散水；道路大多采用硬土路面，也有铺设天然石材的。

图1.4　凤雏宗庙遗址

商周以来的木构架建筑早就以台基、屋身和屋顶作为房屋的三个主要组成部分，但东周末期、战国时期出现了多层房屋及高大的台榭建筑，使这三部分的组合发生了很多变化。利用屋顶形式和各种瓦件起到装饰作用，成为中国古代建筑的一个突出特征。在装饰方面，已发现的战国时期燕下都的瓦当有20余种不同的花纹（图1.5）。战国晚期出现大块空心砖用于铺砌墓室的底、顶及四周，或台阶的踏跺（图1.6）。栏杆砖、陶制水管也见于战国时期的出土文物中。

图1.5　燕下都瓦当

图1.6　战国铺地砖

[1] 锧——柱基上倒扣如盘（盆）样的装饰。

总而言之，商周时期的园林材料处于生成期，园林材料主要以自然材料为主，如夯土、木材、自然石材等，也出现了陶瓦、陶砖、陶管、铜制品等人工材料。

1.2.3　人工材料发展期

秦始皇统一中国后，国家逐渐强大富裕，中国古建筑出现了历史上第一次发展热潮。秦汉时期约五百年间，砖与砖石结构都有了新发展，并大规模应用到地面建筑。秦、西汉为中国园林发展的生成期，相应于中央集权政治体制的确立，出现了皇家园林这一园林类型。它的"宫""苑"两个类别对后世的宫廷造园影响极为深远。东汉则是园林由生成期发展到转折期（魏晋南北朝）的过渡阶段。

图1.7　上林苑建章宫

1. 蓬莱山	6. 曝衣阁	11. 九室	16. 承华	21. 圆阙	26. 鼓簧	31. 枌指	36. 凤阙
2. 复道	7. 鼓簧台	12. 承露盘	17. 鸣銮	22. 嶕峣阙	27. 承光宫	32. 骀荡	37. 辇道飞阁
3. 瀛洲山	8. 唐中殿	13. 疏圃	18. 铜柱	23. 别风阙	28. 承华宫	33. 天梁	
4. 方丈山	9. 唐中池	14. 神明堂	19. 井干楼	24. 玉堂	29. 建章宫	34. 駃婆	
5. 渐台	10. 神明台	15. 函德	20. 壁门	25. 奇宝	30. 奇华	35. 凉风台	

1）秦朝时期

秦是中央集权的封建帝国，这一时期开始出现规模宏大的皇家园林。秦始皇在渭水南岸兴建了上林苑（图1.7）以及众多离宫、别馆，同期也出现了人工开池与堆山活动，但造园的主旨与意趣依然很淡漠。然而，在中国古典园林的发展历史上，秦始皇神仙境界的理念长时期影响着中国皇家园林的造园宗旨和布局结构。

夯土工程在秦代仍占重要地位，如应用于建造城墙、墙垣、建筑台基、陵墓、道路、堤坝等。夯土的特点是夯筑层较薄、质地紧密、层次清晰。陶制材料的进一步使用推动了秦代建筑及园林的发展，常用的陶质材料有砖、瓦、水管（图1.8）、井圈等数种。目前发现的秦瓦有板瓦和筒瓦两类，砖有空心砖、方砖、条砖和供特定用途的异形砖等多种，另外还有陶质水管和供给排水的陶漏斗。石材在秦代建筑遗址中

图1.8　秦代陶水管

发现不多，仅见于房屋的柱础、石阶、散水等，桥梁的桥墩，以及石质简化构件如石水道、凹槽条石等。秦代的金属材料有铜、铁两类，建筑中首次出现了铁钉。建筑中也首次出现了涂朱的地面。

2）汉朝时期

东汉称皇家园林为"宫苑"，园林的游赏功能已上升到主要地位，因此比较注意造景的效果。汉武帝建元三年（公元前138年）上林苑又加以扩建。上林苑地域辽阔、地形复杂，苑墙长160 km，设苑门12座，其占地之广可谓空前绝后，是中国历史上最大的一座皇家园林。其间有天然河流、湖泊，也有人工开凿的昆明池、影娥池、琳池、太液池，极其壮观。园中天然植被极为丰富，同时，出现了人工栽植的大量树木。

材料方面，大木结构的运用使汉代建筑比秦更进一步了，出现斗拱，之后发展成为我国古代建筑的突出构件。东汉时出现了全部石造的建筑物，如石祠、石阙和完全石构的石墓。西汉瓦作包括以陶砖砌造的地面、壁体、拱券、穹窿，陶瓦覆兽的屋顶、陶管铺设的地下排水通道及井壁

图1.9　汉玄武纹空心砖

等。所使用的材料有陶质空心砖（图1.9）、小砖、铺地方砖、楔形砖、刀形砖、异形企口砖、板瓦、筒瓦（附瓦当或不附之）、下水道陶管及陶井圈等。汉代使用的金属材料为数不多，已出土的多属建筑中的零配件，如门铺钉等。

秦砖汉瓦园林材料的制造工艺日臻成熟，开始注重运用不同材料组合产生的景观效果。秦汉时期园林的功能由狩猎、通神、求仙、生产为主逐渐转化为游憩、观赏为主。

3）魏晋南北朝时期

魏晋南北朝时期，思想和文化艺术的活跃与繁荣促进了园林艺术的发展，从再现自然到表现自然，从归属自然到高于自然，中国风景式园林开始形成，这一时期是中国古典园林发展史的一个转折时期。这时的造园初步确立了再现自然山水的基本原则，逐步取消了狩猎、生产方面的内容，强调了园林的观赏功能，除皇家园林外，还出现了私家园林和寺庙园林，并首次出现公共园林的记载。

这个时期，山水艺术的各门类都有了很大的发展势头，包括山水文学、山水画、山水园林。相应的，人们对自然美的鉴赏取代了过去对自然所持的神秘、功利和伦理的态度，之后逐渐发展为传统美学思想的核心。皇家园林中，筑山理水的技艺达到一定水准：已有用石堆叠为山的做法，山石一般选用稀有的石材；水体形象多样化，与园林小品的雕刻物（如石雕、木雕、金属铸造等）相结合（图1.10），创造出景趣各异的水景。

魏晋南北朝时期园林材料的发展主要在砖瓦

图1.10　龙门石窟

的产量、质量的提高与金属材料的运用方面。金属材料主要用作装饰，如塔刹上的铁链、金盘、檐角上的金铎、门上的金钉等。台基外侧已有砖砌的散水。

1.2.4　隋唐时期

结束了魏晋南北朝长达三百多年的分裂，隋唐两代中央集权的封建帝国促成了中国经济、文化的迅速发展。社会繁荣、文化艺术高度发展的浓厚氛围必然促进园林的兴盛，隋唐园林在魏晋南北朝所奠定的风景式园林艺术的基础上，发展出全盛局面。隋唐时期的园林还向平民化发展，出现了游春踏青、赏花泛舟、官民共赏的景象，城市绿化及公共园林已初见端倪。

唐代建筑数量众多、规模宏大，且具有超高的技术水平，建筑群呈中轴线格局，左右对称延展，亭台楼阁错落其中，有着丰富的空间层次。在木构建筑中，柱列布局、斗拱形态等更加完善，彩画中的退晕、叠晕更为纯熟。砖瓦制作工艺更为成熟，应用逐步增加。瓦有灰瓦、黑瓦和琉璃瓦三种：灰瓦较为粗松，用于一般建筑；黑瓦质地紧密，经过打磨，表面光滑，多用于宫殿和寺庙上；长安大明宫出土的琉璃瓦以绿色居多，蓝色次之，并有绿琉璃砖，表面雕刻莲花。唐朝重要建筑的屋顶，常用叠瓦屋脊及鸱吻，鸱吻形式简洁秀拔；瓦当则多用莲瓣图案，还有用木做瓦（外涂油漆）和"镂铜为瓦"的。夯土技术在前代经验的基础上继续发展，应用范围除了一般城墙和地基外，宫殿的墙壁也用夯土筑造。砖的应用逐步增加，如唐末至五代，一些较大城市如长安、江夏、成都、苏州、福州等相继用砖砌城墙，更多的是砖墓和砖塔（图1.11）的建造。此外，用铜、铁铸造的塔、幢、纪念柱和造像等日益增多，如公元7世纪末，唐武则天在洛阳铸八角形天枢，高45 m余，直径约3.6 m，铜、铁铸成。隋唐时期风景式园林创作技法有所提高，园林中的"置石"已经出现。人工造山虽不多见，但在文人士大夫中已有不少人认识到山石的审美价值，并将其特置于园林或供于盆中以珍赏。例如，《旧唐书》载：乐天罢杭州刺史，得天竺石一，罢苏州刺史时得太湖石五，并将他所得名石放置在洛阳城内的履道坊宅园中。

图1.11　唐代密檐式砖塔——小雁塔

总的来说，隋唐时期的园林硬质材料包括土、石、砖、瓦、琉璃、石灰、木、竹、铜、铁、矿物颜料和油漆等，这些材料的应用技术都已达到熟练的程度。

1.2.5　人工材料稳定期

中国五千年的文明史中，无论经济、政治还是文化方面，两宋都占有极其重要的历史地位，而在文化方面的发展最为突出。园林作为文化的重要内容之一，经历了千余年的发展也"造极于赵宋之世"，开始进入成熟时期。作为一个体系，园林的内容和形式均趋于定型，造园的技术和艺术达到了历来的最高水平。

1）两宋时期

宋代的文人墨客广泛参与园林设计，园林意境的创造已不局限于私家园林，皇家园林、寺观园林也趋于同步，山水诗、山水画、山水园林相互渗透，完全成为一个整体。当时，还出现了许多有关园林的著作，如计成的《园冶》反映了当时造园的盛况。他们不仅着眼于园林的整体布局，更注重某些细部或局部，如叠山、置石、建筑小品、植物配置等，亦均刻画入微。

皇家园林也更多地受到民间的影响，相比隋唐时期，其规模变小了，皇家气派也有所削弱，设计上则趋于清新、精致、细密。北宋时期宋徽宗倦于朝政，却对营山造园乐此不疲，中国历史上最著名的皇家园林之一"艮岳"便出自他较高的艺术造诣。艮岳有着"左山右水"的格局，人工山水园景观十分丰富，有以建筑点景为主，也有以山、水、花木成景的。掇山（叠石为山）、置石（图1.12）、理水（园内一整套水系，几乎包罗了内陆天然水系形式）、植物配置、建筑技艺等都达到了较高水平。这是一座具有浓郁诗情画意且较少皇家气派的人工山水园，它代表了宋代皇家园林的风格特征和宫廷造园艺术的最高水平。

材料方面，宋代砖的生产比唐代增加，因而有不少城市用砖砌城墙，城内道路也铺砌砖面，同时全国各地建造了很多规模巨大的砖塔，墓葬也多用砖建造。琉璃瓦（图1.13）作为预制贴面砖技术的一项重要成就在宋代建筑材料、技术及艺术领域有着深远的影响。

图1.12　北宋艮岳遗石——冠云峰

图1.13　宋代琉璃砖

2）元、明、清时期

元代尖锐的民族矛盾带来了社会的不安定，使园林发展处于停滞状态，造园实践和理论均无进展。

到了明代，砖的生产大量增长，不仅民间建筑很多使用砖瓦，全国大部分州、县的城墙都加砌砖面，特别是河北、山西两省内长达千余公里的长城由砖砌而成。此外，夯土技术在明清时期有了更高水平，福建、四川、陕西等地有若干建于清代中叶的三四层楼房采用夯土墙承重，内加竹筋，虽经地震，仍极坚实。

图 1.14　琉璃佛塔——牌坊

明末清初，北方园林在引进江南技艺的基础上逐渐形成风格，不同的地方风格既蕴含于园林总体的艺术格调和审美意识中，也体现在造园手法和材料的使用上。

明清二代琉璃瓦的生产，无论数量或质量都超过过去任何朝代，不过瓦的颜色和装饰题材仍受到封建社会阶级制度的严格限制，其中黄色琉璃瓦仅用于宫殿、陵寝和高级祠庙。这时期贴面材料的琉璃砖多用于佛塔、牌坊、照壁、门、看面墙等处（图1.14）。

从明代永乐年到清代康熙、雍正、乾隆三帝时期，继两宋造园的高潮后出现了第二次造园高潮，造园活动无论在数量、规模或类型方面都达到了空前的水平，造园艺术、技术日趋精湛、完善。文人、画家积极投身于造园活动，出现了一些专业匠师，同时也出现了造园理论的著作与专书。此时，北方的皇家园林和南方的私家园林，同为中国古典园林后期历史上的两个高峰。其中皇家园林规模之大、内容之丰富，是历史上罕见的。圆明园、避暑山庄、清漪园（颐和园）三座园林是北方造园艺术发展到高峰的标志。

北方园林：建筑稳重、敦实，具有刚健之美；水资源匮乏，采用"旱园"的做法；叠石为假山的规模小，主要为北太湖石和青石（图1.15）；以常绿和春、秋、夏更迭不断的灌木构成植物造景。

江南园林：叠石主要为太湖石和黄石，小型假山几乎全部叠石而成（图1.16）；园林植物以落叶树为主，配合若干常绿树，再辅以藤、竹、花草等点缀；建筑以高度成熟的江南民间乡土建筑为主，兼具皖南、北方的风格；同具深厚的文化积淀、高雅的艺术格调和精湛的造园技巧，居三大风格之首。

岭南园林：园林规模比较小，庭院和庭园的组合；理水的手法多样丰富，不拘一格；植物品种繁多，以植物造景为主（图1.17）。

自清末到民国，中国沦为半封建半殖民地社会，历史悠久的传统造园风格所赖以存在的社会基础不复存在，致使造园艺术的发展连续性中断。这一时期，叠石假山作为园林的重要元素，可用的石料品种有很多，只不过堆叠时"小仿云林，大宗子久"[1]。

以汉文化为主体的中国文化在长期的发展和演变过程中孕育了中国古典园林体系。早期造园者在探索园林内容和形式的同时，一直在探索和挖掘可用于造园的材料（表1.1）。但中国园林的形式和内容在其数千年漫长封建社会中一直沿袭着同一条道路，到19世纪已暴露其衰落的倾向。由于所

---

[1] 小仿云林，大宗子久——出自《园冶》。云林、子久分别指元代画家倪瓒（号云林子）、黄公望（字子久）。小处效仿倪瓒，大处宗法黄公望。可见造园中假山之美与绘画中山石之美有共通之处。

用材料种类的匮乏，造园师们又要追求园林形式和内容的变化，不得已而为之的途径就是充分利用有限的材料：一方面变化它们的组合方式、放置地点、外形大小等外部特征；另一方面又努力挖掘各种材料的内涵和寓意。但这些手法毕竟是有限的，材料种类在一定程度上限制了园林内容和形式的变化与创新。

图 1.15　承德避暑山庄青石　　　　图 1.16　扬州个园黄石　　　　图 1.17　顺德清晖园

表 1.1　中国古典园林材料发展

时　期	天然材料	人工材料
殷　商	夯土、石材、木材、植物（组织形式逐渐多样化）	陶砖、陶瓦、铜制品
秦　汉		砖、瓦、水管、井圈、铜铁制品等
魏晋南北朝		砖、瓦、铜铁制品等
隋　唐		砖、瓦（灰瓦、黑瓦、琉璃瓦）、铜铁制品、矿物颜料、油漆等
两　宋		砖、瓦、金属制品、彩绘等
元明清		砖、二代琉璃瓦、金属制品、彩绘等

1.3　外国古典园林材料的发展

　　西方园林与中国园林一样，有着悠久的历史。西方古典园林中的材料应用，也随着各个时期园林形式的变化而变化，而不同国家在不同时期都有各自的特点。材料的运用充分体现出鲜明的地域特征，与当时当地的园林形式相适应。材料在园林设计中的这种特性，在当代设计中同样体现。

1.3.1　外国古典园林材料的应用

1）古埃及园林

　　西方园林文化传统可以一直追溯到古埃及。古埃及特殊的地理环境，决定了其园林形式，在干旱炎热的环境里，人们以行列式种植的树木营造舒适的小气候环境，配以直线型的水池，所以古埃及的园林大都采用几何形式构图，以水渠划分空间。

　　树木和水体是古埃及园林中的主要材料，早期的埃及园林中，很少种植花卉，但当古埃及与古希腊文化融合后，花卉逐渐成为园林中运用的材料。受宗教思想的影响，古埃及园林中的动物、植物等材料的应用体现出鲜明的民族特征。

同时发展的还有古巴比伦园林。两河流域的肥沃土壤孕育出古巴比伦园林所独有的形式。人们很早就开始人工种植植物，引水蓄池，堆叠土丘设祭坛、神殿等。古巴比伦的"空中花园"（图1.18）可谓久负盛名，被誉为古代世界七大奇迹之一。花园建在数层平台之上，平台大都由石材砌筑，带有拱券外廊，平台上覆土层，可以种植树木花草。平台之间有阶梯相连。在空中花园中，屋顶的防渗是这一工程的重点问题。据史料推测，由重叠的芦苇、砖、铅皮和泥土组成植土层，是解决这一问题的关键。

图1.18　古巴比伦空中花园

这一时期园林中的植物品种主要有香木、石榴、葡萄等。在古巴比伦就连普通住宅中也有屋顶铺设泥土种植花草的习惯，甚至还有完备的灌溉系统，这可以说是最早的垂直绿化雏形，显示出了古巴比伦人在工程技术和园艺水平的进步。

2）古希腊园林

园林艺术在古希腊时期得到继承和发展。古希腊园林属于建筑整体的一部分，建筑多具有几何形空间，园林布局也采用规则式以求与建筑的协调。早在《荷马史诗》中就有对古希腊早期宫廷庭院的描述：宫殿中所有的围墙用整块的青铜铸成，上边有蓝色的挑檐，柱子饰以白银，墙壁、门为青铜，门环是金的……从院落进入一个很大的花园，周围绿篱环绕，形成水池，供市民饮用……

古希腊初期的花园，主要是以实用为目的。随着古希腊进入繁盛时期，人们也开始追求生活上的享乐，古希腊民主思想的活跃推动了公共造园活动的发展，园林由实用性向装饰性和娱乐性过渡，花卉栽植开始流行。古希腊建筑的中庭是人们生活的中心，与中庭相邻的厅大都带有柱廊。中庭内以石材铺装地面，再装饰以雕塑、饰瓶、大理石喷泉等。随着古希腊城市的发展，中庭内开始种植各种花草，形成美丽的柱廊园（图1.19）。

图1.19　古希腊柱廊园

3）古罗马园林

古罗马征服了古希腊，并深受古希腊文化的影响。古罗马园林艺术在古希腊的基础上有着继承与融合。古罗马人早期的庄园大都建在风景优美的山坡上，耗费巨资，华丽异常。庄园中设有柱廊、露台、游泳池及运动场，甚至是剧场，常用大理石等石材制成的园林小品、水池和喷泉等规则地设置在庄园中。古罗马的庭院汲取了古希腊的柱廊园形式，中庭中增添了水池、水渠等，有时以小桥相连接；木本植物种在很大的陶盆或石盆中，草本植物则种在方形的花池或花坛中；柱廊围合的中庭内，铺装常采用大理石或马赛克镶嵌（图1.20）；中庭内的水池常低于铺地，有时砌有大理石压顶的池岸高出铺地数英寸，此外，还设置一些与喷泉相呼应的大理石桌、雕像等。古罗马的花园也继承了古希腊的特征，在耐水性好的厚板石、马赛克上填植土层，种植花草，并用铅制或石制花瓶进行装饰，有时还将树木种在较大的种植箱内。另外，古罗马的广场也初具规模，大都以石材铺装，结合植物，成为公共集会、交流娱乐以及美术陈列的场所，可以说是后来城市广场的雏形。

古罗马的园林大多建筑在高地之上，顺应地势形成几个高度不等的台地，这为后来意大利台地园的发展奠定了基础。园林中的花坛多为几何形，装饰有树木、雕塑、喷泉等。园路有时以沙砾铺设，设置在花坛周围，狭小的园路则用来划分花坛内的花床。园中的雕塑出现在栏杆、桌椅、柱廊上，还有墙上的浮雕、圆雕等，大都为各种石材所制。剪形树木（图1.21）已经开始应用于园林中，并有专门的园丁进行培育，这种"绿色雕塑"从简单的几何图形，到后来的复杂文字、场景样式，应有尽有。园中还出现了嵌着玻璃或透明石材

图1.20　哈德良别墅的马赛克铺地

图1.21　古罗马园林中的剪形树木

（云母片）的温室，用来在冬季保护不耐寒的植物，并且用于对植物进行驯化。

古代西方园林通常被人们视为建筑的延续，所以构图上大多采用轴线式与规则的几何形构图，在地形的处理上，也是把自然的地形整理成规则的台地。园林材料的运用上，基本以植物、水体、石材、木材、马赛克、陶等当地材料为基础。这些都对以后西方园林的发展产生了深远的影响。

1.3.2　欧洲中世纪时期园林材料的应用

1）中世纪西欧园林

欧洲从5世纪开始，进入了"黑暗时期"的中世纪。这段时间里，基督教统治着整个欧洲，同时也影响着园林艺术。这一时期的园林主要分为寺院庭园和城堡庭园两种。

寺院庭园的发展以意大利为中心，形成了早期巴西利卡式的寺院。这种寺院前面有拱廊围成的露天庭园，通常以砾石或石材铺设成十字交叉的路，把庭园分为四块，道路交叉点处设有雕刻大理

图 1.22 《玫瑰传奇》插图

石的喷泉、水池或水井；四块园地上以植物及草坪为主，放置有提供僧侣们生活所需要的物资。这类庭园随后发展成为装饰教堂的花卉园。

城堡庭园比寺院庭园更具有装饰性和游乐性。史料《玫瑰传奇》中描述：果园四周环绕着高墙，墙上只开有一扇小门；以墙及沟壕周围围绕的庭院里有木格子墙，将庭院划分为几个部分；两旁种满蔷薇和薄荷的小径，将人们引到小牧场，这里是唱歌跳舞的场地；草地中央有喷泉，水由铜狮口中吐出，落至圆形的水盘中；喷泉周围是纤细的天鹅绒般的草地，草地上散生着雏菊；园内还有修剪过的果树及花坛，处处有流水带来的欢快气氛；此外，还有一些小动物，更增添了田园牧歌式的情趣。（图 1.22）

可以看出，在中世纪园林中，植物是庭园中的主要材料。随着庭园由实用性向装饰性发展，花卉材料在庭园中的应用逐渐增多，园林材料的运用也越发丰富。这时期，花园的外围墙主要由石、砖及灰泥等材料制成，划分园内区域的是编枝栅栏和木桩栅栏。花台是庭院中的重要元素，分为两种：一种是中世纪所特有的，即用砖或木构造成两英尺或两英尺以上的边缘，在上面铺草坪，再种鲜花；另一种是直接将花卉密密地栽种在花台的土中，这种方式实质上与近代庭园中的花台无甚区别。台的边缘有的用海石柱和黄杨，也有的采用铅板、骨、瓷砖、石等人造材料。还有一种重要的造园要素是三面开敞的龛座；或者是在庭园中心，用石或砖将三边围起，一面靠着墙壁的座椅；或者在树木周围堆土，用圆形的编枝掩土制成的座椅。此外，还有用低矮的绿篱组成的花结花坛，将耐修剪的植物造型成各种几何图形或者是徽章纹样，中间的空地填充各种颜色碎石、土、碎砖，或者中间种植花卉。这种极富装饰性的花结花坛，以后也不断地应用于各个时期的园林中。

2）伊斯兰园林

公元 8 世纪，阿拉伯人征服了伊比利亚半岛，带来了伊斯兰的园林文化。作为世界园林体系之一的伊斯兰园林，是古代阿拉伯人在吸收两河流域和波斯园林艺术基础上创造的，以阿拉伯世界为范围，影响到欧洲的西班牙和南亚次大陆印度。中世纪的伊斯兰园林，主要分为波斯伊斯兰园林与西班牙伊斯兰园林（图 1.23）两个部分。

炎热干旱的沙漠环境决定了波斯园林的特征。水在庭园中显得极为珍贵，虽然没有大型的跌水，但盘式的涌泉却同样可以给庭园带来生机。在水池之间，以坡度很小的狭窄明渠连接。庭园面积虽小，但空间尺度非常舒适。十字形抬高的园路，将庭园分成四块，园路上设有水渠。一系列的小庭园围绕建筑组成园林，庭园之间以一些小门相通，有时也可以隔墙看到其他相邻的院落。园中的植物材料以修剪整齐的绿篱为主，花卉并不占庭园的主要部分，院落之间的树木种类相同或相似。在庭园的装饰材料方面，彩色的马赛克被广泛应用，这些陶瓷制成的小方块大量用于水池和水渠底部、水池池壁及地面铺装等细节中，也用于装饰庭园的台阶和踢脚，有时还大量用于桌椅等小品的表面，

图 1.23　西班牙伊斯兰园林——阿尔罕布拉宫

形成极富特色的装饰效果。

随着园林技术、艺术的不断进步，中世纪园林在材料的运用上，逐渐由实用性向装饰性发展。不仅加工工艺与以往相比有很大提高，而且在材料运用的种类上也不断丰富起来。中世纪园林以精巧的装饰材料，简洁、宁静的空间效果，为以后的西方园林留下了宝贵财富。

1.3.3　文艺复兴时期园林材料的应用

1）意大利文艺复兴时期园林

文艺复兴最先在意大利各城邦兴起，后扩展到西欧各国，于 16 世纪达到顶峰。文艺复兴时期，意大利的园林艺术也同样被赋予了新的活力，为后来的欧洲园林发展奠定了基础。由于意大利地处丘陵地带，所以其园林也呈现出多建于台地上的特征。从一些保存完好的园林作品来看，这一时期的园林，不仅材料的应用多种多样，而且加工工艺也有很大提高。石材上，大理石、石灰岩、砂岩等石材多用于园林建筑、小品的建造中，植物的种类也在文艺复兴园林发展的不同时期不断增加、逐渐丰富。更值得一提的是，随着技术的不断发展，这时期园林中的理水工艺达到了前所未有的高度，无论从材料的工艺上还是水景的形式上，都运用得炉火纯青（图 1.24）。通常我们可以把意大利文艺复兴时期园林分为初期、中期和后期三部分，每个时期材料的运用都有不同之处，园林也

图 1.24　兰特庄园水景

呈现出不同的特点。

意大利建筑师、诗人阿尔伯蒂的《论建筑》一书中提到：在一个正方形庭园中，以直线将其分为几个部分，并将这些小区造成草坪地，用长方形密生团状的剪枝造型，黄杨、夹竹桃及月桂等种植在它们的边缘；树木无论是一行还是三行均需种植成直线形；在园路的尽端，将月桂、西洋杉、杜松编织成古雅的凉亭；沿园路而造的平顶绿廊支承在爬满藤蔓的圆石柱上，为园路洒下一片绿荫；在园路上点缀石或陶制的花瓶；在画坛中用黄杨树种植拼写出主人的名字；每隔一定距离就将树篱修剪成壁龛形式，其内安放雕塑品，下置大理石坐凳；在中央园路的相交处建造造型月桂树的祈祷堂；祈祷堂附近设迷园，旁边建造缠绕着大马士革草、玫瑰藤蔓的拱形绿廊；在流水潺潺的山腰筑造灰岩的洞窟，并在其对面设置鱼池、草地、果园、菜园。

这一时期的园林，选址已经开始注重周围环境，顺应地势，形成独立的台层。在材料的运用上普遍选用石材作装饰，形式简洁、朴素、大方。水景通常结合大理石的水盘、雕塑，虽是庭园的中心，但并不复杂。灌木被修剪成绿丛植坛，富于装饰效果，但图案并不烦琐。这一时期的植物园发展，已逐渐趋于成熟，开始植物的引种。

文艺复兴鼎盛时期，意大利园林艺术的发展体现出当时人们的审美理想，即追求和谐、对称、均衡和秩序。意大利台地园多建在山坡上，依山就势形成重叠的台层，与周围环境浑然一体，埃斯特庄园（图 1.25）是意大利台地园的典范。这时期的园林大都布局严谨，采用轴线对称式构图，加以水池、喷泉、雕塑及弧形台阶运用。其中水景的打造可谓炉火纯青，设计师和建造者不仅能将水流的设计与地形紧密结合，而且擅长通过水的变化讲述整个园林设计的思想。水景设计强调水与植物及自然环境背景的关系，以及色彩、明暗上的对比，而且注重水的光影和音响效果，可以水为主题形成形态各异的水景。此外，在石材的运用上，形式更为多种多样，加工工艺十分娴熟，一些园林运用了卵石铺地，如用灰色、黑色石子组成图案，或在白色或黑色的地面上用蔷薇色小石子镶嵌，园中还会运用马赛克镶嵌铺装等做法，增强了花园的装饰性。一些庄园为了避暑，在园中建造了许多人工岩洞，表面以粗糙的毛石砌筑，给人以整块岩石开凿出的效果，内侧四壁用一种被称为"酒石"的材料装饰着，独特的材质与精细工艺结合，提升了庭园品位。园林中丰富的石材装饰，如石杯、瓶饰、雕像、浮雕等，以及青铜装饰和雕塑，设置在栏杆、台阶及挡土墙上，使园林既有复古的情调，又开创了巴洛克风格的先河。

图 1.25　意大利埃斯特庄园

2）巴洛克时期园林

16世纪末，欧洲艺术进入巴洛克时期，建筑、园林也受到相应影响，园林材料的运用上也体现出了这一阶段的特征。巴洛克艺术追求自由奔放的形式，所以以装饰材料应用上也体现出繁多、复杂、华丽、恢宏的效果。随着园中装饰小品的不断增加，园林艺术呈现出新奇、烦琐的表现手法。

园林整体布局仍采用沿轴线分布，除建筑外，还设有花架、绿廊、拱廊等。造园多采用石质材料，细节处装饰以贝壳、马赛克、陶片、金属等材料（图1.26），工艺水平登峰造极。理水的形式越发复杂、精巧，出现水剧场、水阶梯、水花园等形式，以喷水技巧结合水的音响效果使园林更加华丽。植物的修剪技术已十分发达，绿色植物雕塑和丛植坛的花纹形式也日益繁复精致。园中有时配以陶制的雕塑或装饰小品，一些庭园台层间的挡土墙上以色彩丰富的马赛克图案作为装饰，在台层间的阶梯栏杆上加以石雕瓶饰。此外，设计者也将植物作为塑造空间庭园的材料，可代替石材起到围栏的作用。不同于中世纪栽植植物的使用目的，人们开始从造园的角度欣赏植物。植物的剪形技术具有极高的造诣，除了做成绿篱、绿丛、种植坛外，还可修剪出内部可设座椅或雕塑的壁龛、拱门、围墙、露天剧场的背景等（图1.27）。绿色雕塑充斥着庭园，与白色的大理石雕塑相映衬。黄杨等植物被修剪成矮篱，在矩形的园地上组成各种各样繁复的图案或花纹（图1.28）。

图1.26　穹顶上的马赛克镶嵌画及金属装饰

图1.27　植物修剪的拱门、围墙

综上所述，意大利文艺复兴时期园林材料主要以植物、水体、石材等自然材料为主，充分体现这一时期的人文主义精神，材料的加工水平及施工工艺已达到历史顶峰，观念的转变与对材料特性的挖掘和应用不断丰富着园林景观，对欧洲其他国家园林产生了很大影响。

图 1.28 黄杨修剪的图案

1.3.4 法国勒诺特尔式园林材料的应用

图 1.29 法国索园

随着法国资本主义经济的发展，法国的园林艺术也在 17 世纪达到了前所未有的高度。勒诺特尔[1]式园林的出现，标志着法国园林单纯模仿意大利形式的结束，它同时也成为风靡欧洲造园的一大样式，为欧洲现代园林的发展奠定了良好的基础。

勒诺特尔式园林不仅集成了法国古典主义园林形式的精髓，并且将造园要素运用得更加彻底、更加协调（图 1.29），它摒弃了巴洛克式后期园林的繁复、琐碎，而呈现出典雅、宏大的气势，可谓时代精神的体现。勒诺特尔式园林的主要建筑大都占据在中心轴线上，起到统帅作用。通过轴线上不同造园要素的不断变化，景观序列也随之展开，轴线两侧的景观不再是单纯的几何对称，而是在整体中富于变化。横向的走线对称在主要的中轴两侧，被分割的小庭院则以均衡适度的原则布置。虽然勒诺特尔式园林继承了传统的造园要素，但因材料表达方式上的不同体现出其独特的魅力。

第一，在植物材料的运用上，以突出轴线布局，注重透视效果为原则，在道路两侧都有整齐列植的林荫树木，这些视线狭长而深远的林荫道与开敞的空间形成了强烈的对比（图 1.30）。丛林在这类园林中占有重要的地位，它构成穿插在轴线空间之间的较为私密的空间（图 1.31）。

花坛也是这类园林的重要装饰要素。勒诺特尔设计的花坛大致可分为六种类型：刺绣花坛、组合式花坛、英式花坛、分区花坛、柑橘花坛、水花坛（图 1.32）。常用手法是以修剪的黄杨勾勒线条图案，配以花卉水景，地面以彩色石砾、碎砖或大理石屑相衬托。人们站在建筑或高地上欣赏花坛，有良好的俯视视角，可看到极富装饰意味的精美、华丽的景观呈现。

第二，水体作为园林中不可缺少的要素，在这类园林中主要表现为喷泉、跌水、瀑布、池、湖及水渠。喷泉与雕塑相结合（图 1.33），有时在水盘底部用彩色瓷砖和砾石加以装饰，布置在轴线中，仿佛是被串起的粒粒珍珠。还会在高差较大的地方置以跌水、瀑布，因地制宜，增加了园林的灵动。

---

[1] 安德烈·勒诺特尔，法国古典主义园林设计大师和路易十四的首席园林师，代表作有凡尔赛宫苑。

图 1.30　凡尔赛宫林荫道

图 1.31　凡尔赛宫丛林

图 1.32　勒诺特尔式园林中不同类型花坛

水渠是勒诺特尔式造园的重要特征，宽阔的水面使园林显得开敞而庄重，不仅如此，水渠还是贵族们开展水上游乐的场所。园中的池、湖等水面都是人工开凿的几何形式，平静、简洁的水面也增加了园林的古典主义气息。

第三，石材的运用主要表现在园林建筑小品及雕塑上，与人工修剪整理后的植物在质感上相互映衬（图 1.34）。雕塑大都取自神话传说或有所象征，它们与水景结合，或与庭园的氛围相融合。

图 1.33　喷泉与雕塑结合

图 1.34　雕塑与植物相互映衬

白色大理石雕像和瓶饰丰富了庭园中的竖向要素，增加了空间的秩序感，与自然的绿色相搭配，更加烘托了勒诺特尔式园林庄重典雅的气氛。还有一些彩色大理石也被用于这类园林建筑及小品中。

第四，意大利文艺复兴时期园林中常见的岩洞或壁龛也传入法国。在勒诺特尔式园林中的岩洞以仿造自然形式的石材制成，大多因借地形，从挡土墙开挖进去，形成一个自然情趣的洞中天地，也有以天然岩石堆叠成的岩洞，里面有钟乳石、石笋等。

第五，这类园林中还包括了其他许多材料。例如，木质花格墙也是勒诺特尔式园林常用的造园要素（图1.35）。在文艺复兴时期，法国园林受意大利园林的影响，庭园中出现了许多由意大利设计师设计的石质的亭、廊、栏杆、棚架等，代替了法国过去简陋的木隔墙。但自17世纪末开始，这种隔墙又逐渐被改造成精巧的庭园建筑，成为勒诺特尔时期的一种常用造园要素，木制的隔墙盘绕以植物，形成园林中的亭、厅、门、廊，既可分隔空间，又带有透景效果。木制材料廉价而又容易制作，所以成为盛行一时的园林小品材料。陶瓷等材料也在这类园林中有所应用，在凡尔赛园林中，曾经建有富于东方情调的镶嵌瓷砖的"瓷宫"，后来被粉红色大理石所造的新宫所取代。在一些植物的种植箱、种植盆上也会镶嵌瓷片。金属材料也广泛应用于这类园林的细部装饰上，如镀金的喷泉雕塑，青铜制造的雕塑小品等（图1.36）。

综上，法国勒诺特尔式园林依然继承了文艺复兴时期的传统材料。虽然在造园的要素上并没有什么创新，但通过设计师因地制宜的创造，加上对材料特性淋漓尽致的发挥，造就出了典雅、壮观、辉煌的17世纪法国园林。勒诺特尔式园林不仅是古典主义美学思想的体现，而且对后来欧洲的几何式园林产生深远的影响。

图1.35 木质花隔墙

图1.36 金属雕塑

1.3.5 浪漫主义园林英国风景式园林材料的应用

17、18世纪的欧洲涌现出许多描绘自然风景的画家和一些描写田园文学的作家，这些热衷于表现自然的艺术形式为英国的自然式造园奠定了基础。18世纪英国自然式风景园的出现，改变了欧洲自古希腊以来规则式园林统治数千年的历史（图1.37）。

英国本身的自然地理及气候条件决定了风景式园林的盛行。英国多为丘陵地带，气候又潮湿多雨，植物自然生长十分迅速。所以在园林材料的运用上，以表现自然的植物、水体为主，在园林中配置一些体现田园风格的建筑小品如环形的凉棚（图1.38），以及喷泉、瀑布等水景。许多巴洛克风格的园林被这一时期的设计师改造成为崇尚自然的风景园，几何形状的水面被改为不规则的曲线形，植物的种植更加效法自然。在改造的同时，风景园林设计师保留了许多优秀的巴洛克式景点，因地制宜与后来的风景式园林很好地融合。一些认为风景式与规则式可以相结合的设计师，主张在建筑与园林之间的过渡空间内保留平台、栏杆、台阶、规则式的花坛及草坪。于是，在许多园林中出现了规则式花园与自然式风景园相结合的情景，同一种材料，施以不同的工艺，即可形成鲜明对比，产生更加丰富的造园效果。

图 1.37　斯陀园

图 1.38　金属凉亭

　　这个时期的园林建筑常常设置在山谷间以或弯曲的园路旁等意想不到的地方，建筑大都被赋予仿古气息，掩映在植物丛中。还有些田园风格的小屋，以及用石灰岩、坚固的石材堆成的洞室，这些都尽可能地与自然相融合而丝毫不露出人工雕琢的痕迹。

　　此外，这个时期有关中国古典园林的接触和赞颂，对英国风景园的发展产生了重要的影响及推动作用。虽然出现了一些所谓"英中式"园林[1]，但这些园林大都只是在英国自然风景园中加进了一些所谓中国式的建筑，如亭、桥、塔等（图1.39），以及堆砌一些假山、叠石、岩洞而已。

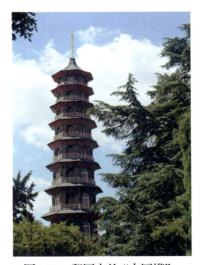
图 1.39　邱园内的"中国塔"

　　18世纪英国风景园的产生和发展充满了当时的浪漫主义色彩，可以说是欧洲古典园林的又一次根本性变革，并且对近代园林的发展产生了巨大的影响。

1.3.6　19世纪欧美近代园林材料的应用

　　18世纪末至19世纪初，西方各国相继掀起了生产革命的热潮。工业时代的来临和资产阶级的崛起，使各国城市人口剧增。这些变革都赋予园林以全新的形式，产生了在传统园林影响之下却具有与之不同内容与形式的新型园林。

[1]　"英中式"园林——18世纪下半叶，在欧洲兴起了一场模仿中国园林的造园热潮，它对欧洲人造园观念的转变及西方园林的发展产生了深远的影响。

随着城市的发展，除皇家园林对平民开放外，城市公共绿地也相继诞生，出现了真正为居民设计，供居民游乐、休息的花园甚至大型公园。这类公园中有供市民划船娱乐的大水面，也有溪流、瀑布、水景；有绿树成荫的园路，也有用来举行各种比赛、集会的开阔大草坪。虽然以满足城市居民的生活需要为主，但多数园林仍然是在旧有的基础上进行改造，形式多沿袭过去英式的自然风景园为主。

19世纪，美国园林事业开始有所发展，纽约中央公园的成功设计意味着一种全新概念的城市公园兴起。这种公园更加满足居民的生活需要，为地处喧嚣、紧张的城市人们保留下一片绿色。国家公园是诞生于美国的另一种新型园林，主要宗旨在于保护国家的自然、文化和历史遗产，同时为人们提供自然、文化、游憩资源。公园中各种自然景观如天然湖泊、森林植被等与人工建造的景观相结合，给游人带来丰富的感受。美国园林的发展对近、现代园林的发展产生了十分重大的影响。

随着园林艺术的发展，各种造园形式的不断涌现，园林材料的应用形式也在不断地推陈出新（表1.2）。虽然在材料的种类上，每个时期的园林并没有很大差异，但在加工技艺和细部处理上，每个时期的作品都会留下各自的痕迹。从这些痕迹中，可以看到不同材料的应用和进步伴随着整个园林艺术的推进。

表1.2　西方古典园林材料发展

	代表园林	天然石材	人工石材
西方古代园林	古埃及园林	植物、石材、泥土	砖、铅皮
	古希腊园林	植物、石材	砖、雕塑、金属制品
	古罗马园林	植物、石材、木材	砖、陶制品、马赛克、铅制品
西方中世纪时期园林	西欧园林	植物、石材、灰泥	砖、铅版、骨、瓷砖
	伊斯兰园林	植物、石材	马赛克、陶瓷砖
西方文艺复兴时期园林	意大利园林	植物、石材	陶制品、雕塑、马赛克
	巴洛克式园林	植物、石材、贝壳	雕塑、马赛克、金属制品、陶制品
西方古典主义园林	法国勒诺特尔式园林	植物、石材、木材	砖、瓷砖、雕塑、陶制品、金属制品
西方浪漫主义园林	英国风景式园林	植物、石材、木材	砖、雕塑、金属制品
西方近代园林	美国园林	植物、石材、木材	砖、雕塑、金属制品等

1.4　现代园林材料的应用

现代社会，由于文明的进步与科技的飞速发展，加之各个国家、民族所继承下来的文化传统，使得当代园林景观设计的理论、观点与风格呈现出前所未有的多样化。在现代园林景观设计中，一方面，材料种类的选择性大大增加了，这使得现代园林景观的外在形象由于所用材料的不同而呈现出百花争艳的趋势；另一方面，材料种类的极大丰富，使得园林景观设计理念能通过材料很好地被体现和表达，设计师可根据光影、色彩、质感乃至声音等不同的方面自由地选择各种材料来创造景观作品，而欣赏者则可能以观、触、闻等多种途径去领略现代园林景观的魅力。这也使众多设计师去开拓景观的形式和内容，促进了现代景观设计的发展和创新。

1.4.1　现代园林景观常用材料分类

按照使用部位的不同，通常把园林景观材料分为三大类：结构材料、装饰材料和形制材料（表1.3）。

表 1.3　现代园林景观常用材料分类表

使用部位	类　别	材　料	应用形式
结构材料	混凝土或钢筋混凝土	预制（钢筋）混凝土、现浇（钢筋）混凝土	常用于梁、柱、板等部位
	金属材料	黑色金属材料（钢铁及其合金等）、有色金属材料（铜、镍、铝、锌等及其合金）不锈钢等	常用种类有型材、带材、板材、管材、线材
	砖	烧结普通砖、烧结多孔砖、烧结空心砖、灰砂砖、粉煤灰砖、煤渣砖	用于园林的砖以烧结普通砖（红砖、青砖）为主
	砌块	加气混凝土砌块、粉煤灰砌块、混凝土小型空心砌块、GRC 等	
	石材	花岗岩、石灰岩、砂岩、板岩等	园林结构用石材以天然石材为主
	木材	防腐木、塑木、竹木等	园林结构用木材以防腐木为主
	烧制瓦	小青瓦、筒瓦、琉璃瓦、平板瓦、波纹瓦等	
	水泥类	混凝土瓦、纤维增强水泥瓦、钢丝网水泥大波瓦	
	高分子复合瓦材	玻璃钢波形瓦、塑料瓦楞板、木质纤维波形瓦、玻璃纤维沥青瓦	
	轻型复合板材	EPS 轻型板、硬质聚氨酯夹芯板、塑钢瓦、玻纤瓦、阳光板等	
	防水材料	防水卷材、防水涂料、防水毯等	膨润土防水毯、土工膜等
装饰材料	天然石材	花岗岩、石灰岩、砂岩、板岩、卵石等	用于地面、墙面、构筑物等的装饰面层
	人造石材	仿真石材、水洗石、机制石、方解石、水磨石等	用于地面、墙面、构筑物等的装饰面层
	木材	防腐木、塑木、竹木等	园林铺地用木材以防腐木和塑木为主，常用于地面及构筑物
	涂料	普通外墙漆、氟碳漆、真石漆、质感喷涂颗粒等	
	玻璃	普通玻璃、中空玻璃、钢化玻璃、夹胶玻璃、镀膜玻璃、马赛克等	
	金属材料	彩铝、钢板等	
	其他材料	塑胶地坪、人工草坪、塑胶地垫、草屋顶、仿草屋顶、张拉膜压印地坪、沥青、植草格等	
形制材料	竹木形制小品	竹材、木材	竹花架、竹亭、竹构椅凳、木构亭、木廊、木花架、木质树池、木质座椅等
	混凝土形制小品	水泥、砂、石等	景墙、平顶亭、蘑菇亭、花架长廊、庭园桌凳等
	砖石形制小品	砖、石材	花墙、铺地、石桌凳等
	金属形制小品	金属材料（钢、铁、铝、铜及合金材料等）	金属椅凳、护栏、指示牌、园灯、雕塑、垃圾箱等
	植物形制小品	园林植物	剪形树木、植物雕塑等
	陶瓷形制小品	红泥、高岭土等	花钵饰瓶、景观灯等
	其他形制小品	塑料、玻璃与玻璃钢、纤维及其他混合材料	儿童游戏小品、雕塑、各种绳网篷架等

1.4.2　现代园林景观材料的发展趋势

19世纪工业革命之后，随着科学技术的发展，材料也变得多种多样。钢铁、金属、水泥、混凝土等材料的出现，引起了建筑与景观界翻天覆地的变化（图1.40），设计师们不再局限于植物、木材、沙石等自然材料，而是随着园林景观设计形式的不断变化应用不同的材料进行表达。进入20世纪以后，又出现了诸如塑料、树脂、有机玻璃、合金等可用于园林设计中的新型材料（图1.41）。

图1.40　金属、混凝土在建筑与园林中的应用

图1.41　塑料、有机玻璃在园林中的应用

随着现代工业技术和加工工艺的提高，园林中所应用的材料不仅求"新"，而且逐渐以经济环保、绿色生态为主。例如，用石材加工的废料和铁平石、青石等，加水磨石、白石等组成良好的铺装效果。（图1.42）。

我国现代园林中材料运用与发展的基本特点如下：

1）传统材料的扬弃

传统材料，是指沿袭和继承古代园林中较常使用的材料，如石材、水体、植物等。这些常见又普通的材料在现代园林中不但依然焕发着旺盛的生命力，而且应用的领域越来越广泛。

以石材为例，现代园林工程除了继承和保留掇山、置石等传统功能外，使石材还被广泛应用到各种建筑、道路、景观小品等的面层装饰，或者根据需要直接加工制作成景观小品（图1.43）。但是，随着钢筋混凝土等现代工程材料的出现，作为结构工程材料而应用在园林中的石材已经逐渐地减少了。

图 1.42 石材铺装

图 1.43 石材应用于景观小品

2）新材料、新工艺的不断涌现

现代园林中可用的新材料层出不穷。如陶瓷制品的种类就可谓应有尽有：应用于园林道路广场铺装中，产生较好效果的主要种类有麻面砖、劈离砖等；应用于建筑、小品、景墙立面装饰的材料有彩釉砖、无釉砖、玻花砖、陶瓷艺术砖、金属光泽釉面砖、黑瓷装饰板、大型陶瓷装饰面板等。又如由陶瓷面砖、陶板、锦砖等镶拼可制作成陶瓷壁画，表面可以做成平滑或各种浮雕花纹图案，兼具绘画、书法、雕刻等艺术于一体，具有较高的艺术价值。

值得一提的是陶瓷透水砖（图 1.44），由其铺设的场地在下雨时能使雨水快速渗透到地下，增加地下水含量，调节空气湿度，对缺水地区尤其具有应用价值。目前，应用于园林中的有环保透水砖和高强度陶瓷透水砖两种类型：前者不适应载重车通行，一般用于公园休闲无重承载场所以及园林游步道等；后者采用了两次高温煅烧，强度高、耐磨、防滑性能佳，可用于停车场、人行道、步行街等处。

混凝土也因其良好的可塑性和经济实用的优点受到工程建设的青睐，除作为结构材料使用之外，用在园林景观中的品种也不断出现（图 1.45）。运用于装饰路面的彩色混凝土（图 1.46），可活跃环境气氛。压印混凝土（图 1.47），又称"压印地坪"，是在施工阶段对未硬化混凝土运用彩色强化剂、彩色脱模剂、无色密封剂三种化学原料进行固色、配色和表面强化处理。用其铺设的路面，强度优于其他材料的路面，甚至优于一般的混凝土路面。其图案、色彩的可选项较多，可根据需要压印出各种图案。此外，其他的混凝土制品，诸如混凝土路面砖、彩色混凝土连锁砖、仿毛石砌块等品种

图 1.44　陶瓷透水砖铺装效果图

图 1.45　美国达拉斯贝克公园的混凝土景墙

图 1.46　彩色混凝土

图 1.47　压印混凝土

也较多，再加上不同的外形、尺寸、色彩等，其可选择的范围相当广泛。

　　除上述新材料外，还有一些以前较少在园林中被运用的材料也开始被使用了，如金属材料。金属材料在我国古代社会生产中应用广泛，但在古代园林中却较少使用。现代园林中，金属材料除作为结构材料被广泛运用外，还常被加工制作成园林小品，别具魅力（图 1.48）。

图 1.48　金属园林小品

3）材料与现代科技、造园理念的有机融合

随着现代社会的发展与科技的进步，越来越多的先进技术、造园理念被应用到园林中，无论在施工工艺还是在景观创造方面，材料与现代科技的有机融合，大大增强了材料的景观表现力，使现代园林景观更富生机与活力。

如水景营造：古代园林中的水大都作为一种独立的造园要素营造效果多不张扬。现代材料的丰富和现代科技的发展使得水景艺术更为突出。现代科技的引入，使人们在都市中就能观赏巨瀑飞流直下、喷泉喷射数百米之高，应用手法也是异常丰富，形与色、动与静等水的特性被发挥得淋漓尽致（图1.49），在观赏性之外还具有了交互性。

又如路面铺装：表面用树脂黏附荧光玻璃珠的沥青路面，在夜晚不但有助于行车的安全，还使原本平淡的道路景观增色不少，丰富了夜景效果（图1.50）。

图1.49　现代水景艺术

图1.50　会发光的道路

良好的景观铺装往往能起到烘托、补充或诠释主题的作用，利用铺装图案强化意境也是中国园林艺术的手法之一。如使用文字、图形、特殊符号等来增强主题，在一些纪念性、知识性和导向性空间比较常见。

园林景观材料的变化和发展是一种必然的趋势。这就要求园林建设者在选用材料的过程中，既不故步自封，怀疑和排斥新材料的使用和推广；也不盲目追求新奇，铺张浪费。一方面，园林建设者要坚持因地制宜、因材构景、就地取材的基本原则，优先选用本地的材料来造园构景，这既能较好地体现出园林建设的经济性，又有助于体现园林景观的地方特色；另一方面，园林建设者要有勇于探索的精神。

如现代园林中使用的复合木材（图1.51），既克服了天然木材强度较差，易于腐烂的缺点，也相应减少了天然木材的使用量，有助于保护森林资源。又如，以火力发电厂排出的粉煤灰为主要原料烧制的粉煤灰砖和以煤矸石为原料烧制的煤矸石砖（图1.52），焙制时基本不需要煤。这两种砖材的使用，不但可以利用工业废物，减少工业废渣的堆放和污染，而且又节省能耗，也克服了黏土砖生产对土地资源的破坏，可以说是一举三得。

图1.51　复合木材

图1.52　煤矸石砖

因此，我们在现代园林建设中，对材料的选择与运用，既要立足于因地选材的基本原则，也要具有与时俱进的精神和眼光。勇于推陈出新，探索和尝试新材料的使用。

4）绿色复合材料的开发与应用

硬质景观材料在园林景观工程中所占比重较大，而自然资源是十分有限的。随着材料种类、工艺水平、施工技术和造园理念不断革新，由两种或两种以上不同性质的材料经过加工而制成的新型复合材料呈现出被大量开发的趋势。（图1.53、图1.54）

图1.53　以彩乐板构筑的透水性铺装

图1.54　透水铺装在海绵城市中的应用

材料中各成分所占比重及组合方式决定了复合材料的性能。开发复合材料时需考虑材料成分的健康性和安全性，如挥发性有机化合物较少且符合国家标准，材料组分能抗潮湿或抑制病菌繁殖等，尤其不能含有致癌物、有毒物或刺激物。合成树脂、金属夹芯板、塑钢、彩乐板、塑木等都是近年来常见的复合型景观材料。

在园林景观建设中广泛使用绿色复合材料有利于空气质量，有助于营造舒适健康的环境。同时，在景观材料与设备制造、施工建造和景观应用的整个过程中要尽可能地减少石化能源的使用，降低二氧化碳排放量。现代材料和高新技术的结合不仅丰富了现代景观的表现力，也为节能环保创造了有利条件。创新、合理地应用传统材料和现代材料，开发和利用绿色复合材料是现代园林景观材料发展的重要趋势。

思考与练习

1. 什么是园林材料的内涵？其在园林设计中有何作用？

2. 中国古典园林材料的发展经历了哪几个时期？每个时期有何特征？

3. 外国古典园林有哪几种代表风格？代表材料分别是什么？

4. 现代园林景观建设中常用的材料有哪些？

5. 简述我国现代园林中材料运用与发展的基本特点。

2 园林景观材料的基本性质

本章导读 在构成园林景观的物质环境中，所有建（构）筑物、道路、广场，以及花池、坐凳、景墙、栏杆等所用基层及饰面材料统称为园林景观材料，它是一切园林景观工程的物质基础。各种园林景观都是在合理设计的基础上由各种材料建造而成。所用园林景观材料的种类、规格及质量都直接关系到景观的适用性、耐久性与艺术性，也直接关系到园林景观工程的成本。

本章综述园林景观材料（以下简称"材料"）的组成、结构、构造特点，重点将其主要性质进行分类总结。

2.1 材料的组成、结构与构造

园林景观材料
的基本性质

2.1.1 材料的组成

1）材料的化学组成

化学组成是指组成材料的化学元素及化合物的种类和数量，材料的化学组成是造成其性能差异的主要原因。如黏土和由其烧结而成的陶瓷中都含有 SiO_2 和 Al_2O_3 两种矿物质，其所含化学元素相同，但黏土在焙烧过程中由 SiO_2 和 Al_2O_3 分子团结合生成的 $3SiO_2 \cdot Al_2O_3$ 矿物，即莫来石晶体[1]，使陶瓷具有了强度、硬度等特性。

①金属材料：用化学元素含量百分数表示（如，25Mn）。

②无机非金属材料：用元素的氧化物含量表示（如，$15SiO_2$）。

③有机高分子材料：用构成高分子材料的一种或几种低分子化合物表示（如，$—(CH_2—CH_2)_n—$）。

2）材料的矿物组成

材料的矿物组成是指组成材料的矿物种类和数量，矿物组成直接影响无机非金属材料的性质。

---

[1] 莫来石指的是一系列由铝硅酸盐组成的矿物统称。莫来石是铝硅酸盐在高温下生成的矿物，也可通过人工加热铝硅酸盐制得，因其良好的化学稳定性和耐腐蚀性能，多被用作耐火材料或涂层材料。

矿物是具有一定化学组成的天然化合物，是构成岩石的基本单元。如花岗岩的矿物组成主要有石英、长石、云母，石灰岩的矿物组成主要为方解石（图2.1）。

图2.1　石英、长石和方解石

2.1.2　材料的结构

材料的结构主要是指材料在分子、原子层次上的组成形式。园林景观常用材料的结构主要有晶体、玻璃体和胶体等形式（图2.2）。材料的许多性质与其结构都有着密切的关系。例如，金刚石与石墨都由碳元素组成，结构却不同，从而特性也不同。

图2.2　混凝土的微观结构

2.1.3　材料的构造

构造是指材料的宏观组织状况，按照材料宏观组织和空隙状态的不同可将材料的构造分为以下类型：致密状构造、多孔状构造、微孔状构造、颗粒状构造、纤维状构造、层状构造（表2.1）。

表2.1　材料的构造

类　型	特　点	代表材料	
致密状构造	材料内部基本无孔隙，强度、硬度较高，吸水性小，抗渗性、抗冻性和耐磨性较好，绝热性较差	石材	玻璃
多孔状构造	材料内部孔隙率较大，强度较低，抗渗性和抗冻性较差，吸水性较大，绝热性较好	石膏	多孔砖
微孔状构造	具有众多直径微小的孔隙，密度和导热系数较小，隔声性、吸声性和吸水性较好，抗渗性较差	烧结砖	加气混凝土

续表

类　型	特　点	代表材料
颗粒状构造	密实颗粒材料强度高，适合做承重的混凝土骨料；轻质多孔颗粒材料孔隙率大，适合做绝热材料	砂　　石子
纤维状构造	内部组成具有方向性，纵向较紧密，横向较疏松，平行纤维方向强度较高，导热性较好	木材　　石棉板
层状构造	每层材料性质不同，叠合后获得平面各向同性，材料的强度、硬度、绝热性显著提高	纸面石膏板　　胶合板

材料的性质与其构造有密切关系。构造致密的材料强度高；疏松多孔的材料密度低，强度也较低。如石材比烧结的普通砖的强度高。

2.2　材料的物理、化学性质

2.2.1　材料的物理性质

材料的物理性质主要包括与质量有关的性质：密度、表观密度、堆积密度、密实度、空隙率、填充率、孔隙率等；与水有关的性质：亲水性、吸水性、耐水性、抗渗性、抗冻性等；与热有关的性质：导热性、热容量、比热、温度变形性等。

1）密度

密度是指物质单位体积的质量，单位为 g/cm^3 或 kg/m^3。由于材料所处的体积状况不同，故有实际密度、表观密度和堆积密度之分。

（1）实际密度

实际密度是多孔材料质量与其体积（不包括"空隙"的体积）之比。实际密度是材料在绝对密实状态下，单位体积所具有的质量。其计算式为：$\rho = \dfrac{m}{V}$。

式中：ρ 为实际密度，g/cm^3；m 为材料在干燥状态下的质量，g；V 为材料不包括"空隙"的体积（在绝对密实状态下的体积），cm^3。

（2）表观密度

表观密度是指材料的质量与表观体积之比。表观密度是材料在自然状态下，单位体积所具有的质量。其计算式为：$\rho_0 = \dfrac{m}{V_0}$。

式中：ρ_0 为表观密度，g/cm^3 或 kg/m^3；m 为材料的质量，g 或 kg；V_0 为表观体积，即材料实体

积加闭口孔隙体积（在自然状态下的体积），cm^3 或 m^3。

（3）堆积密度

散粒材料在自然堆积状态下单位体积的质量称为堆积密度。其计算式为：$\rho_0' = \dfrac{m}{V_0'}$。

式中：ρ_0' 为堆积密度，kg/m^3；m 为材料的质量，kg；V_0' 为材料的堆积体积，m^3。

2）密实度与孔隙率

（1）密实度

密实度是指材料固体物质部分的体积占总体积的比例。它表明材料体积内被固体物质所充填的程度，即反映了材料的致密程度。其计算式为：$D = \dfrac{V}{V_0} \times 100\% = \dfrac{\rho_0}{\rho} \times 100\%$。

（2）孔隙率

孔隙率 P 是指块状材料中材料体积内孔隙体积（$V_0 - V$）与材料在自然状态下总体积 V_0 的百分比。其计算式为：$P = \dfrac{V_0 - V}{V_0} \times 100\% = \left(1 - \dfrac{\rho_0'}{\rho_0}\right) \times 100\%$。

（3）孔隙率与密实度的关系

孔隙率与密实度的关系为：$P + D = 1$。

（4）空隙率

空隙率是指散粒材料在某容器的堆积体积中，颗粒之间的空隙体积 V_a 与堆积体积的百分比，以 P' 表示。因 $V_a = V_0' - V_0$，则 P' 值可用下式计算：$P' = \dfrac{V_0' - V_0}{V_0'} \times 100\% = \left(1 - \dfrac{\rho_0'}{\rho_0}\right) \times 100\%$。

3）亲水性与憎水性

当材料与水接触时，在材料、水、空气三相的交界点，作一条沿水滴表面的切线，此切线与材料和水接触面的夹角 θ，称为润湿边角（图2.3）。

θ 角越小，表明材料越易被水润湿。当 $\theta < 90°$ 时，材料表面吸附水，材料能被水润湿而表现出亲水性，这种材料称亲水性材料［图2.4（a）］，如砖、石料、混凝土、木材等。$\theta > 90°$ 时，材料表面不吸附水，这种材料称为憎水性材料［图2.4（b）］，如沥青、石蜡、塑料等。当 $\theta = 0°$ 时，表明材料完全被水润湿。

图2.3   润湿边角示意图

（a）   （b）

图2.4   材料亲水性与憎水性示意图

4）吸水性与吸湿性

（1）吸水性

材料在水中能吸收水分的性质称吸水性。材料的吸水性用吸水率表示，有质量吸水率与体积吸水率两种表示方法。

①质量吸水率：是指材料吸水饱和时所吸水的质量与干燥状态下材料质量的百分比。

②体积吸水率：是指材料吸水饱和时所吸水的体积与干燥状态下材料自然体积的百分比。

（2）吸湿性

材料在气态环境（空气）中吸收水分的性质称为吸湿性。材料的吸湿性用含水率表示。含水率是指材料吸附水的质量与干燥状态下材料质量的百分比。

5）耐水性

材料抵抗水破坏（长期在水的作用下不被破坏，强度也不显著降低）的能力称为耐水性。材料的耐水性用软化系数表示，如下式：$K_软 = \dfrac{f_饱}{f_干}$。

式中：$K_软$为材料的软化系数；$f_饱$为材料在吸水饱和状态下的抗压强度，MPa；$f_干$为材料在干燥状态下的抗压强度，MPa。通常认为软化系数大于0.85的材料是耐水材料。

6）抗渗性

材料在水压力下抵抗渗透的性质称为抗渗性，或称不透水性。材料的抗渗性通常用渗透系数 K_s 表示。

渗透系数的物理意义是：一定厚度的材料，在一定水压力下，在单位时间内透过单位面积的水量。用公式表示为：$K_s = \dfrac{QD}{AtH}$。

式中：Q为透过材料试件的水量，mL；t为透水时间，s；A为透水面积，cm^2；H为静水压力水头，cm；D为试件厚度，cm。K_s值越大，表示材料渗透的水量越多，即抗渗性越差。

7）抗冻性

抗冻性是指材料在吸水饱和状态下经历多次冻融循环，保持其原有性质或不显著降低原有性质的能力。材料的抗冻性用抗冻等级表示。材料抗冻等级是指标准尺寸的材料试件，在水饱和状态下，经受标准的冻融作用后，其强度不严重降低、质量不显著损失、性能不明显下降时所经受的冻融循环次数。

冰冻对材料的破坏作用如图2.5所示。

图2.5 混凝土受冻融破坏

①冰胀压力作用：当材料孔隙中充满水并快速结冰时，在孔隙内将产生很大的冰胀压力，使毛细管壁受到拉应力，导致材料破坏。

②水压力作用：大多数材料内部含有各种类型的孔隙，其充水程度不尽相同，当受冻降温时，某些孔隙内已结冰的水体积增大，迫使尚未结冰的水移近试件边缘，产生水压力，使孔壁受到拉应力。

③显微析冰作用：材料孔隙中的水一旦结冰，由于内部结构、浓度、温度的差异，若存在尚未结冰的区域，水则向已结冰区域迁移并迅速结冰，并使已结的冰晶增大。

8）导热性

当材料两侧存在温度差时，热量从材料的一侧传递至另一侧的性质。材料传导热量的性能称为材料的导热性。导热性大小可用导热系数 λ 表示。

导热系数是评定材料保温隔热性能的重要指标，导热系数越小，材料的保温隔热性能越好。通常把 $\lambda < 0.23$ W/(m·K) 的材料称为绝热材料。

9）热稳定性

材料抵抗温度的急剧变化而不被破坏的性能，称材料的抗热震性，也称耐急冷急热性。许多无机非金属材料在急冷急热交替作用下，易产生巨大的温度应力而使材料开裂或炸裂破坏。如塑料饰面材料，它的耐急冷急热性差，因此在冬天易变形、开裂。

2.2.2　材料的力学性能

材料的力学性能是指材料在不同环境下，承受各种外加载荷时所表现出的力学特性。它对建筑物、构筑物的正常安全使用至关重要。

1）强度

（1）定义

材料在外力作用下抵抗破坏的能力，称为材料的强度。根据外力作用形式的不同，材料的强度有抗压强度、抗拉强度、抗剪强度及抗弯强度等，均以材料受外力破坏时单位面积上所承受的力的大小来表示。材料的这些强度是通过静力试验来测定的，故总称为静力强度。图 2.6 为材料在几种外力作用下的示意图。

（a）压缩　（b）拉伸　　（c）剪切　　　　　（d）弯曲

图 2.6　材料在外力作用下的示意图

（2）材料强度的等级

大部分材料根据其极限强度的大小，可划分为若干不同的强度等级。如烧结普通砖按抗压强度从小到大分为五个等级：MU10，MU15，MU20，MU25，MU30；硅酸盐水泥按抗压和抗折强度从小到大分为三个等级 6 个类型：42.5，42.5R，52.5，52.5R，62.5，62.5R；混凝土按其抗压强度分为十四个等级：C15，C20，…，C80 等。强度等级是人为划分的，是不连续的，材料根据强度划分强度等级时，规定的各项指标都合格，才能定为某强度等级。

（3）比强度

比强度是材料的强度与其表观密度之比，单位为（N/m²）/（kg/m³）或 N·m/kg。它是衡量材料轻质高强性能的指标，见表 2.2。

表2.2 钢材、木材和混凝土的强度值

材料	表观密度 $\rho_0/(\text{kg} \cdot \text{m}^{-3})$	抗拉强度 f_t/MPa	比强度 $f_t/\rho_0/(\text{N} \cdot \text{mkg}^{-1})$
低碳钢	7 860	415	0.053
松木	500	34.3（顺纹）	0.069
普通混凝土	2 400	29.4	0.012

2）弹性性能与塑性性能

（1）弹性

材料在外力作用下产生变形，如果外力不超过某个限度，在外力卸除后完全恢复原状的性能，称为弹性。

外力消除后即可消失的变形，称为弹性变形。弹性变形属可逆变形，其应力 σ 与应变 ε 成正比，其比例系数 E 称为材料的弹性模量。

（2）塑性

外力卸除后不能消除的变形称为残余变形（塑性变形）。材料保持塑性变形的能力称为塑性。塑性变形为不可逆变形，是永久变形。材料在长期恒定外力作用下，变形随时间增长的现象称为徐变。

3）脆性和韧性

（1）脆性

脆性是指作用于材料的外力达到一定限度时，材料突然发生破坏，并无明显塑性变形的性质。具有这种性质的材料称为脆性材料。大部分无机非金属材料均属脆性材料，如天然石材、烧结普通砖、陶瓷、普通混凝土等。脆性材料抵抗变形或冲击振动的能力差，所以仅用于承受静压力作用的结构或构件，如柱子等。

（2）韧性

韧性是指材料在塑性变形时吸收能量的能力。如钢材、木材、钢筋混凝土、橡胶、纤维增强塑料等都属于韧性材料。

4）硬度和耐磨性

（1）硬度

硬度是指材料表面的坚硬程度，是材料局部抵抗外界物体压入其表面的能力。它通常用刻痕法和压痕法来测定和表示。硬度大的材料耐磨性较强，通常不易加工。

（2）耐磨性

耐磨性是指材料表面抵抗机械磨损的能力，用磨损率表示。磨损率是指一定尺寸的试件在一定压力的作用下，在摩擦磨损实验机上进行测试，然后测定出的试件单位面积上的质量损失。

2.2.3 材料的化学性能

材料的化学性能是材料与各种化学试剂发生化学反应的可能性及化学反应中的特性，如耐酸性、耐碱性、抗氧化性、耐火性等。

1）耐腐蚀性

金属材料抵抗周围介质腐蚀破坏作用的能力称为耐腐蚀性。它由材料的成分、化学性能、组织形态等决定。如钢中加入可以形成保护膜的铬、镍、铝、钛，改变电极电位的铜，以及改善晶间腐蚀的钛、铌等，可提高耐腐蚀性。

2）耐火性

耐火性是指材料接触火焰难以燃烧，着火后离开火焰不能继续燃烧的性质。耐火性是指试样材料在火焰或高温作用下，在一定时间内，满足耐火试验中规定的稳定性、完整性、隔热性和其他预期功能的能力。耐燃的材料不一定耐火，耐火的一般都耐燃。按材料的燃烧性能可将材料分为不燃材料（如钢铁、砖、石等）、难燃材料（如石膏板、水泥刨花板等）、可燃材料（如木材、竹材等）、易燃材料（如塑料、纤维织物等），见表 2.3。

表 2.3　材料按其燃烧性能分类

等　级	燃烧性能	燃烧特征	图　例
A	不燃	在空气中受到火烧或高温作用时不起火、不燃烧、不碳化的材料，如金属材料及无机矿物材料等	
B1	难燃	在空气中受到火烧或高温作用时难起火、难燃烧、难碳化，当离开火源后，燃烧或微燃立即停止的材料，如沥青混凝土、水泥刨花板等	
B2	可燃	在空气中受到火烧或高温作用时立即起火或微燃，且离开火源后还继续燃烧或微燃的材料，如木材、部分塑料制品等	
B3	易燃	在空气中受到火烧或高温作用时立即起火，并迅速燃烧，且离开火源后仍继续迅速燃烧的材料，如部分未经阻燃处理的塑料、纤维织物等	

2.2.4　声学性质

1）吸声性

当声波传到材料表面时，一部分被反射，一部分穿透材料。材料可吸收入射声的性能称为材料的吸声性。

2）隔声性

可把空气中传播的噪声隔绝、隔断、分离的材料称为隔声材料。隔声材料通常密实无孔或缝隙，难以吸收和透过声能。

2.2.5　耐久性

材料在使用过程中，会受到自然环境中各种因素的作用，使其性能逐渐降低，甚至破坏（图 2.7）。耐久性是指材料长期抵抗各种内外破坏（自身和环境破坏），保持其原有性质的能力。耐久性是材料的一种综合性质，一般包括耐水性、抗渗性、抗冻性、抗风化性、抗老化性、耐腐蚀性、耐磨性等。这些破坏作用可分为物理作用、化学作用及生物作用等。

一般矿物质材料，如石料、砖、混凝土等，当暴露于大气中或处于水位变化区时，主要是发生物理破坏作用，当处于水中时，除了物理作用外还可能发生化学侵蚀作用。金属材料，引起破坏的

图 2.7　材料的破坏

原因主要是化学腐蚀及电化学腐蚀作用。木材及由植物纤维组成的有机质材料，常由于生物作用而被破坏。沥青质材料及合成高分子材料，大多是由于阳光、空气及热的作用而逐渐老化破坏。

2.3　材料的美学与文化特性

2.3.1　材料的美学性质

1）色彩

当光线照射到物体后对视觉神经产生影响，人们便感知到了色彩的存在。光在传播时有直射、反射、透射、漫射等多种形式，不同传播方式的光反应在人眼中的颜色也不一样。当光直射时直接传入人眼，视觉感受到的是光源色；当光源照射物体时，光从物体表面反射出来，人眼感受到的是物体表面色彩；当光照射如遇玻璃之类的透明物体时，人眼看到是透过物体的透射色。物体对光的吸收、反射或透射能力，受到物体材质和表面肌理效果的影响，如金属、抛光石材、镜子等有光滑、平整表面的物体，对光的反射较强，色彩明亮；磨砂玻璃、木板、水泥等有着粗糙、凹凸、疏松表面的物体，对色光的反射较弱，易使光线产生漫射现象，色彩较柔和。人对颜色的感觉不仅仅由光的物理性质所决定，往往还受到环境的影响。因此，材料的色彩选择对于景观的最终呈现效果具有决定性的作用。

（1）色彩的分类

色彩可以分成两个大类：无彩色系和有彩色系。

"无彩色"具体来说就是黑色、白色以及黑白相互混合而形成的各种深浅不同的灰色。无彩色系不具备色相与纯度的性质，只在明度上有变化。在所有的无彩色系中，白色的明度最高，黑色的明度最低。因此，当一种颜色混入白色时，会显得更加明亮；相反，混入黑色则显得更加深暗；加入灰色时又会失去原有色彩的鲜亮程度。有彩色系是指红、橙、黄、绿、青、蓝、紫等颜色。不同明度和纯度的这些颜色都属于有彩色系，有彩色是由光的频率和振幅决定的，频率决定色相，振幅决定光强。

有彩色系，指以红、黄、蓝为基本色，基本色之间不同量的混合，以及基本色与无彩色之间不同量的混合，而产生出的成千上万的色彩。

（2）色彩的特性

色彩的色相、明度和纯度（也称彩度、饱和度）三种属性称为色彩的三要素。它们是不可分割的，应用时必须同时考虑。

①色相：是指颜色的相貌和种类（图 2.8）。 色相是由一定的可见光波长决定的，不同波长产生不同色相。 在可见光形成的光谱色中，380～780 nm 的波长范围内，每一波段都有一定的色相。 色相是颜色中最突出的主要特征。物体的颜色是由光源的光谱成分和物体表面反射（或透射）的特性决定的。

图 2.8　十二色相环

图 2.9　色彩的明度

②明度：是指色彩的明暗程度，也可称为色彩的亮度、深浅度（图 2.9）。明度作为色彩的第二属性，对色彩的感觉起着重要的作用。明度在三要素中具有较强的独立性，它可以不带任何色相的特征，而通过黑白灰的关系单独呈现出来。色彩的明度有两种情况：同一色相的明度变化，如任何一种有彩色加黑或加白，产生各种不同的明暗层次；不同色相之间存在明暗差别，黄色明度最高，而紫色明度最低。

明度适于表现物体的立体感及空间感，决定整个画面的结构。色彩的明度有两种情况，一是同一色相不同明度：同一颜色在强光照射下显得明亮，弱光照射下显得较灰暗。二是各种颜色的不同明度：每一种纯色都有与其相应的明度。白色明度最高，黑色明度最低。

③纯度：是指色彩的单纯程度，也可称为艳度、彩度、鲜度或饱和度（图 2.10）。高纯度的色彩，使人感到刺激；低纯度的色彩，给人带来沉稳的印象。黑、白、灰属无彩色系，纯度值为零。有彩色与无彩色混合，它的纯度可降低。有色物体色彩的纯度与物体的表面结构有关。如果物体表面粗糙，其漫反射作用将使色彩的纯度降低；如果物体表面光滑，全反射作用将使色彩看起来比较鲜艳。

图 2.10　色彩的纯度

图 2.11　冷色系与暖色系

（3）色彩的感受

色彩本身并无冷暖、轻重、软硬等特性，色彩通过视觉引起人们的心理活动，进而产生相应的感受。

①冷暖感：自然界的物体会给人不同的温度感受，如太阳、火焰，让人觉得温暖；冰块、湖水，让人觉得冰冷。这种感觉形成了人们的视觉经验就是色彩的冷暖感。红、橙、黄色有温暖的感觉；蓝、青色有寒冷的感觉；凡是带红、橙、黄的色调都带暖感；凡是带蓝、青的色调都带冷感（图 2.11）。

色彩的冷暖与明度、纯度也有关。高明度的色一般有冷感，低明度的色一般有暖感。高纯度的色一般有暖感，低纯度的色一般有冷感。无彩色系中白色有冷感，黑色有暖感，灰色属中性。色彩冷暖是相对的。

②轻重感：色彩的轻重感一般由明度决定。高明度具有轻感，低明度具有重感；白色最轻，黑色最重；低明度基调的配色具有重感，高明度基调的配色具有轻感。

③软硬与强弱感：色彩软硬感与明度、纯度有关。明度较高的含灰色系具有软感，明度较低的含灰色系具有硬感；强对比色调具有硬感，弱对比色调具有软感。高纯度色更有强感，低纯度色有弱感；有彩色系比无彩色系更有强感，有彩色系以红色为最强；对比度大的具有强感，对比度低的有弱感。

2）质感（肌理）

质感是指物品的材质、质量带给人的感觉。物质表面的自然特征带来的感觉就是物质的天然质感，如湖水、树皮、岩石等的质感，而经过加工后表现出的各种特征带来的感觉则称为人工质感，如棉布、陶瓷、玻璃、塑料的质感等。不同质感的材料给人以不同的生理感觉，如软、硬、滑、涩、虚、实等。自然的粗坯毛石体现了质朴之美，而抛光处理后的大理石则的镜面光泽给人以优雅高贵之感（图2.12）。

（a）毛石　　　　　　　　　　　　　（b）大理石

图2.12　石材的质感

在长期的生产活动过程中，人们与物体不断接触，并在视觉与触觉方面对物体的认识有了更深层次的联系。人们脱离触觉感受，仅通过视觉就能对物体的质地进行判断，因此，质感也可分为触觉质感和视觉质感。

（1）触觉质感

触觉质感是靠皮肤的接触而感知到物体表面的特征。触觉质感可分成舒适的触觉质感和厌憎的触觉质感。如精磨的金属表面、光滑的工程塑料、细腻的大理石面等，可使人产生光滑、清爽的触觉质感；如粗制的砖面、锈蚀的金属表面、石块的断裂面等，会带来粗糙、尖锐的触觉质感使人不安。

（2）视觉质感

视觉质感是靠视觉感知到的物体的表面特征，它是触觉质感的补充。当触觉的体验越来越多并上升总结为经验时，对于已经熟悉的材料组织，人们无须直接接触，仅凭观察就可以判断材料的质感。

由于视觉质感相对于触觉质感具有间接性、经验性、知觉性、遥测性和相对不真实性，利用这一点，可以利用各种工艺手段，以近乎乱真的视觉质带来对触觉质感的错觉，如在工程塑料上烫印铝箔、在陶瓷表面上镀金属、在纸材上印制木纹、布纹、石纹等（图2.13）。

3）纹样（纹饰）

纹样是一种花纹图案，它主要题材分为自然景物和各种几何图形（包括变体文字等）两大类，有写实、写意、变形等表现手法。作为中国传统文化的重要组成部分，纹样一直贯穿于中国历史发展的整个历程，反映着我国不同时期的民俗风情，凝聚着不同时期独特的艺术审美。

（a）木纹纸

（b）布纹纸

（c）石纹纸

图2.13　视觉质感

（1）来源

我国古代传统纹样的来源大致可分为以下三个方面。

其一来自民俗文化，如民间彩绘、雕刻、刺绣、编织、剪纸等，这些纹样是劳动人民按照自己的意志发挥创造的，一般比较朴实、粗犷，具有浓郁的乡土气息［图2.14（a）］。

其二来自宗教艺术，如神话传说，常见于壁画、建筑装饰等，这些纹样严谨、深刻，富于变化。如宝相花纹和暗八仙题材的装饰图集，其被广泛用于传统建筑装饰及古典家具［图2.14（b）］。

其三是来自权贵象征，如帝王、贵族的陈设品、日用品、服饰等，这些纹样精细、华贵，寓意明确。如十二章纹是中国帝制时代的服饰等级标志，分别为日、月、星辰、群山、龙、华虫、宗彝、藻、火、粉米、黼、黻［图2.14（c）］。

（a）灯笼纹

（b）宝相花纹

日

月

星辰

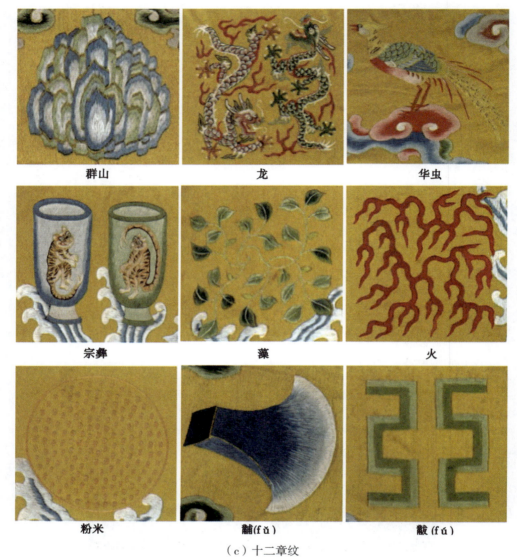

（c）十二章纹

图 2.14　中国传统纹样

（2）样式

传统纹样在园林景观的应用更是不拘一格。以计成的《园冶》一书为例，书中提到砖铺地的样式共有十六种：人字式、席纹式、斗纹式、间方式、斗纹式、六方式、攒六方式、八方间六方式、套六方式、长八方式、八方式、海棠式、四方间十字式、香草边式、球门式、波纹式。纹样的造型设计和构图设计既美化了园林景观，又丰富了文化意义，充分展现了东方艺术的韵律之美。

2.3.2　材料的文化特征

受不同地域的自然环境、人文环境，以及经济基础、技术施工、风土人情等多种因素的影响，人们在材料的运用上形成了各具特色的地域文化。

1）宗教

受宗教的影响，材料被赋予了特殊的文化寓意。如万字纹（即"卍"字形纹饰），作为中国古代经典传统纹样，它有着双重意义：一方面纹样本身为太阳、火或河流的象征意义；另一方面被佛教看作释迦牟尼胸部所现"瑞相"，有吉祥、万福和万寿之意。明清时期统治阶级信奉佛教，万字纹随之受其青睐，发展进入繁盛时期，形制完全成熟，最终演化成为承载中国吉祥文化的典型装饰纹样，被普遍运用到建筑窗格、家具等民间装饰艺术之中。万字纹样常与几何、文字、植物、动物纹样组合构成新的装饰图案（图 2.15）。

图 2.15　有万字纹样的窗格

2）文学

竹作的材质细密，具有抗压、抗拉、抗弯等优点，其力学性能优于常用木材，在建筑、建材、家具等方面用途广泛。竹的枝干挺拔修长，四季青翠，中国古今文人墨客爱竹、诵竹者众多。竹便成了文人品质和生活格调的象征，在中国文化中处处留痕。竹的"劲节"代表不屈的傲骨；竹的"虚空"代表谦逊的胸怀；竹的"萧疏"代表超群脱俗的气节。竹坚韧挺拔、宁折不弯、正直虚心的美好品质深入文人雅士的骨髓。在中国造园史上，魏晋时期以竹为不可或缺的造园要素；北宋李格非在《洛阳名园记》中评述的私园绝大多数都有竹景，更是把"三分水，二分竹，一分屋"作为理想的居住模式。

3）地域

长期以来，园林景观材料的运用讲究就地取材。如粉墙黛瓦的建筑形式是我国江南一带的古建筑特色，独特的建筑风格体现了江南水乡的特色与秀气，青瓦如波的形态和层层叠叠的肌理给人们以水乡温婉的感觉［图 2.16（a）］；而灰砖在北京是一种具有传统特色的地方材料，使人感受到古朴、自然和幽雅，灰砖墙也成了老北京城一道独具特色的视觉风景［图 2.16（b）］；云南民族地区的竹结构建筑以竹为主体，配以木和藤材，利用竹片的正面交替结合形成建筑墙壁的表面，在光线的反射下呈现不同的几何图案，使竹楼的立面具有很强的立体感并富于变化，成为傣族所特有的一种地域

（a）粉墙黛瓦　　　　　　　（b）灰砖墙　　　　　　　（c）竹楼

图 2.16　地域性的景观材料

文化符号［图 2.16（c）］。地域材料的广泛应用不仅体现了各地区所特有的地域文化，还创造了具有地域特色的人文居住环境。

4）艺术

景观材料的艺术性不仅强调了对美的认知和体验，同时也引导着现代景观设计的潮流。以枯山水造园艺术为例（图 2.17）：枯山水一般是指由细沙碎石铺地，再加上一些叠放有致的石块所构成的微缩式园林景观，偶尔也包含苔藓、草坪或其他自然元素。枯山水并没有水景，其中的"水"通常由白色砂石表现，而"山"通常用石块表现，有时也会在沙子的表面画上纹路来表现水的流动。枯山水字面上的意思为"干枯的景观"或"干枯的山与水"，它以象征化的造园手法，以简代繁，诠释了人对大自然的崇尚之情。枯山水造园艺术反映了人们对永恒、禅意、自我辩证的哲学思考，同时，它的枯寂、清净和淡然也呈现出独特的意境之美。

图 2.17　枯山水造园艺术

思考与练习

1. 材料的物理性质有哪些？
2. 简述材料的孔隙率与密度的关系。
3. 冰冻对材料有哪些破坏作用？
4. 材料的化学性质有哪些？
5. 材料的耐久性越高越好吗？如何理解材料的耐久性与其应用价值之间的关系？

3 墙体材料与屋面材料

本章导读　本章选择园林工程中常用的墙体及屋面材料，分别介绍其特点与性质，重点介绍材料的尺寸、构造要点及其实际应用。内容采用图文并茂的形式，并进行分类归纳，达到让学生认知并熟记的教学效果，还有助于课后资料查询。

园林景观中的建筑物与构筑物大多采用砌体结构来完成其墙体的建造。砌体结构是指由块材和砂浆砌筑而成的墙、柱作为建筑物、构筑物主要受力构件的结构，包括砖砌体、砌块砌体、石砌体和墙板砌体（图3.1），分为无筋砌体结构和配筋砌体结构（图3.2）。砌体结构在我国应用广泛，原因是它可以就地取材，具有很好的耐久性及较好的化学稳定性。

常用于墙体的材料主要有砌墙砖、砌块和板材三类（图3.3）。砌墙砖可分为普通砖和空心砖两大类。砌块是用于砌筑的，一种体积比砖大、比大板小的新型墙体材料；板材可分为混凝土板、石膏板、加气混凝土板、玻纤水泥板、植物纤维板及各种复合墙板等。

（a）砖砌体　　　　　　　　　　（b）砌块砌体

（c）石砌体　　　　　　　　　　（d）墙板砌体

图3.1　砌体结构分类

（a）无筋砌体结构　　　　　（b）配筋砌体结构

图 3.2　无筋砌体结构和配筋砌体结构

（a）砌墙砖　　　　　　　（b）砌块　　　　　　　　（c）板材

图 3.3　墙体材料

3.1　砌墙砖

墙体材料

凡是由黏土、工业废料或其他地方资源为主要原料，以不同工艺制成的在建筑物、构筑物中用于承重墙和非承重墙的砖统称为砌墙砖。

根据孔洞率的大小，砌墙砖可分为普通砖、多孔砖和空心砖。其中孔洞率 < 15% 的砖为普通砖，15% ≤ 孔洞率 < 35% 的砖为多孔砖，孔洞率 ≥ 35% 的砖为空心砖。根据生产工艺的不同，砌墙砖分为烧结砖（图 3.4）与非烧结砖（图 3.5）。

（a）黏土砖　　　　　（b）页岩砖　　　　　（c）煤矸石砖　　　　　（d）粉煤灰砖

图 3.4　常见烧结砖

（a）碳化砖　　　　　　　　　（b）蒸压砖

图 3.5　常见非烧结砖

3.1.1　烧结普通砖

烧结普通砖是以黏土、页岩、煤矸石、粉煤灰为主要原料经焙烧而成的普通砖。

1）分类

烧结砖按主要原料分为烧结黏土砖（代号 N）、烧结页岩砖（代号 Y）、烧结粉煤灰砖（代号 F）和烧结煤矸石砖（代号 M）。

①烧结黏土砖：以黏土为主要原料，经配料、制坯、干燥、焙烧而成的烧结普通砖。

②烧结页岩砖：页岩经破碎、粉磨、配料、成形、干燥和焙烧等工艺制成的砖。

③烧结粉煤灰砖：以火力发电厂排出的粉煤灰，掺入适量黏土经搅拌成型、干燥和焙烧而成的承重砌体材料。

④烧结煤矸石砖：以采煤和洗煤时剔除的大量煤矸石为原料，经粉碎后，根据其含碳量和可塑性进行适当配料，即可制砖，焙烧时基本不需外投煤。

2）技术性能指标

根据《烧结普通砖》（GB / T 5101—2017）的规定，强度和抗风化性能合格的砖，根据砖的尺寸偏差、外观质量、泛霜和石灰爆裂的程度将其分为优等品（A）、一等品（B）和合格品（C）三个质量等级。

（1）尺寸

烧结普通砖的外形为直角六面体，公称尺寸是 240 mm × 115 mm × 53 mm，如图 3.6 所示，砖的尺寸允许偏差应符合相应的规定。

图 3.6　烧结普通砖的尺寸

（2）外观质量

烧结普通砖的外观质量包括两条面高度差、弯曲度、杂质凸出高度、缺棱掉角尺寸、裂纹长度、完整面等内容。

（3）强度等级

烧结普通砖是通过取十块砖样进行抗压强度试验，根据抗压强度平均值和标准值方法或抗压强度平均值和最小值方法来评定砖的强度等级。各等级应满足的强度指标如表 3.1 所示。

（4）泛霜和石灰爆裂

泛霜是指在新砌筑的砖砌体表面，有时会出现一层白色的粉状物（图 3.7）。国家标准严格规定烧结制品中优等产品不允许出现泛霜，一等产品不允许出现中等泛霜，合格产品不允许出现严重泛霜。

石灰爆裂是烧结砖的原料中夹杂着石灰石，焙烧时石灰石被烧成生石灰块，在使用过程中生石灰吸水熟化转变为熟石灰，故其体积增大近一倍造成制品爆裂的现象，如图 3.8 所示。

表 3.1　烧结普通砖的强度等级（参见 GB/T 5101—2017）　　单位：MPa

强度等级	抗压强度平均值 $f \geqslant$	强度标准值 $f_k \geqslant$
MU30	30.0	22.0
MU25	25.0	18.0
MU20	20.0	14.0
MU15	15.0	10.0
MU10	10.0	5.5

图 3.7　烧结砖泛霜现象

图 3.8　石灰爆裂现象

（5）抗风化性能

风化指数是指日气温从正温降至负温或从负温升至正温的每年平均天数，与每年从霜冻之日起至消失霜冻之日止这一期间降雨总量（以 mm 计）的平均值的乘积。抗风化性能是指材料在干湿变化、温度变化、冻融变化等物理因素作用下不破坏并保持原有性质的能力。

我国按风化指数将各省市划分为严重风化区和非严重风化区（表 3.2），黄河以北区域属严重风化区，风化指数 ≥ 12 700；黄河以南地区属非严重风化区，风化指数 < 12 700。

表 3.2　风化区的划分（参见 GB/T 5101—2017）

严重风化区		非严重风化区		
1. 黑龙江省 2. 吉林省 3. 辽宁省 4. 内蒙古自治区 5. 新疆维吾尔自治区 6. 宁夏回族自治区	7. 甘肃省 8. 青海省 9. 陕西省 10. 山西省 11. 河北省 12. 北京市 13. 天津市 14. 西藏自治区	1. 山东省 2. 河南省 3. 安徽省 4. 江苏省 5. 湖北省 6. 江西省 7. 浙江省 8. 四川省	9. 贵州省 10. 湖南省 11. 福建省 12. 台湾地区 13. 广东省 14. 广西壮族自治区 15. 海南省	16. 云南省 17. 上海市 18. 重庆市

3）产品标识

烧结普通砖的产品标识按产品名称、规格、品种、强度等级、质量等级和标准编号的顺序编写。例如，规格 240 mm × 115 mm × 53 mm，强度等级 MU15，一等品的烧结粉煤灰砖，其标记为：烧结粉煤灰砖 F MU15 B GB/T 5101—2017。

4）应用

烧结普通砖具有较高的强度、较好的耐久性、保温、隔热、隔声、不结露、价格低廉等优点，加之原料广泛、工艺简单，因此是应用历史最久、应用范围最广的墙体材料。它可用于建筑维护结构；可砌筑基础、柱、拱及沟道等；可与隔热材料配套使用，砌成轻体墙；可配置适当的钢筋代替钢筋混凝土柱、过梁等。

在园林景观中，烧结普通砖优等品适用于清水墙和墙体装饰，也可应用于地面铺贴（图3.9）。一等品、合格品可用于混水墙；中等泛霜的砖不能用于潮湿部位。

阿尔托[1]在1953年完成的莫拉特塞罗夏季别墅，其著名的砖墙就是采用的砖贴面（图3.10）。在夏季别墅中，阿尔托开始意识到了砖的表皮特性，在之后的建筑实践中，他不但大量运用砖，甚至还研制出了一种特制曲面砖。

图3.9　园林景观中的烧结砖墙面、地面

图3.10　莫拉特塞罗夏季别墅的砖墙

3.1.2　烧结多孔砖和烧结空心砖

用多孔砖或空心砖代替实心砖可使建筑物自重减轻1/3左右，节约原料20%～30%，节省燃料10%～20%，且烧成率高，造价降低20%，施工效率提高40%，并能改善砖的绝热和隔声性能，在相同的热工性能要求下，用空心砖砌筑的墙体厚度可减薄半砖左右。

[1] 阿尔瓦·阿尔托，芬兰建筑师，人情化建筑理论的倡导者。

1）烧结多孔砖

烧结多孔砖以黏土、页岩、煤矸石、粉煤灰淤泥（江河湖淤泥）及其他固体废弃物等为主要原料，经焙烧而成，孔洞率大于或等于33%，孔的尺寸小而数量多的砌块，主要用于承重部位。

根据《烧结多孔砖和多孔砌块》（GB 13544—2011）的规定，烧结多孔砖的外形尺寸、外观质量如下。

（1）外形尺寸

烧结多孔砖的外形为直角六面体，孔多而小，孔洞垂直于受压面（图3.11）。砖的主要规格有M形：（190 mm×190 mm×90 mm）与P形：（240 mm×115 mm×90 mm）。烧结多孔砖砌筑时孔洞应垂直于承压面，砖的尺寸偏差应符合表3.3的要求。

图 3.11　烧结多孔砖

表 3.3　烧结多孔砖的尺寸允许偏差　　　　单位：mm

尺　寸	样本平均偏差	样本极差
>400	±3.0	10.0
300~400	±2.5	9.0
200~300	±2.5	8.0
100~200	±2.0	7.0
<100	±1.5	6.0

（2）外观质量

烧结多孔砖的外观质量应符合表3.4的规定。

表 3.4　烧结多孔砖外观质量　　　　单位：mm

项目		指标
1.完整面	不得少于	一条面和一顶面
2.缺棱掉角的三个破坏尺寸	不得同时大于	30
3.裂纹长度		
a.大面（有孔面）上深入孔壁15 mm以上宽度方向及其延伸到条面的长度	不大于	80
b.大面（有孔面）上深入孔壁15 mm以上长度方向及其延伸到顶面的长度	不大于	100
c.条顶面上的水平裂纹	不大于	100
4.杂质在砖或砌块面上造成的凸出高度	不大于	5

注：凡下列缺陷之一者，不能称为完整面：

1. 缺损在条面或顶面上造成的破坏面尺寸同时大于 20 mm×30 mm；

2. 条面或顶面上裂纹宽度大于 1 mm，其长度超过 70 mm；

3. 压陷、焦花、粘底在条面或顶面上的凹陷或凸出超过 2 mm，区域最大投影尺寸同时大于 20 mm×30 mm。

（3）孔形孔结构及孔洞率

孔形孔结构及孔洞率应符合表3.5的规定。

表3.5 烧结多孔砖的孔型孔结构及孔洞（参见 GB 13544—2011）

孔型	孔洞尺寸		最小外壁厚 /mm	最小肋厚 /mm	孔洞率 /%		孔洞排列
	孔宽度尺寸 b	孔长度尺寸 L			砖	砌块	
矩形条孔或矩形孔	≤ 13	≤ 40	≥ 12	≥ 5	≥ 28	≥ 33	1. 所有孔宽度应相等，孔采用单向或双向交错排列； 2. 孔洞排列上下、左右应对称，分布均匀，手抓孔的长度方向尺寸必须平行于砖的条面

注：

1. 矩型孔的孔长 L、宽度 b 满足式 ≥ $3b$ 时，为矩型条孔；

2. 孔四个角应做成过渡圆角，不得做成直尖角；

3. 如设有砌筑砂浆槽，则砌筑砂浆槽不得计算在孔洞率内；

4. 规格大的砖和砌块应设置手抓孔，手抓孔尺寸为（30~40）mm ×（75~85）mm。

（4）强度等级

与烧结普通砖相同，其强度等级具体指标见表3.1。

烧结多孔砖的技术要求也包括泛霜、石灰爆裂程度及抗风化性能。

泛霜：每块砖不允许出现严重泛霜。

石灰爆裂：①破坏尺寸大于 2 mm 且小于或等于 15 mm 的爆裂区域，每组砖和砌块不得多于 15 处，其中大于 10 mm 的不得多于 7 处。②不允许出现破坏尺寸大于 15 mm 的爆裂区域。

（5）密度等级

砖的密度等级分为 1 000、1 100、1 200、1 300 四个等级；砌块的密度等级分为 900、1 000、1 100、1 200 四个等级（表3.6）。

表3.6 烧结多孔砖的密度等级（参见 GB 13544—2011）

密度等级		三块砖干燥表观密度平均值
砖	砌块	
—	900	≤ 900
1 000	1 000	900~1 000
1 100	1 100	1 000~1 100
1 200	1 200	1 100~1 200
1 300	—	1 200~1 300

（6）产品标识

烧结多孔砖的产品标识按产品名称、品种、规格、强度等级、密度等级和标准编号的顺序编写。例如，规格尺寸 290 mm × 140 mm × 90 mm，强度等级 MU25，密度 1 200 级的黏土烧结多孔砖，其标记为：烧结多孔砖 N 290 × 140 × 90 MU 25 1 200 GB 13544—2011。

2）烧结空心砖

烧结空心砖是以黏土、页岩、煤矸石或粉煤灰为主要原料，经焙烧而成的具有竖向孔洞（孔洞率不小于25%，孔的尺寸小而数量多）的砖。它主要用于非承重墙体。

（1）外形尺寸

根据《烧结空心砖和空心砌块》（GB/T 13545—2014）的规定，烧结空心砖的外形为直角六面体，混水墙用空心砖和空心砌块，应在大面和条面上设有均匀分布的粉刷槽或类似结构，深度不小于2 mm。如图3.12所示，空心砖和空心砌块的长度、宽度、高度尺寸应符合下列要求：长度规格尺寸（mm）为390，290，240，190，180（175），140；宽度规格尺寸（mm）为190，180（175），140，115；高度规格尺寸（mm）为180（175），140，115，90。

图 3.12　烧结空心砖
L—长度；b—宽度；d—高度

（2）强度等级

按抗压强度分为 MU10.0，MU7.5，MU5.0，MU3.5 四个强度等级（表3.7）。

表 3.7　烧结空心砖的强度等级（参见 GB/T 13545—2014）

强度等级	抗压强度 /MPa		
	抗压强度平均值	变异系数 $\delta \leqslant 0.21$	变异系数 $\delta > 0.21$
		强度标准 $f_k \geqslant$	单块最小抗压强度值 $f_{min} \geqslant$
MU10.0	10.0	7.0	8.0
MU7.5	7.5	5.0	5.8
MU5.0	5.0	3.5	4.0
MU3.5	3.5	2.5	2.8

（3）密度等级

烧结空心砖根据表观密度分为800、900、1000、1100四个密度级别（表3.8）。

表 3.8　烧结空心砖的密度等级（参见 GB/T 13545—2014）

密度等级	五块砖体积密度平均值
800	≤ 800
900	801~900
1 000	901~1 000
1 100	1 001~1 100

3）烧结多孔砖与烧结空心砖的应用

烧结多孔砖与烧结空心砖都具有质地轻、强度高、保温性能好、隔声性能好、组砌灵活、施工效率高、造价较低等诸多优点，在园林景观工程中应用广泛。常应用于园林景观非承重墙体的砌筑，可减轻自重，用以减轻车库顶板上的荷载，甚至可利用多孔造型，设计出独特效果的墙体（图3.13）。

图 3.13　空心砖砌筑墙体

3.1.3　非烧结砖

不经焙烧而制成的砖均为非烧结砖，如碳化砖、蒸压砖（免烧砖）等。目前应用较广的是蒸压砖。

蒸压砖是以含钙材料（石灰、电石渣等）和含硅材料（沙子、粉煤灰、煤矸石、灰渣、炉渣等）与水拌和，经压制成型，在自然条件下或人工热合成条件下（常压或高压蒸汽养护）反应生成以水化硅酸钙、水化铝酸钙为主要胶结料的硅酸盐建筑制品。主要品种有蒸压灰砂砖、蒸压粉煤灰砖、炉渣砖等。

1）蒸压灰砂砖

蒸压灰砂砖是用磨细生石灰和天然砂，经混合、搅拌、陈化（使生石灰充分熟化）、轮碾、加压成型、蒸压养护（175～191℃，0.8～1.2 MPa的饱和蒸汽）而成（图3.14）。灰砂砖的外形尺寸与烧结普通砖相同，颜色有彩色（Co）和本色（N）两类。

根据《蒸压灰砂实心砖和实心砌块》（GB/T 11945—2019）的规定，灰砂砖按其抗压强度和抗折强度由大到小分为 MU30，MU25，MU20，MU15 及 MU10 五个级别。

2）蒸压粉煤灰砖

蒸压粉煤灰砖是以粉煤灰、石灰和水泥为主要原料，掺入适量的石膏、外加剂、颜料和骨料，经坯料制备、压制成型、高压或常压蒸汽养护而制成的实心砖（图3.15）。

根据《蒸压粉煤灰砖》（JC/T 239—2014）中的规定：按抗压强度和抗折强度由高到低划分为 MU30，MU25，MU20，MU15，MU10 五个强度等级。按外观质量、尺寸偏差、强度和干燥收缩值可分为优等品（A）、一等品（B）和合格品（C）。

图 3.14　蒸压灰砂砖　　　　图 3.15　蒸压粉煤灰砖　　　　图 3.16　煤渣砖

3）炉渣砖

炉渣砖是以煤渣为主要原料，加入适量石灰、石膏等材料，经混合、压制成型、蒸汽或蒸压养护而制成的实心砖，颜色呈黑灰色（图3.16）。

根据《炉渣砖》（JC/T 525—2007）中的规定，炉渣砖的公称尺寸为 240 mm×115 mm×53 mm，按其抗压强度和抗折强度由高到低分为 MU20，MU15，MU10 三个强度级别，各级别的强度指标应满足表3.9的规定。

表3.9　炉渣砖的强度指标（参见 JC/T 525—2007）　　　单位:MPa

强度等级	抗压强度平均值 $f \geq$	变异系数 $\delta \leq 0.21$	变异系数 $\delta \geq 0.21$
		强度标准 $f_k \geq$	单块最小抗压强度 $f_{min} \geq$
MU25	25.0	19.0	20.0
MU20	20.0	14.0	16.0
MU15	15.0	10.0	12.0

3.1.4　砖墙的砌法

砖墙的厚度多以砖的倍数称呼，由于砖的长度为240 mm，因此厚度为一砖的墙又称为"二四墙"，厚度为一砖半的墙又称"三七墙"，厚度为半砖的墙又称"一二墙"或"半砖墙"。砖墙的水平灰缝厚度和竖向灰缝宽度一般为10 mm，不应小于8 mm，也不应大于12 mm。灰缝的砂浆应饱满，水平灰缝的砂浆饱满度不得低于80%。常用砌法有一顺一丁（图3.17）、三顺一丁（图3.18）、梅花丁、条砌法（图3.19）等。

（a）立面图　　　　　　　　　（a）立面图　　　　　　　　　（a）立面图

（b）一砖墙排法　　　　　　　（b）一砖墙排法　　　　　　　（b）半砖墙排法

图3.17　一顺一丁排砖法　　　图3.18　三顺一丁排砖法　　　图3.19　条砌排砖法

图3.20　高淳区诗人住宅砖砌外墙

南京高淳区的诗人住宅兼工作室中，砖的外表皮是设计的重点。建筑表皮全部用砖严实地包裹起来，每一处墙面都是空洞、砍半砖和凸半砖中 2～3 种砌法的混合，即用三种砌砖法进行立体主义式的抽象编织，三种密度的砖肌理和无规律的窗洞一起进行蒙德里安式的几何划分（图 3.20）。

3.2 砌 块

砌块是用于砌筑，一种体积比砖大、比大板小的新型墙体材料，其外形多为直角六面体，也有各种异形。

按产品的主要规格可分为大型砌块（高度大于 980 mm）、中型砌块（高度为 380~980 mm）、小型砌块（高度大于 115 mm，小于 380 mm）；按用途可分为承重砌块和非承重砌块；按孔洞率分为实心砌块、空心砌块；按原料可分为硅酸盐混凝土砌块、普通混凝土砌块、轻骨料混凝土砌块。砌块高度一般不大于长度或宽度的 6 倍，长度不超过高度的 3 倍，也可根据需要生产各种异形砌块。

3.2.1 蒸压加气混凝土砌块

蒸压加气混凝土砌块，简称"加气混凝土砌块"，代号 ACB，是以钙质材料和硅质材料为基本原料，经过磨细，并以铝粉为发气剂，按一定比例配合，再经过料浆浇筑、发气成型、坯体切割和蒸压养护等工艺制成的一种轻质、多孔的建筑材料（图 3.21）。

如以粉煤灰、石灰、石膏和水泥等为基本原料制成的砌块，称为蒸压粉煤灰加气混凝土砌块；以磨细砂、矿渣粉和水泥等为基本原料制成的砌块，称为蒸压矿渣砂加气混凝土砌块。

图 3.21 蒸压加气混凝土切块

1）规格尺寸

根据《蒸压加气混凝土砌块》（GB/T 11968—2020）的规定，加气混凝土砌块一般有Ⅰ，Ⅱ两个系列，其公称尺寸见表 3.10。

表 3.10 蒸压加气混凝土砌块的规格尺寸（参见 GB/T 11968—2020）

长度 /mm	600
高度 /mm	200，240，250，300
宽度 /mm	100，120，125，150，180，200，240，250，300

2）应用

蒸压加气混凝土砌块质量轻，表观密度约为黏土砖的 1/3，具有保温隔热性好、隔音性能好、抗震性强、耐火性好、易于加工、施工方便等特点，是应用较多的轻质墙体材料之一。它适用于低层建筑的承重墙、多层建筑的间隔墙和高层框架结构的填充墙，也可用于一般工业建筑的围护墙，作为保温隔热材料也可用于复合墙板和屋面结构中。

3.2.2 蒸压粉煤灰砌块

粉煤灰砌块（代号 FB）是硅酸盐砌块中常用品种之一。它是以粉煤灰、石灰为主要原料，掺加适量石膏、外加剂和集料等，经坯料配制、轮碾碾炼、机械成型、水化和水热合成反应而制成的实心砌块。

图 3.22　粉煤灰砌块各部位名称

1）主要技术性能指标

根据《粉煤灰砌块》（JC 238—1991）的规定，粉煤灰砌块的主要规格尺寸有 880 mm×380 mm×240 mm 和 880 mm×430 mm×240 mm 两种。砌块端面应加灌浆槽，坐浆面宜设抗剪槽，砌块各部位名称（图 3.22）。砌块的强度等级按立方体抗压强度分为 10 和 13 两个强度等级。按其外观质量、尺寸偏差和干缩性能分为一等品（B）和合格品（C）。砌块的立方体抗压强度、碳化后强度、抗冻性能和密度及干缩值应符合相应的规定。

2）应用

粉煤灰砌块的干缩值比水泥混凝土大，弹性模量低于同强度的水泥混凝土制品。可用于耐久性要求不高的一般工业和民用建筑的围护结构和基础，但不适用于有酸性介质侵蚀、长期受高温影响和经受较大振动影响的建筑物。

3.2.3　混凝土小型空心砌块

1）普通混凝土小型空心砌块

普通混凝土小型砌块（代号 NHB）是以水泥为胶结材料，砂、碎石或卵石为集料，加水搅拌，振动加压成型，养护而成的小型砌块。

根据《普通混凝土小型砌块》（GB/T 8239—2014）的规定：常用砌块的主规格为长度 390 mm，宽度有 90 mm，120 mm，140 mm，240 mm，290 mm，高度有 90 mm，240 mm，190 mm。主砌块各部位名称如图 3.23 所示。

图 3.23　小型空心砌块各部位的名称

砌块按尺寸偏差和外观质量分为优等品（A）、一等品（B）和合格品（C）三个质量等级，其具体要求见表 3.11。砌块的主要技术要求包括外观质量、强度等级、相对含水率、抗渗性及抗冻性。

按强度分为 MU5.0，MU7.5，MU10.0，MU15.0，MU20.0，MU25.0 六个强度等级，具体要求见表 3.12。

表 3.11　普通混凝土小型砌块的尺寸偏差及外观质量

项　目			技术指标
尺寸允许偏差/mm	长度		±2
	宽度		±2
	高度		+3，−2
外观质量	弯曲/mm ≤		2
	缺棱掉角	个数/个 ≤	1
		三个方向投影尺寸最大值/mm ≤	20
	裂纹延伸的投影尺寸累计/mm ≤		30

表 3.12 普通混凝土小型空心砌块的强度等级（参见 GB/T 8239—2014）

砌块种类	承重砌块（L）	非承重砌块（N）
空心砌块（H）	MU7.5，MU10.0，MU15.0，MU20.0，MU25.0	MU5.0，MU7.5，MU10.0

强度等级	抗压强度 /MPa	
	平均值≥	单块最小值≥
MU5.0	5.0	4.0
MU7.5	7.5	6.0
MU10.0	10.0	8.0
MU15.0	15.0	12.0
MU20.0	20.0	16.0
MU25.0	25.0	20.0

注：L 类砌块的吸水率应不大于 10%；N 类砌块的吸水率应不大于 14%。

2）轻集料混凝土小型空心砌块

轻集料混凝土小型空心砌块（代号 LHB），是由水泥、砂（轻砂或普通砂）、轻质粗骨料、水等经搅拌、成型而得。

根据《轻集料混凝土小型空心砌块》（GB/T 15229—2011）的规定，轻集料混凝土小型空心砌块按砌块的孔洞排数分为五类：实心（0）、单排孔（1）、双排孔（2）、三排孔（3）和四排孔（4）。按其密度可分 700，800，900，1 000，1 100，1 200，1 300，1 400 八个等级；按其强度可分为 MU2.5，MU3.5，MU5.0，MU7.5，MU10.0 五个等级。

3.3 墙用板材

墙板是框架结构建筑的组成部分，起围护和分隔作用。墙用板材一般分为内、外两种。内墙板材常见品种有纸面石膏板、纤维增强硅酸钙板、水泥木屑板、水泥刨花板等。外墙大多用石膏空心条板、加气混凝土板、轻质隔墙板、复合板及各种玻璃钢板等。

轻质复合墙体板一般由强度和耐久性较好的普通混凝土板或金属板作结构层或外墙面板，采用矿棉、聚氨酯泡沫、聚苯乙烯泡沫塑料、加气混凝土作保温层，采用各类轻质板材做面板或内墙面板。由于板材多用于建筑工程中，故本节仅简略介绍几种具有代表性的内墙板材。

1）石膏类墙板

由于石膏具有防火、轻质、隔声、抗震性好等特点，石膏类板材在内墙板中占有较大的比例。

（1）纸面石膏板

纸面石膏板以熟石膏为主要原料，掺入适量的添加剂和纤维做板芯，以特制的纸板做护面，连续成型、切割、干燥等工艺加工而成。根据其使用性能分为普通纸面石膏板、耐水纸面石膏板、耐火纸面石膏板三种。

纸面石膏板表面平整、尺寸稳定，具有自重轻、保温隔热、隔声、防火、抗震、加工性好、施工简便等优点，但用纸量较大、成本较高。纸面石膏板适用于建筑物的非承重墙、内隔墙和吊顶。

①普通纸面石膏板（图 3.24）可用于一般工程的内隔墙及复合墙体面板、天花板和预制石膏板。在厨房、厕所以及空气相对湿度经常大于 70% 的潮湿环境中使用时，必须采取相应的防潮措施。

②防水纸面石膏板（图 3.25）可用于相对湿度大于 75% 的浴室、厕所、盥洗室等潮湿环境下的吊顶和隔墙，如表面再作防水处理，效果更好。

③防火纸面石膏板（图 3.26）主要用于对防火要求较高的房屋建筑中。防火纸面石膏板可与石膏龙骨或轻钢龙骨共同组成隔墙，这类墙体可大幅度减少建筑物自重，增加建筑的使用面积，提高建筑物中房间布局的灵活性，提高抗震性，缩短施工周期等。

④吸声纸面石膏板（图 3.27）：纸面石膏板本身并不具有良好的吸声性能，但石膏板穿孔后，石膏板上的小孔与石膏板自身及原建筑结构的面层形成了共振腔体，声音遇到穿孔石膏板后，圆孔处的空气柱产生强烈的共振，空气分子与石膏板孔壁剧烈摩擦，从而大量地消耗声音能量，进行吸声。

图 3.24　普通纸面石膏板　　　　图 3.25　防水纸面石膏板

图 3.26　防火纸面石膏板　　　　图 3.27　吸声纸面石膏板

（2）装饰石膏板

装饰石膏板是以建筑石膏为主要原料，掺入适量纤维增强材料和外加剂，与水一起搅拌成均匀的料浆，经浇筑成型、干燥而制成的不带护面纸的建筑装饰板材。板面可制成平面型，也可制成浮雕图案型，以及带有小孔洞型的装饰（图 3.28）。

图 3.28　装饰石膏板

（3）纤维石膏板

纤维石膏板（图 3.29）是以石膏为主要原料，以玻璃纤维或纸筋等为增强材料，经过铺浆、脱水、成型、烘干等加工而成。它一般用于非承重内隔墙、天棚吊顶、内墙贴面等。

（4）石膏空心板

石膏空心板（图 3.30）是以石膏为主要原料，加入少量增强纤维，并以水泥、石灰、粉煤灰等为辅助材料，经浇筑成型、脱水烘干制成。它适用于高层建筑、框架轻板建筑及其他各类建筑的非

图 3.29 纤维石膏板

图 3.30 石膏空心板

图 3.31 稻草板

承重内隔墙。

2）稻草板

稻草板（图 3.31）是以清洁、干燥的稻草为基材制成的人造板，热压成板后表面用脲醛树脂胶料覆以贴面纸。这种板材有较高强度和刚度，表观密度小、隔热保温性能好、隔声好、抗震好，可用作屋面板、天花板、非承重内墙、外墙内填充墙等。

3.4 屋面材料

常用的屋面材料为多种瓦材和板材，其组成、主要特性及应用见表 3.13。

屋面材料

表 3.13 常用屋面材料主要组成、特性及应用

品　种		主要组成材料	主要特性	主要应用	图　例
水泥类	混凝土瓦	水泥、砂或无机硬质细骨料	成本低、耐久性好，但质量大	民用建筑波形屋面防水	
	纤维增强水泥瓦	水泥、增强纤维	防水、防潮、防腐、绝缘	厂房、库房、堆货棚、凉棚	
	钢丝网水泥瓦	水泥、砂、钢丝网	尺寸和质量大	工厂散热车间、仓库、临时性围护结构	
高分子复合类瓦材	纤维增强塑料波形瓦	合成树脂、玻璃纤维	轻质、高强、耐冲击、耐热、耐蚀、透光率高、易加工	建筑遮阳板、凉棚	
	塑钢波形瓦	PVC 加助剂	轻质、高强、防水、耐蚀、透光率高	遮阳板、凉棚、简易建筑屋面	
	木质纤维波形瓦	木纤维、酚醛树脂防水剂	防水、耐热、耐寒	活动房屋、轻结构房屋屋面、车间、仓库、临时设施等屋面	
	玻璃纤维沥青瓦	玻璃纤维薄毡、改性沥青	轻质、黏结性强、抗风化、施工方便	民用建筑波形屋面	

续表

品　种	主要组成材料	主要特性	主要应用	图　例
轻型复合板材　可发性聚苯乙烯板材	聚苯乙烯加入发泡剂	保温、隔热、防水，施工方便	体育馆、展览厅、冷库等大跨度屋面结构	
镀锌钢板夹芯板	镀锌彩色压型钢板、硬质聚氨酯泡沫塑料	集承重、保温、防水于一体，且耐候性极强	大型工业厂房、仓库、公共设施大跨度屋面结构和高层建筑屋面结构	

3.4.1　烧结类瓦材

1）黏土瓦

　　黏土瓦是以黏土为主要原料，加适量水搅拌均匀后，经模压成型或挤出成型，再经干燥、焙烧而成。它是传统坡形屋面的防水材料，它相对施工方便、成本较低、防水可靠、耐久性好。

黏土瓦

　　黏土瓦按颜色分为红瓦和青瓦两种（图3.32）；按用途分为屋面瓦（主要有平瓦等），以及脊瓦和檐口瓦，平瓦用于屋面，脊瓦用于屋脊（图3.33）。

图3.32　红瓦和青瓦　　　　　　　　　　　图3.33　平瓦和脊瓦

　　建筑师王澍[1]曾经说过：瓦在我眼中它并不仅仅是种建筑材料，它代表了一种境界，也代表了我的建筑观。在他的作品中国美术学院象山校区中，黏土瓦被运用得淋漓尽致。层叠的瓦檐、波浪般的瓦顶（图3.34）和沉淀历史的瓦片墙，呈现出瓦温润而朴实、内敛而淡然的气质。瓦与砖、石在墙面重新聚合、斑驳错落，构成一道独特的风景（图3.35）。

图3.34　瓦屋顶　　　　　　　　　　　图3.35　瓦片墙

---

[1] 王澍，建筑师、建筑教育家，普利兹克建筑奖首位中国建筑师。

黏土瓦除了应用于建筑外，还被赋予新的装饰意义而用于现代园林景观中。如花盆、铺地、灯、景墙等（图3.36）。

图3.36　黏土瓦在园林景观中的应用

2）琉璃瓦

琉璃瓦是由陶土或瓷土制坯，经干燥、上釉后焙烧而成。这种瓦表面光滑、质地坚密、色彩艳丽，常用的有黄、绿、黑、蓝、青、紫、翡翠等颜色。其造型多样，主要有板瓦、筒瓦、滴水、勾头等，有时还制成飞禽、走兽、龙飞凤舞等形象作为檐头和屋脊的装饰，是一种富有中国传统民族特色的屋面防水与装饰材料。

琉璃瓦耐久性好，但成本高，一般只在古建筑修复、纪念性建筑及园林建筑中的亭、台、楼、阁上使用（图3.37）。

图3.37　琉璃瓦

3.4.2 混凝土类屋面瓦材

1）混凝土瓦

混凝土瓦是以水泥、集料和水为主要原料制成。其荷载标准、抗渗性、抗冻性等性能应符合《混凝土瓦》（JC/T 746—2007）的规定。

混凝土瓦耐久性好、成本低，但自重大于黏土瓦。在配料中可加入耐碱颜料，制成彩色混凝土瓦（图3.38）。

2）纤维增强水泥瓦

纤维增强水泥瓦是以增强纤维和水泥为主要原料，经配料、打浆、成型、养护而成（图3.39），主要有石棉水泥瓦。石棉瓦主要用于工业建筑，如厂房、库房、堆货棚、凉棚等，具有防水、防潮、防腐、绝缘等性能。因其饰面纤维可能带有致癌物，所以已逐渐使用其他材料替代。

3）钢丝网水泥瓦

钢丝网水泥瓦是用普通水泥和砂加水拌和后浇模，中间放置一层冷拔低碳钢丝网（图3.40），成型后再经养护而成的。这种瓦块重较大［（50±5 kg/块）］，适宜用作工厂车间、仓库、临时性建筑的屋面或中式围墙顶，有时也可用作这些建筑的围护结构。

图3.38　混凝土瓦　　　图3.39　纤维增强水泥瓦　图3.40　低碳钢丝网

3.4.3 高分子类复合瓦材

1）塑钢波形瓦

塑钢波形瓦又称塑料瓦楞板（图3.41），它的主要材料选用PVC，并添加其他用于改善产品性能或加工性能的助剂。这种瓦质轻、防水、耐腐蚀，可透光、有色泽，常用作车棚、凉棚等简易建筑的屋面，另外也可用作遮阳板。

2）纤维增强塑料波形瓦

玻璃纤维增强塑料波形瓦也称玻璃钢瓦（图3.42），是用合成树脂和玻璃纤维经复合工艺制作而成。这种瓦质量轻、强度高，耐冲击、耐高温、耐腐蚀，可透光、有色泽，适用于建筑遮阳板及车站月台、凉棚等的屋面（图3.43）。

图3.41　塑钢波形瓦　　图3.42　玻璃钢波形瓦　　图3.43　玻璃钢波形瓦的应用

3.4.4 轻型复合屋面板材

1）可发性聚苯乙烯板材

可发性聚苯乙烯（EPS）是一种加入了发泡剂的聚苯乙烯制品。它可被加工成低密度的泡沫塑料制品，被大量用作装饰装潢材料。将其制造成 EPS 保温板，可用于屋顶保温与护面（图 3.44）。

2）聚碳酸酯板

聚碳酸酯（PC）板，也称阳光板。聚碳酸酯板（图 3.45），是以聚碳酸酯（PC）树脂为原料经热挤出工艺加工成型，具有透明度高、质轻、抗冲击、透光、防水等特性，但不耐酸、碱。

它广泛用于装饰装潢，以及采光雨棚、采光天幕、采光顶棚，如体育场馆的采光天棚和遮阳雨棚、农业温室大棚、公交车站，以及广告装饰领域等（图 3.46）。

基层墙体
砂浆找平层
保温层
防护层
饰面层

图 3.44　EPS 保温板

图 3.45　聚碳酸酯板

图 3.46　PC 阳光板的应用

思考与练习

1. 简述烧结普通砖的定义及分类。

2. 简述烧结普通砖的优点及主要应用。

3. 简述非烧结砖的定义及种类。

4. 简述蒸压加气混凝土砌块的定义及主要应用。

5. 简述板材的分类及应用。

6. 简述水泥类屋面瓦材的分类及应用。

7. 简述阳光板的优点及应用。

4 胶凝材料与混凝土材料

本章导读 胶凝材料在建筑、景观工程中的应用广泛，根据其化学成分的不同，可分为无机胶凝材料和有机胶凝材料。常见的无机胶凝材料有石灰、石膏、水泥等；有机胶凝材料有沥青、橡胶、树脂等。本章介绍了常见胶凝材料的基本特性及其工程应用。

胶凝材料又称胶结料。它在物理、化学作用下，能从浆体变成固体，并能胶结其他物料，制成有一定机械强度的复合固体物质。胶凝材料的发展有着悠久的历史，人们使用最早的胶凝材料——黏土来抹砌简易的建筑物。接着出现的水泥等建筑材料都与胶凝材料有着很大的关系，而且胶凝材料具有一些优异的性能，在日常生活中应用较为广泛。

胶凝材料

根据化学组成的不同，胶凝材料可分为无机胶凝材料与有机胶凝材料两大类，见表 4.1。石灰、石膏、水泥等工地上俗称为"灰"的建筑材料属于无机胶凝材料；而沥青、橡胶、天然或合成树脂等属于有机胶凝材料。

表 4.1 常用胶凝材料

名　称	分　类	定　义	内　容
胶凝材料	无机胶凝材料	气硬性胶凝材料——只能在空气中硬化，也只能在空气中保持和发展其强度的胶凝材料	石灰、石膏、硅酸钠等
		水硬性胶凝材料——和水成浆后，既能在空气中硬化，又能在水中硬化，保持和继续发展其强度的胶凝材料	硅酸盐水泥、铝酸盐水泥、其他水泥
	有机胶凝材料	有机胶凝材料——以天然或人工合成高分子化合物为基本组成的一类胶凝材料	沥青类、橡胶类、天然或合成树脂类等

无机胶凝材料按其硬化条件的不同又可分为气硬性和水硬性两类。气硬性胶凝材料只能在空气中硬化，也只能在空气中保持和发展其强度，如石灰、石膏和硅酸钠等。气硬性胶凝材料一般只适用于干燥环境中，而不宜用于潮湿环境，更不可用于水中。例如，块状石灰放置太久，会吸收空气中的水分而自动熟化成消石灰粉，再与空气中的二氧化碳作用还原为碳酸钙，失去胶结能力，因此

不能用于潮湿环境。水硬性胶凝材料和水成浆后，既能在空气中硬化，又能在水中硬化、保持和继续发展其强度，这类材料通称为水泥，如硅酸盐水泥、铝酸盐水泥、硫铝酸盐水泥等。

4.1　气硬性胶凝材料

4.1.1　石　灰

石灰是一种以氧化钙为主要成分的气硬性无机胶凝材料。石灰是用石灰石、白云石、白垩、贝壳等碳酸钙含量高的原料，经 900 ~ 1 100 ℃煅烧而成，又称生石灰。生石灰呈白色或灰色块状，生石灰粉是由块状生石灰磨细而得到的细粉，其主要成分是 CaO（图 4.1）；熟石灰粉是块状生石灰用适量水熟化而得到的粉末，又称熟石灰，其主要成分是 Ca（OH）$_2$。块状生石灰用较多的水（为生石灰体积的 3 ~ 4 倍）熟化而得到的膏状物石灰膏，也称石灰浆，其主要成分也是 Ca（OH）$_2$。

图 4.1　生石灰

石灰是一种古老的建筑材料，也是人类最早应用的胶凝材料，其原料分布很广，生产工艺简单，成本低廉，使用方便，因此，石灰被广泛应用于建筑工程中，也是建筑材料工业中重要的原材料。如石灰乳涂料可用于要求不高的室内粉刷或树木刷白防虫（图 4.2），石灰砂浆或水泥石灰混合砂浆可用于抹灰和砌筑（图 4.3），碳化石灰板适合做非承重的内隔墙板和顶棚（图 4.4）等。

图 4.2　树木刷白防虫

图 4.3　水泥石灰混合砂浆抹灰

图 4.4　碳化石灰板内墙隔板

1）石灰的生产

石灰石受热分解：

$$CaCO_3 \xrightarrow{\text{900 ~ 1 100 ℃}} CaO+CO_2-178.5 \text{ kJ/mol}$$

（1）欠火石灰

在煅烧过程中，由于石灰石原料的尺寸大、煅烧时窑中温度分布不匀或煅烧时间不足等原因，使得$CaCO_3$不能完全分解，将会生成"欠火石灰"。其含有较多的碳酸钙，表观密度大，氧化钙含量低，使用时缺乏黏结力，降低了质量等级和石灰的利用率（图4.5）。

（2）过火石灰

煅烧温度过高，时间过长，原料中的SiO_2与Al_2O_3杂质发生熔结，生成褐色的玻璃质物质，包围在石灰块的表面，质地密实，延缓石灰熟化（图4.6）。

图4.5　欠火石灰　　　　　　图4.6　过火石灰

（3）外观鉴别

欠火石灰块断面的中部颜色深于边缘，中部硬于边缘，比新鲜烧透的灰块重，投入盐内发生沸腾作用，并排出碳酸气；过火石灰块呈玻璃状结晶，质硬难化，色泽为暗淡灰黑色。

2）石灰的熟化（消解、淋灰）

生石灰（CaO）与水反应生成氢氧化钙，这个过程称为石灰的"消化"，又称"熟化"。反应生成的产物氢氧化钙，又称为熟石灰或消石灰。

$$CaO+H_2O \longrightarrow Ca（OH）_2+64.8 \text{ kJ/mol}$$

石灰熟化时放出大量的热，体积增大。煅烧良好、氧化钙含量高的石灰熟化较快，放热量和体积增大也较多，体积膨胀一般为3 ~ 3.5倍；含有杂质或煅烧不良的石灰熟化较慢，体积增大1.5 ~ 2倍。石灰中CaO纯度不同，熟化快慢不同，见表4.2。根据石灰的熟化速度，可将石灰分为快熟石灰、中熟石灰和慢熟石灰，见表4.3。

根据加水量的不同，石灰可熟化成消石灰粉或石灰膏。石灰熟化的理论需水量为石灰质量的32%。若在生石灰中均匀加入60% ~ 80%的水，可得到颗粒细小、分散均匀的熟石灰粉。若用过量

表4.2　石灰的熟化速度比较

石灰成分	CaO 含量较高	CaO 比 MgO 含量高	过火或欠火石灰	杂质含量较高
熟化速度	较快	快	慢	慢

表4.3　石灰的熟化速度分类表

石灰分类	快熟石灰	中熟石灰	慢熟石灰
熟化时间 /min	10 min 以内	10 ~ 30	30 以上

的水熟化，将得到具有一定稠度的石灰膏。石灰中一般都含有过火石灰，过火石灰熟化慢。若在石灰浆体硬化后再发生熟化，会因熟化产生的膨胀而引起隆起和开裂，这种现象称为崩裂或鼓泡（图4.7）。为了消除过火石灰的这种危害，石灰在熟化后，还应在坑中保存两个星期以上，为了防止石灰碳化，应在其表面保留一层水，这一保护措施称为陈伏。

3）石灰的硬化

石灰浆体在空气中会逐渐硬化，石灰浆体的硬化包括干燥结晶和碳化两个同时进行的过程。

图4.7 熟化产生膨胀裂纹

（1）结晶

石灰浆在干燥环境中，多余的游离水逐渐蒸发，使颗粒聚集在一起，同时生石灰浆体的内部形成大量的毛细孔隙，使石灰颗粒更加紧密而获得强度。这种强度类似于黏土失水而获得的强度，其值不大，遇水会丧失。另外，当水分蒸发时，液体中氢氧化钙达到一定程度的过饱和，从而会产生氢氧化钙的析晶过程，加强了石灰浆中原来的氢氧化钙颗粒之间的结合。

（2）碳化

在大气环境中，氢氧化钙在潮湿状态下会与空气中的二氧化碳反应生成碳酸钙，并释放出水分，即发生碳化。

$$Ca(OH)_2 + CO_2 + nH_2O = CaCO_3 + (n+1)H_2O$$

碳化所生成的碳酸钙晶体相互交叉连生或与氢氧化钙共生，形成紧密交织的结晶网，使硬化石灰浆体的强度进一步提高。但是，由于空气中的二氧化碳含量很低，表面形成的碳酸钙层结构较致密，会阻碍二氧化碳的进一步渗入，因此，碳化过程是十分缓慢的。碳酸钙的固相体积比氢氧化钙的固相体积稍微增大一些，使石灰浆体的结构更加致密，因此碳化也是石灰硬化的原因之一。

石灰浆在凝结硬化过程中收缩极大且发生开裂，故石灰浆不能单独使用，而必须掺入一些骨料，最常用的是砂。石灰砂浆中的砂就像是砂浆中的骨架，它可减少和防止开裂。掺砂可节省石灰用量，降低成本。此外，砂可使砂浆形成较多的孔隙，以利于石灰浆内部水分的排除和二氧化碳的吸收。

4）石灰的主要技术性质

（1）可塑性好

生石灰熟化为石灰浆时，能自动形成颗粒极微细的呈胶体分散状态的氢氧化钙，表面吸附一层厚的水膜。因此，用石灰调成的石灰砂浆，其突出优点是具有良好的可塑性，若在水泥砂浆中掺入石灰膏，可使砂浆的可塑性显著提高。

（2）吸湿性强

块状生石灰在放置过程中，会缓慢吸收空气中的水分而自动熟化成消石灰粉，再与空气中的二氧化碳作用生成碳酸钙，失去胶结能力。因此，在储存生石灰时，不但要防止受潮，而且不宜储存过久。

（3）凝结硬化慢，强度低

石灰是一种硬化缓慢的胶凝材料。受潮后石灰中的氧化钙及氢氧化钙会溶解，强度更低，在水中会溃散。因此，石灰不宜在潮湿的环境中使用，也不宜单独用于建筑物的基础。

（4）体积收缩大

石灰在硬化过程中，由于大量的游离水蒸发，从而引起显著的体积收缩。因此，除调成石灰乳做薄层涂刷外，石灰不宜单独使用。工程中常在其中掺入骨料和各种纤维材料，以减少石灰硬化时的体积收缩。

5）石灰的保管及应用

（1）保管应注意的问题

石灰的保管应注意：①防潮，防雨；②不应与易燃、易爆物共存；③保管期不宜超过一个月。

（2）石灰的应用

①石灰乳涂料：石灰加大量的水所得的稀浆，即为石灰乳，可用于要求不高的室内粉刷（图4.8）。

②砂浆：利用石灰膏或熟石灰粉可配制成石灰砂浆或水泥石灰混合砂浆，可用于抹灰和砌筑（图4.9）。

③灰土和三合土：熟石灰粉与黏土拌和后称为灰土，再加砂或石屑、炉渣等即成三合土。灰土和三合土广泛用于建筑物的基础和道路的垫层（图4.10）。

④硅酸盐混凝土及其制品：常用的硅酸盐混凝土制品有经过蒸汽养护和压蒸养护的各种粉煤灰砖、灰砂砖、砌块及加气混凝土等（图4.11）。以石灰与硅质材料（如石英砂、粉煤灰、矿渣等）为主要原料，经磨细、配料、拌和、成型、养护（蒸汽养护或压蒸养护）等工序可制成各种人造石材。

⑤碳化石灰板：将磨细生石灰、纤维状填料（如玻璃纤维）或轻质骨料加水搅拌成型为坯体，然后再通入二氧化碳进行人工碳化而成的一种轻质板材。

图4.8　石灰乳涂料粉刷墙面

图4.9　水泥石灰砂浆抹灰

图4.10　三合土道路垫层

图4.11　粉煤灰砖

4.1.2　石　膏

石膏是以硫酸钙为主要成分的矿物，当石膏中含有的结晶水不同时，可形成多种性能不同的石膏。

1）石膏的原料、分类及生产

根据石膏中含有结晶水的多少可分为无水石膏（$CaSO_4$）、天然石膏（$CaSO_4 \cdot 2H_2O$）、建筑石膏（$CaSO_4 \cdot \frac{1}{2} H_2O$）（图 4.12）。

①无水石膏（$CaSO_4$），也称硬石膏，它结晶紧密，质地较硬，是生产硬石膏水泥的原料。

②天然石膏（$CaSO_4 \cdot 2H_2O$），也称生石膏或二水石膏，大部分自然石膏矿为生石膏，是生产建筑石膏的主要原料。

③建筑石膏（$CaSO_4 \cdot \frac{1}{2} H_2O$），也称熟石膏或半水石膏。它是由生石膏加工而成的。建筑石膏通常是由天然石膏经压蒸或煅烧加热而成。常压下煅烧加热到 107 ～ 170 ℃。当加热温度超过 170 ℃时，可生成无水石膏，只要温度不超过 200 ℃，此无水石膏就具有良好的凝结硬化性能。

2）石膏凝结与硬化

建筑石膏与适量水拌和后，能形成可塑性良好的浆体，随着石膏与水的反应，浆体的可塑性很快消失而发生凝结，此后进一步产生和发展强度而硬化。

图 4.12　无水石膏、天然石膏和建筑石膏

3）石膏技术性质

①凝结速度快，建筑石膏的初凝时间一般只有 6 ～ 30 min。

②凝结时体积变化甚微，易浇注成型。

③强度较低、容重小、质量轻。

④吸湿性强、吸声性好、耐水性差。

⑤成品易发生塑性变形，不能用作承重结构。

⑥颜色洁白、质地细腻，加入颜料可调配成各种彩色膏浆，有良好的装饰效果。

4）石膏制品特性

①质量轻，有利于建筑物减轻自重和建筑物抗震。

②保温和隔声性能好。

③耐水性和抗冻性差。

④硬化时体积微膨胀。石灰和水泥等胶凝材料硬化时往往会收缩，而建筑石膏却略有膨胀（膨胀率约为 1%），这能使石膏制品表面光滑饱满，棱角清晰，干燥时不开裂。

⑤硬化后孔隙率较大，表观密度和强度较低。

⑥防火性能好。遇火时，石膏硬化后的主要成分二水石膏中的结晶水蒸发并吸收热量，制品表面形成蒸汽幕，能有效阻止火的蔓延。

⑦制品有呼吸作用，能调节室内温度和湿度。

⑧加工性能好。石膏制品可锯、可刨、可钉、可打眼。

5）石膏的运用

石膏由于其具有优良的特性，在建筑装饰、景观中被广泛运用（图4.13）。

①建筑石膏粉系列产品，用于墙面粉刷、满批石膏、嵌缝石膏、黏结石膏等。

②建筑装饰石膏制品，石膏线条、石膏板、石膏砌块等。

③制作装饰雕塑和模型等。

图 4.13　石膏的运用

4.1.3　硅酸钠

硅酸钠是一种水溶性硅酸盐，其水溶液俗称水玻璃，是一种矿物黏合剂，为无色、青绿色或棕色黏稠液体，冷却后即成固态（图4.14）。硅酸钠易溶于水，溶于稀氢氧化钠溶液，不溶于乙醇和酸，黏结力强，强度较高，耐酸性、耐热性好，耐碱性和耐水性差。

图 4.14　液态和固态硅酸钠

1）硅酸钠的构成与硬化

硅酸钠化学式为 $R_2O \cdot nSiO_2$，式中 R_2O 为碱金属氧化物，n 为二氧化硅与碱金属氧化物摩尔数的比值，称为硅酸钠的摩数。建筑上常用的硅酸钠是硅酸钠（$Na_2O \cdot nSiO_2$）的水溶液。

液体硅酸钠在空气中吸收二氧化碳，形成无定形硅酸凝胶，并逐渐干燥而硬化。其变质原理为：

$$Na_2SiO_3 + CO_2 + H_2O \Longrightarrow H_2SiO_3 \downarrow + Na_2CO_3 。$$

2）硅酸钠的应用

硅酸钠的用途非常广泛，在化工系统被用来制造各种硅酸盐类产品，是硅化合物的基本原料。其在建筑行业中用于制造快干水泥、耐酸水泥防水油、土壤固化剂、耐火材料等；另外用作耐高温材料、金属防腐剂、水软化剂、洗涤剂助剂、耐火材料和陶瓷原料、食品防腐剂以及制胶黏剂等。新型硅酸钠被称为符合可持续发展的绿色环保型铸造黏结剂。

①提高材料抗风化能力：硅酸钠溶液涂刷或浸渍材料后，能渗入缝隙和孔隙中，固化的硅凝胶能堵塞毛细孔通道，提高材料的密度和强度，从而提高抗风化能力。但硅酸钠不得用来涂刷或浸渍石膏制品，因为硅酸钠与石膏反应生成硫酸钠（Na_2SO_4），在制品孔隙内结晶膨胀，导致石膏制品开裂破坏。

②作为灌浆材料加固地基：将硅酸钠与氯化钙溶液交替注入土壤中，两种溶液迅速反应生成硅胶和硅酸钙凝胶，起到胶结和填充孔隙的作用，使土壤的强度和承载能力提高。常用于粉土、砂土和填土的地基加固，称为双液注浆。

③配制速凝防水剂：硅酸钠可与多种矾配制成速凝防水剂，用于堵漏、填缝等局部抢修。这种多矾防水剂的凝结速度很快，一般只要几分钟。

④配制耐酸胶凝：耐酸胶凝是用硅酸钠和耐酸粉料（常用石英粉）配制而成。与耐酸砂浆和混凝土一样，它主要用于有耐酸要求的工程，如硫酸池等。

⑤配制耐热砂浆：硅酸钠胶凝主要用于耐火材料的砌筑和修补。硅酸钠耐热砂浆和混凝土主要用于高炉基础和其他有耐热要求的结构部位。

⑥防腐工程应用：改性硅酸钠耐酸泥是耐酸腐蚀的重要材料，主要特性是耐酸、耐高温、密实抗渗、价格低廉、使用方便。可拌和成耐酸胶泥、耐酸砂浆和耐酸混凝土，适用于建筑结构的防腐蚀工程，是防酸建筑结构贮酸池、耐酸地坪，以及耐酸表面砌筑的理想材料。

4.2 水硬性胶凝材料

水硬性胶凝材料统称水泥，指加水拌和成塑性浆后，能胶结砂、石等材料并能在空气和水中硬化的粉状胶凝材料。常用来制备混凝土、砂浆及水泥制品。

水泥的历史最早可追溯到 5 000 年前的中国秦安大地湾人铺设了类似现代水泥的地面（图4.15）。后来古罗马人在建筑中使用的石灰与火山灰的混合物。这种混合物与现代的石灰火山灰水泥很相似，用它胶结碎石制成的混凝土，硬化后不但强度较高，而且还能抵抗淡水或含盐水的侵蚀（以卡拉卡拉浴场为例，见图4.16）。长期以来，水泥作为一种重要的胶凝材料，广泛应用于土木建筑、水利、国防等工程。

图 4.15　中国秦安大地湾遗址

图 4.16　古罗马卡拉卡拉浴场遗址

4.2.1　水泥

1）水泥的分类

水泥的分类见表 4.4。

表 4.4　水泥的分类

水泥	按矿物组成分类		硅酸盐水泥、铝酸盐水泥、硫铝酸盐水泥、氟铝酸盐水泥、铁铝酸盐水泥及少熟料或无熟料水泥等
	按用途和性能分类	通用水泥	硅酸盐水泥、普通硅酸盐水泥、矿渣硅酸盐水泥、火山灰质硅酸盐水泥、粉煤灰硅酸盐水泥和复合硅酸盐水泥
		专用水泥	油井水泥，道路硅酸盐水泥等
		特性水泥	低热矿渣硅酸盐水泥、快硬硅酸盐水泥、膨胀硫铝酸盐水泥、磷铝酸盐水泥、磷酸盐水泥和装饰水泥等

（1）按其矿物组成分类

按矿物组成水泥可分为硅酸盐水泥、铝酸盐水泥、硫铝酸盐水泥、氟铝酸盐水泥、铁铝酸盐水泥及少熟料或无熟料水泥等。

（2）按其用途和性能分类

①通用水泥：是一般土木建筑工程通常采用的水泥，主要是指《通用硅酸盐水泥》（GB 175—2023）规定的六大类水泥，即硅酸盐水泥、普通硅酸盐水泥、矿渣硅酸盐水泥、火山灰质硅酸盐水泥、

粉煤灰硅酸盐水泥和复合硅酸盐水泥。

　　a. 硅酸盐水泥：由硅酸盐水泥熟料、0～5% 石灰石或粒化高炉矿渣、适量石膏磨细制成的水硬性胶凝材料，分 P.Ⅰ和 P.Ⅱ两种。国外称其波特兰水泥。

　　b. 普通硅酸盐水泥：硅酸盐水泥熟料、6%～15% 混合材料，适量石膏磨细制成的水硬性胶凝材料，简称普通水泥，代号：P.O。

　　c. 矿渣硅酸盐水泥：由硅酸盐水泥熟料、粒化高炉矿渣和适量石膏磨细制成的水硬性胶凝材料，代号：P.S。

　　d. 火山灰质硅酸盐水泥：由硅酸盐水泥熟料、火山灰质混合材料和适量石膏磨细制成的水硬性胶凝材料，代号：P.P。

　　e. 粉煤灰硅酸盐水泥：由硅酸盐水泥熟料、粉煤灰和适量石膏磨细制成的水硬性胶凝材料，代号：P.F。

　　f. 复合硅酸盐水泥：由硅酸盐水泥熟料、两种或两种以上规定的混合材料和适量石膏磨细制成的水硬性胶凝材料，称为复合硅酸盐水泥（简称复合水泥），代号：P.C。

　　②专用水泥：专门用途的水泥，如油井水泥、道路硅酸盐水泥。

　　a. 油井水泥：由适当矿物组成的硅酸盐水泥熟料、适量石膏和混合材料等磨细制成的，适用于一定井温条件下，油气井固井工程用的水泥。

　　b. 道路硅酸盐水泥：由道路硅酸盐水泥熟料、0～10% 活性混合材料和适量石膏磨细制成的水硬性胶凝材料，称为道路硅酸盐水泥，简称道路水泥。

　　③特性水泥：某种性能比较突出的水泥，如低热矿渣硅酸盐水泥、快硬硅酸盐水泥、膨胀硫铝酸盐水泥、磷铝酸盐水泥、磷酸盐水泥和装饰水泥等。

　　a. 低热矿渣硅酸盐水泥：以适当成分的硅酸盐水泥熟料，加入适量石膏磨细制成的具有低水化热作用的水硬性胶凝材料。

　　b. 快硬硅酸盐水泥：由硅酸盐水泥熟料加入适量石膏，磨细制成的以 3 天抗压强度表示标号的水泥。

　　c. 抗硫酸盐硅酸盐水泥：由硅酸盐水泥熟料，加入适量石膏磨细制成的抗硫酸盐腐蚀性能良好的水泥。

2）水泥的原料

　　生产硅酸盐水泥的原料主要是石灰质原料（如石灰石、白垩等）和黏土质原料（如黏土、黄土和页岩等）两大类，一般常配以辅助原料（如铁矿石、砂岩等）（图 4.17）。

（a）白垩　　　　　　　　　　（b）黏土　　　　　　　　　　（c）黄土

| （d）水泥用页岩 | （e）铁矿石 | （f）砂岩 |

图 4.17　水泥主要原料

4.2.2　硅酸盐水泥的水化与凝结硬化

1）水化

　　硅酸盐水泥遇水后，水泥中的各种矿物成分会很快发生水化反应，生成各种水化物。水泥中的石膏也很快与水化铝酸三钙反应生成难溶的水化硫铝酸钙针状结晶体，也称为钙矾石晶体。经过上述水化反应后，水泥浆中不断增加的水化产物主要有：水化硅酸钙（50%）、氢氧化钙（25%）、水化铝酸钙、水化铁酸钙及水化硫铝酸钙等新生矿物。

2）凝结与硬化

　　当水泥加水拌和后，在水泥颗粒表面即发生化学反应，产生的胶体水化产物聚集在颗粒表面，使化学反应减慢，并使水泥浆体具有可塑性。由于产生的胶体状水化产物不断增多并在某些点接触，构成疏松的网状结构，使水泥浆体失去流动性及可塑性，这就是水泥的凝结。此后由于生成的水化硅酸钙、氢氧化钙、水化铝酸钙和水化硫铝酸钙晶体等水化产物不断增多，它们相互接触连生，到一定程度建立起较为紧密的网状结晶结构，并在网状结构内部不断充实水化产物，使水泥具有初步的强度，水化产物不断增加，强度不断提高，最后形成具有较高强度的水泥石，这就是水泥的硬化（图 4.18）。

| （a）分散的水泥颗粒 | （b）表面形成水化物薄膜 | （c）膜层长大并相互连接 | （d）水化物填充毛细孔 |

图 4.18　水泥凝结与硬化过程

4.2.3　水泥的技术指标

1）比重与容重

　　硅酸盐水泥的密度一般为 3.1 ～ 3.2 g/cm³，松散堆积的密度一般为 1 000 ～ 1 300 kg/m³，紧密堆积的密度一般为 1 500 ～ 1 900 kg/m³。容重通常采用 3 100 kg/m³。

2）细度

细度是指水泥颗粒的粗细程度。水泥颗粒的粗细程度对水泥的使用有重要影响。水泥颗粒粒径一般为 7～200 μm。颗粒越细，硬化得越快，早期强度也越高。

3）标准稠度用水量

标准稠度用水量是水泥浆达到一定流动程度时的需水量。国家标准规定检验水泥的凝结时间和体积安定性时须用"标准稠度"的水泥净浆。"标准稠度"是人为规定的稠度，其用水量采用水泥标准稠度测定仪测定。硅酸盐水泥的标准稠度用水量一般为 21%～28%。

4）凝结时间

水泥从加水开始到失去其流动性，即从液体状态发展到较致密的固体状态的过程称为水泥的凝结过程，这个过程所需要的时间称为凝结时间。

凝结时间分初凝时间和终凝时间。初凝时间为水泥加水拌和至标准稠度的净浆完全失去可塑性所需的时间。终凝时间为水泥加水拌和至标准稠度的净浆完全失去可塑性并开始产生强度所需的时间。国家标准规定，水泥的凝结时间是以标准稠度的水泥净浆，在规定温度及湿度环境下用水泥净浆凝结时间测定仪测定。硅酸盐水泥的初凝时间不得早于 45 min，终凝时间不得迟于 6.5 h。

5）体积安定性

水泥浆体硬化后体积变化的均匀性称为水泥的体积安定性，即水泥硬化浆体能保持一定形状，不开裂、不变形、不溃散的性质。体积安定性不良的水泥应作废品处理，不得应用于工程中，否则可能导致严重后果。

6）强度

强度是评价硅酸盐水泥质量的又一个重要指标。水泥的强度是按照《水泥胶砂强度检验方法（ISO）法》（GB/T 17671—2021）的标准方法制作的水泥胶砂试件，在（20±1）℃温度的水中，养护到规定龄期时检测的强度值。其中标准试件尺寸为 4 cm×4 cm×16 cm，胶砂中水泥与标准砂之比为 1∶3（W/C=0.5），标准试验龄期分别为 3 d 和 28 d。分别检验其抗压强度和抗折强度。

按照测定结果，将硅酸盐水泥分为 42.5，42.5R，52.5，52.5R，62.5，62.5R 六个强度等级，R 表示早强型水泥，见表 4.5。六大水泥新标准规定的水泥强度龄期均为 3 d，28 d 两个龄期，每个龄期均有抗折与抗压强度指标要求。普通硅酸盐水泥的强度等级分为 42.5，42.5R，52.5，52.5R 四个等级，五大通用水泥强度指标见表 4.6。

表 4.5　硅酸盐水泥的强度指标（依据 GB/T 17671—2021）

强度等级	抗压强度 /MPa		抗折强度 /MPa	
	3 d	28 d	3 d	28 d
42.5	17.0	42.5	3.5	6.5
42.5R	22.0	42.5	4.0	6.5
52.5	23	52.5	4.0	7.0
52.5R	27	52.5	5.0	7.0
62.5	28	62.5	5.0	8.0
62.5R	32	62.5	5.5	8.0

表 4.6　五大通用水泥强度指标

品　种	强度等级	抗压强度 /MPa		抗折强度 /MPa	
		3 d	28 d	3 d	28 d
普通水泥	42.5	16	42.5	3.5	6.5
	42.5R	21	42.5	4.0	6.5
	52.5	22	52.5	4.0	7.0
	52.5R	26	52.5	5.0	7.0
矿渣水泥、 火山灰水泥、 粉煤灰水泥	32.5	10.0	32.5	2.5	5.5
	32.5R	15.0	32.5	3.5	5.5
	42.5	15.0	42.5	3.5	6.5
	42.5R	19.0	42.5	4.0	6.5
	52.5	21.0	52.5	4.0	7.0
	52.5R	23.0	52.5	4.5	7.0
复合水泥	32.5	11.0	32.5	2.5	5.5
	32.5R	16.0	32.5	3.5	5.5
	42.5	16.0	42.5	3.5	6.5
	42.5R	21.0	42.5	4.0	6.5
	52.5	22.0	52.5	4.0	7.0
	52.5R	26.0	52.5	5.0	7.0

7）不溶物和烧失量

不溶物是指水泥经酸和碱处理，不能被溶解的残留物。其主要成分是结晶 SiO_2，其次是 R_2O_3。烧失量是指水泥在 950 ~ 1 000 ℃高温下煅烧失去的质量百分数。

8）水化热

水泥与水作用会产生放热反应，在水泥硬化过程中，不断放出的热量称为水化热。

4.2.4　硅酸盐水泥的腐蚀及防腐方法

对于水泥耐久性有害的环境介质主要有淡水、酸和酸性水、硫酸盐溶液和碱溶液等。

在环境介质的侵蚀作用下，硬化的水泥结构会发生一系列物理化学变化，强度降低，甚至溃裂破坏。环境介质对硬化水泥浆体的侵蚀作用可分为三类，见表4.7。

表 4.7　环境介质对硬化水泥浆体的侵蚀作用分类及特点

类　别	侵蚀类型	侵蚀特点	防腐措施
Ⅰ	溶出性侵蚀（淡水侵蚀）	由于水的侵蚀作用，使水泥中固相组成逐渐溶解并被水带走，使水泥石结构遭受破坏	根据腐蚀环境特点，合理运用水泥品种；通过各种途径提高水泥石的密实度，防止侵蚀性介质渗入；在水泥石表面设耐蚀保护层，隔离侵蚀介质与水泥石接触
Ⅱ	离子交换侵蚀(包括碳酸、有机酸及无机酸侵蚀，镁盐侵蚀等）	水泥石的组成与水介质发生了离子交换反应，其产物或者易溶解并被水所带走，或者是一些没有胶结能力的无定型物质破坏了原有结构	
Ⅲ	硫酸盐侵蚀	侵蚀性介质与水泥石互相作用并在水泥石内部气孔和毛细管内形成难溶的盐类，体积膨胀使水泥石内部产生有害应力	

4.2.5　硅酸盐水泥的性能特点与应用

1）性能特点与应用

（1）可添加骨料

当水泥用于建筑工程之中时，可作为一种基本的构成要素，配合不同的骨料，组成不同的材料，用于建筑工程的不同部位，如素混凝土、钢筋混凝土、水泥砂浆、装饰混凝土、装饰水泥等。

（2）可塑性强

水泥当作一种装饰材料时，可根据设计师的要求对其进行多种形式的塑造。尤其是强可塑性水泥，除了保留普通水泥的特性外，其可加工性能也极好，可搓、可揉、可捏、可切、可压、可刻、可模压成浮雕，可压制出各种厚度，能够充分满足造型方面的需求。

（3）可添加颜色

根据我国行业标准《彩色水泥硅酸盐》（JC/T 870—2012）中的规定，由硅酸盐水泥熟料及适量石膏（或白色硅酸盐水泥）、混合材料及着色剂磨细或混合制成的带有色彩的水硬性彩色胶凝材料，称为彩色硅酸盐水泥。

（4）凝结硬化快

早期及后期强度均高，适用于有早强快凝要求的工程（如冬季施工、预制、现浇等工程），高强度混凝土工程（如预应力钢筋混凝土、大坝溢流面部位混凝土）（图4.19）。

（a）预应力钢筋混凝土　　　　　　（b）大坝溢流面部位混凝土

图4.19　高强度混凝土工程

（5）抗冻性好

适合水工混凝土和抗冻性要求高的工程。

（6）抗水性差

耐腐蚀性差，因水化后氢氧化钙和水化铝酸钙的含量较多。适用于一般地上工程和不受侵蚀作用的地下工程以及不受水压作用的工程和无腐蚀性水中的受压工程。

（7）水化热高

不宜用于大体积混凝土工程，有利于低温季节蓄热法施工。

（8）抗碳化性好

因水化后氢氧化钙含量较多，故水泥石的碱度不易降低，对钢筋的保护作用强。适用于空气中二氧化碳浓度高的环境。

（9）耐热性差

因水化后氢氧化钙含量高，适用于承受高温作用的混凝土工程。

（10）耐磨性好

适用于高速公路、道路和地面工程（图 4.20）。

硅酸盐水泥普遍应用于建筑装饰工程中，作为外墙、隔墙等装饰材料（图 4.21）。除了用于建筑外，还可创造成园林小品运用于景观中，增添景观的趣味性，如座椅、花盆、铺装等（图 4.22）。硅酸盐水泥景观小品与石材、木材相比具有更高的经济性，且坚固耐用。

不同品种水泥的特性及使用范围见表 4.8。

图 4.20　混凝土高速公路及道路

图 4.21　水泥在建筑装饰中的应用

图 4.22　水泥在景观中的应用

表 4.8　五大通用水泥的特性和使用范围

水泥品种	特性		使用范围	
	优点	缺点	适用于	不适用于
普通水泥	1. 早期强度较高; 2. 凝结硬化较快; 3. 抗冻性好; 4. 硅酸盐水泥和普通水泥在相同强度等级下,前者为 3 ~ 7 d 的强度高3% ~ 7%	1. 水化热较高; 2. 抗水性差; 3. 耐酸碱和硫酸盐类的化学侵蚀能力差	1. 一般地上工程和不受侵蚀性作用的地下工程及不受水压作用的工程; 2. 无腐蚀性水中的受冻工程; 3. 早期强度要求较高的工程; 4. 在低温条件下需要强度发展较快的工程,但每日平均气温在 4 ℃以下或最低气温在 −3 ℃以下时,应按冬季施工规定办理	1. 水利工程的水中部分; 2. 大体积混凝土工程; 3. 受化学侵蚀的工程
矿渣水泥	1. 对硫酸盐类侵蚀的抵抗能力及抗水性较好; 2. 耐热性好; 3. 水化热低; 4. 在蒸汽养护中强度发展较快; 5. 在潮湿环境中后期强度增进率较大	1. 早期强度低,凝结较慢,在低湿环境中尤甚; 2. 耐冻性较差; 3. 干缩性大,有泌水现象	1. 地下、水中及海水中的工程以及经常受高水压的工程; 2. 大体积混凝土工程; 3. 蒸汽养护的工程; 4. 受热工程; 5. 代替普通硅酸盐水泥用于地上工程,但应加强养护,也可用于不常受冻融交替作用的受冻工程	1. 对早期强度要求高的工程; 2. 低温环境中施工而无保温措施的工程
火山灰水泥、粉煤灰水泥	1. 对硫酸盐类侵蚀的抵抗能力强; 2. 抗水性好; 3. 水化热较低; 4. 在湿润环境中后期强度的增进率大; 5. 在蒸汽养护中强度发展较快	1. 早期强度低,凝结较慢,在低温环境中尤甚; 2. 耐冻性差; 3. 吸水性大; 4. 干缩性较大	1. 地下、水中工程及经常受高水压的工程; 2. 受海水及含硫酸盐类溶液侵蚀的工程; 3. 大体积混凝土工程; 4. 蒸汽养护的工程; 5. 远距离运输的砂浆和混凝土	1. 气候干热地区或难以维持 20 ~ 30 d 内经常湿润的工程; 2. 早期强度要求高的工程; 3. 受冻工程

续表

水泥品种	特性		使用范围	
	优点	缺点	适用于	不适用于
复合水泥	1.与所掺混合材料的品种和数量有关，如矿渣掺量大，其特性接近矿渣水泥，掺火山灰配其他混合材，掺量大，其特性接近火山灰水泥，各类混合材搭配时，其特点接近普通水泥； 2.复合水泥性能可通过混合材料相互搭配并调整掺加量予以改善		广泛应用于工业和民用建筑工程中	

2）使用注意事项

（1）忌受潮结硬

受潮结硬的水泥会降低甚至丧失原有强度，所以规范规定，出厂超过3个月的水泥应复查试验，按试验结果使用。对已受潮成团或结硬的水泥，须过筛后使用，筛出的团块搓细或碾细后一般用于次要工程的砌筑砂浆或抹灰砂浆。对一触或一捏即粉的水泥团块，可适当降低强度等级使用。

（2）忌暴晒速干

混凝土或抹灰如遭暴晒，随着水分的迅速蒸发，其强度会有所降低，甚至完全丧失。因此，施工前必须严格清扫并充分湿润基层；施工后应严加覆盖，并按规范规定浇水养护。

（3）忌负温受冻

混凝土或砂浆拌成后，如果受冻，其水泥不能进行水化，兼之水分结冰膨胀，则混凝土或砂浆就会遭到由表及里逐渐加深的粉碎破坏，因此，应严格遵照《建筑工程冬期施工规程》（JGJ/T 104—2011）进行施工。

（4）忌高温酷热

凝固后的砂浆层或混凝土构件，如经常处于高温酷热条件下会有强度损失，这是由于高温条件下水泥石中的氢氧化钙会分解；另外，某些骨料在高温条件下也会分解或体积膨胀。

对于长期处于较高温度的场合，可使用耐火砖对普通砂浆或混凝土进行隔离防护。遇到更高的温度，应采用特制的耐热混凝土浇筑，也可在混凝土中掺入一定数量的磨细耐热材料。

（5）忌基层脏软

水泥能与坚硬、洁净的基层牢固地黏结或握裹在一起，但其黏结握裹强度与基层面部的光洁程度有关。在光滑的基层上施工，必须预先凿毛砸麻刷净，方能使水泥与基层牢固黏结。基层上的尘垢、油腻、酸碱等物质，都会起隔离作用，必须认真清除洗净，之后先刷一道素水泥浆，再抹砂浆或浇筑混凝土。

水泥在凝固过程中要产生收缩，且在干湿、冷热变化过程中，它与松散、软弱基层的体积变化极不适应，必然发生空鼓或出现裂缝，从而难以牢固黏结。因此，木材、炉渣垫层和灰土垫层等都不能与砂浆或混凝土牢固黏结。

（6）忌骨料不纯

作为混凝土或水泥砂浆骨料的砂石，如果有尘土、黏土或其他有机杂质，都会影响水泥与砂、石之间的黏结握裹强度，因而最终会降低抗压强度。所以，如果杂质含量超过标准规定，必须经过清洗后方可使用。

（7）忌水多灰稠

用水量对混凝土强度的影响常常被忽视。施工中为便于浇捣，有时不认真执行配合比，而把混凝土拌得很稀。由于水化所需要的水分仅为水泥质量的 20% 左右，多余的水分蒸发后便会在混凝土中留下很多孔隙，这些孔隙会使混凝土强度降低。因此，在保障浇筑密实的前提下，应最大限度地减少拌和用水。

有观点认为抹灰所用的水泥，其用量越多抹灰层就越坚固。其实，水泥用量越多，砂浆越稠，抹灰层体积的收缩量就越大，从而产生的裂缝就越多。一般情况下，抹灰时应先用 1∶3 ~ 1∶5 的粗砂浆抹找平层，再用 1∶1.5 ~ 1∶2.5 的水泥砂浆抹很薄的面层，切忌使用过多的水泥。

（8）忌受酸腐蚀

酸性物质与水泥中的氢氧化钙会发生中和反应，生成物体积松散、膨胀，遇水后极易水解粉化。致使混凝土或抹灰层逐渐被腐蚀解体，故水泥忌受酸腐蚀。

在接触酸性物质的场合或容器中，应使用耐酸砂浆和耐酸混凝土。矿渣水泥、火山灰水泥和粉煤灰水泥均有较好耐酸性能，应优先选用这三种水泥配制耐酸砂浆和混凝土。严格要求耐酸腐蚀的工程不允许使用普通水泥。

4.3　装饰水泥

4.3.1　白色硅酸盐水泥

根据《白色硅酸盐水泥》（GB/T 2015—2017）的规定：凡以适当成分的生料烧至部分熔融，所得以硅酸钙为主要成分，氧化铁含量较少的熟料为白色硅酸盐水泥熟料。由白色硅酸盐水泥熟料加入适量石膏，磨细制成的白色水硬性胶凝材料，称为白色硅酸盐水泥（简称"白水泥"）（图 4.23）。

图 4.23　白色硅酸盐水泥

1）白水泥生产制造原理

白水泥与普通硅酸盐水泥的生产方法基本相同，由于使普通水泥着色的主要化学成分是氧化铁（Fe_2O_3），因此，白水泥与普通水泥生产制造上的主要区别在于氧化铁（Fe_2O_3）的含量，白水泥中氧化铁（Fe_2O_3）的含量只有普通水泥的 1/10 左右。水泥中含铁量与颜色的关系见表 4.9，因此，严格控制水泥中的含铁量是白水泥生产中的一项主要技术措施。

表 4.9　水泥中含铁量与颜色的关系

水泥熟料中 Fe_2O_3 含量 /%	3 ~ 4	0.45 ~ 0.70	0.35 ~ 0.45
熟料颜色	暗灰色	淡绿色	白色（略带淡绿色）

2）白水泥的技术要求

（1）白水泥物理化学指标

白水泥物理化学指标见表 4.10。

表 4.10　白水泥物理化学指标（GB/T 2015—2017）

项目	熟料中氧化镁含量 /%	水泥中三氧化硫含量 /%	细度 (0.080 mm 方孔筛筛)/%	安定性（沸煮法）	凝结时间	
					初凝时间 /min	终凝时间 /h
指标	≤ 4.5	≤ 3.5	≤ 10	合格	≥ 45	≤ 12

（2）白水泥的强度等级

白色水泥分 32.5，42.5，52.5，62.5 四个强度等级，其强度指标见表 4.11。

表 4.11　白水泥的强度等级

强度等级	抗压强度 /MPa			抗折强度 /MPa		
	3 d	7 d	28 d	3 d	7 d	28 d
32.5	14.0	20.5	32.5	2.5	3.5	5.5
42.5	18.0	26.5	42.5	3.5	4.5	6.5
52.5	23.0	33.5	52.5	4.0	5.5	7.0
62.5	28.0	42.0	62.5	5.0	6.0	8.0

（3）白水泥的白度

白度是白水泥的一项重要技术性能指标。白度用白度计来测定，白度计的种类很多，目前白水泥的白度是用光电系统组成的白度计对可见光的反射程度来测定的。它是以纯白粉末状的氧化镁（MgO）为标准样，定其白度为 100（即反射率定为 100），将其压实密封于特制的玻璃盒内，测定光照反射面为一定厚度的透明玻璃，在这种条件下对可见光的反射率是 88%，并作为测定生产样品的标准比色板，即为 88 度。在实际生产控制中都是以标准比色板作为衡量尺度的。在测定样品白度时，需要把水泥样品盛于透明玻璃器皿内，其材质、底面玻璃厚度与面积等都同标准比色板一致，以避免造成误差。仪器会把反射光变为电信号，在刻度上显示出来。当测定样品时，先把标准比色板放在测定位置上，将指示信号调到刻度尺 88 处，随即换上盛放样品的比色皿，这时刻度尺的读数便是样品的白度数值。

白水泥按其白度可分为特级、一级、二级、三级四个等级，各级白度不得低于表 4.12 的数值。

表 4.12　白水泥白度等级

等级	特级	一级	二级	三级
白度 /%	86	84	80	75

（4）细度、凝结时间及体积安定性

白色硅酸盐水泥的细度要求为 0.080 mm，方孔筛筛余量不得超过 10%；凝结时间要求为初凝不早于 45 min，终凝不迟于 12 h；体积安定性要求用沸煮法检验必须合格；同时熟料中氧化镁的含量不得超过 4.5%，水泥中三氧化硫的含量不得超过 3.5%。

（5）白水泥的产品等级

根据白度等级和强度等级的不同，产品等级可分为优等品、一等品、合格品，见表 4.13。

表 4.13　白水泥产品等级

白水泥产品等级	白度等级	白水泥强度等级
优等品	特级	62.5, 52.5
一等品	一级	52.5, 42.5
	二级	52.5, 42.5
合格品	二级	42.5, 32.5
	三级	32.5

3）其他品种白水泥

以石灰石、白泥、泥土、石膏为主要原料，MgO 和 CaF₂ 为辅助原料，配得适当成分的生料经窑内煅烧（1 250 ~ 1 350 ℃），即得白色膨胀水泥熟料，经磨细为白色膨胀水泥。其特点为：既可单独使用，也可与其他水泥混合使用；可以克服白色硅酸盐水泥硬化后，随着时间延长，体积收缩使水泥石产生龟裂的缺点。

电炉还原渣为白色，可用来生产钢渣水泥。

4）白水泥在应用中的注意事项

①在制备混凝土时粗细骨料宜采用白色或彩色大理石、石灰石、石英砂和各种颜色的石屑，不能掺和其他杂质，以免影响其白度及色彩。

②白水泥的施工和养护方法与普通硅酸盐水泥相同，但施工时底层及搅拌工具必须清洗干净，否则将影响白色水泥的装饰效果。

③彩色水泥浆刷浆时，须保证基层湿润，并养护涂层。为加速涂层的凝固，可在水泥浆中加入 1% ~ 2%（占水泥总重的）无水氯化钙，或再加入水泥总重 7% 的皮胶水，以提高水泥浆的黏结力，解决水泥浆脱粉、被冲洗脱落等问题。

④水泥在硬化过程中所形成的碱饱和溶液，经干燥作用便在水表面析出氢氧化钙、碳酸钙等白色晶体，称为白霜；低温和潮湿无风状态可助长白霜的出现，影响其白度及鲜艳度。

4.3.2　彩色水泥

以白色硅酸盐水泥熟料、优质白色石膏及矿物颜料、外加剂（防水剂、保水剂、增塑剂、促进剂等）共同研磨而成，或者在白水泥生料中加入金属氧化物的着色剂直接烧成的一种水硬性彩色胶凝材料，称为彩色硅酸盐水泥，简称彩色水泥。

1）彩色水泥的生产方法

彩色水泥根据其着色方法的不同，有两种生产方法。

（1）间接法

间接法是指白色硅酸盐水泥或普通水泥在粉磨时（或现场使用时）将彩色颜料掺入，混匀成为彩色水泥。其所用颜料不溶于水，分散性好，耐碱性强，抗大气稳定性好，掺入后不明显影响水泥的性能。

制造红色、褐色、黑色较深的彩色水泥，一般用硅酸盐水泥熟料；浅色的彩色水泥用白色硅酸盐水泥熟料。常用的无机颜料是以氧化铁为基础颜料。

（2）直接法

直接法是指在白水泥生料中加入着色物质，煅烧成彩色水泥熟料，然后再加适量石膏磨细制成彩色水泥。

着色物质为金属氧化物或氢氧化物。例如，加入氧化铬，可生产出绿色水泥；加入氧化钴在还原气氛中烧成浅蓝色，可生产出浅蓝色水泥，而在氧化气氛中烧成玫瑰红色，可生产出玫瑰红色水泥；加入氧化锰在还原气氛中烧成浅蓝色，可生产出浅蓝色水泥，在氧化气氛中烧成浅紫色，可生产出浅紫色水泥。

2）彩色水泥的应用

彩色水泥是一种全新的彩色混凝土装饰面层材料，其主要用于建筑装饰工程的装饰材料，也可用于混凝土、砖、石等的粉刷饰面，广泛应用于各种不同功能的道路及政府工程和各大城市的标志性建筑工程建设中。彩色水泥砂浆可运用于装饰饰面工程抹灰；在工厂中，可根据不同使用要求和形状制作成客户满意的彩色水泥制块；也可制成各种不同颜色的彩色水磨石、人造大理石、水刷石、斧剁石和干黏石等石材。

（1）彩色水泥砖瓦

彩色水泥砖瓦是将水泥、沙子等合理配比后，通过模具经高压压制而成。彩色混凝土瓦相比一般窑烧瓦，具有抗渗性强、承载力强、吸水率低等优点，是新型的屋面装饰建材（图4.24）。

图4.24　彩色水泥砖瓦

（2）彩色水泥混凝土地坪

彩色水泥混凝土地坪以粗骨料、细骨料、水泥、颜料和水按适当比例配合，拌制成混合物，经一定时间硬化而成人造石材——彩色水泥混凝土。混凝土的彩色效果主要是颜料颗粒和水泥浆的固有颜色混合的结果。彩色水泥混凝土所使用的骨料，除一般骨料外还需使用昂贵的彩色骨料，宜采用白色或彩色大理石、石灰石、石英砂和各种颜色的石屑，但不能掺和其他杂质，以免影响其白度及色彩。

彩色水泥混凝土可广泛应用于人行道、公园、广场、游乐场、小区道路、停车场、庭院、地铁站台、游泳池等处的景观创造（图4.25），具有极高的安全性和耐用性。同时，它施工方便、无须压实机械，不受地形限制，并可形成各种图案。装饰性、灵活性和表现力是彩色水泥混凝土的独特性格体现。

图 4.25　彩色水泥混凝土地坪

（3）建筑物外墙饰面

彩色砂浆是以水泥砂浆、混合砂浆、白灰砂浆直接加入颜料配制而成，或以彩色水泥与砂配制而成。

彩色砂浆用于室外装饰，可增加建筑物的美观。它呈现各种色彩、线条和花样，具有特殊的表面效果（图 4.26）。常用的胶凝材料有石膏、石灰、白水泥、普通水泥，或在水泥中掺加白色大理石粉，使砂浆表面色彩更为明朗。集料多用白色、浅色或彩色的天然砂、石屑（如大理岩、花岗岩等）、陶瓷碎粒或特制的塑料色粒，有时为使表面获得闪光效果，可加入少量云母片、玻璃碎片或长石等。在沿海地区，也有在饰面砂浆中加入少量小贝壳，使表面产生银色闪光。彩色砂浆所用颜料必须具有耐碱、耐光、不溶的性质。彩色砂浆表面可进行各种艺术处理，制成水磨石、水刷石、斧剁石、拉假石、假面砖、干黏石、喷黏石、人造大理石等，可用拉毛、喷涂、滚涂、拉条等工艺（图 4.27）。

图 4.26　彩色水泥砂浆饰面

图 4.27　水刷石、假面砖及人造大理石

4.4　装饰砂浆

装饰水泥与
装饰砂浆

一般抹面砂浆虽也有装饰作用，但是非常单调。装饰砂浆是指专门用于建筑物室内外表面装饰，以增加建筑物外观美为主的砂浆。它是在抹面的同时，经各种艺术处理而获得特殊表面形式的一种表面装饰。

4.4.1　装饰砂浆的组成材料

装饰砂浆主要由胶凝材料、骨料和颜料组成。

1）胶凝材料

装饰砂浆所用的胶凝材料与普通抹面砂浆基本相同，只是更多地采用白水泥和彩色水泥。

2）骨料

装饰砂浆所用的骨料除普通砂外，还常使用石英砂、彩釉砂和着色砂，以及石碴、石屑、砾石及彩色瓷粒、玻璃珠等。

（1）石英砂

石英砂分天然石英砂、人造石英砂及机制石英砂三种（图4.28）。人造石英砂和机制石英砂是将石英岩加以焙烧，经人工或机械破碎筛分而成，它们比天然石英砂质量好，纯净且二氧化硅含量高。除用于装饰工程外，石英砂还可用于配制耐腐蚀砂浆。

（a）天然石英砂　　　　（b）人造石英砂　　　　（c）机制石英砂

图4.28　石英砂

（2）彩釉砂和着色砂

①彩釉砂：为20世纪80年代新兴的一种外墙装饰材料，是由各种不同粒径的石英砂或白云石粒加颜料焙烧后，再经化学处理而制得。它在零下20 ℃至高温80 ℃下都不变色，且具有防酸、耐碱性能。彩釉砂产品有深黄、浅黄、象牙黄、珍珠黄、橘黄，浅绿、草绿、玉绿、碧绿、赤红、西赤、咖啡、钴蓝等多种颜色（图4.29）。

②着色砂：在石英砂或白云石细粒表面进行人工着色而制成（图4.30），着色多采用矿物颜料，人工着色的砂粒色彩鲜艳，耐久性好。在用着色砂配制装饰砂浆时应注意，每个装饰工程所用的色浆应一次配出，所用的着色砂也应一次生产完毕，以免出现颜色不均现象。

图 4.29　彩釉砂

图 4.30　着色沙

（3）石渣

石渣也称石粒、石米，是天然大理石、白云石、方解石、花岗石压碎加工而成（图 4.31）。其色泽多样，是石渣类饰面的主要骨料，也是预制人造大理石、水磨石的主要原料。

（4）石屑

石屑是粒径比石粒更小的细骨料（图 4.32），主要用于配制外墙喷涂饰面用的聚合物砂浆。常用的有松香石屑、白云石屑等。

（5）彩色瓷粒和玻璃珠

彩色瓷粒是用石英、长石和瓷土为主要原料烧制而成，粒径为 1.2 ~ 3.0 mm，颜色多样（图 4.33）。以彩色瓷粒代替石碴用于室外装饰抹灰，具有美观、稳定性好、颗粒小而均匀、露出黏结砂浆部分少、饰面层薄、自重轻等优点。玻璃珠产品有各种镶色或花蕊（图 4.34）。彩色瓷粒和玻璃珠可镶嵌在水泥砂浆、混合砂浆或彩色砂浆底层上作为装饰饰面使用。

| 图 4.31　石渣 | 图 4.32　石屑 |

图4.33　彩色瓷粒

图4.34　玻璃珠

3）颜料

掺颜料的砂浆，一般用在室外抹灰工程中，如假大理石、假面砖，喷涂、弹涂、滚涂表面和彩色砂浆抹面。这些装饰面长期处于风吹、日晒、雨淋之中，且受到大气中有害气体的腐蚀和污染。因此，选择合适的颜料，是保证饰面的质量，避免褪色和变色，延长使用年限的关键。颜料选择要根据其价格、砂浆品种、建筑物所处环境和设计要求而定。建筑物处于受酸侵蚀的环境中时，要选用耐酸性好的颜料；受日光暴晒的部位，要选用耐光性好的颜料；碱度高的砂浆，要选用耐碱性好的颜料；设计要求色彩鲜艳，可选用色彩鲜艳的有机颜料。

4.4.2　装饰砂浆的种类及其饰面特性

装饰砂浆获得装饰效果的具体做法可分为灰浆类饰面和石碴类饰面两种。

灰浆类饰面是通过水泥砂浆的着色或水泥砂浆表面形态的艺术加工，获得一定色彩、线条、纹理、质感，达到装饰目的。这种以水泥、石灰及其砂浆为主形成饰面装饰做法的主要优点是材料来源广泛，施工操作方便，造价比较低廉，而且通过不同的工艺方法，可形成不同的装饰效果，如搓毛、拉毛、喷毛及仿面砖、仿毛石等饰面（图4.35）。

图4.35　灰浆类饰面

石碴类饰面是在水泥浆中掺入各种彩色石碴作骨料，制得水泥石碴浆抹于墙体基层表面，然后用水洗、斧剁、水磨等手段去除表面水泥浆皮，露出石碴的颜色、质感的饰面做法（图4.36）。

图 4.36　石碴类饰面

石碴类饰面与灰浆类饰面的主要区别在于，石碴类饰面主要靠石碴的颜色、颗粒形状来达到装饰目的，而灰浆类饰面则主要靠掺入颜料及砂浆本身所能形成的质感来达到装饰目的。与石碴类饰面相比，灰浆类饰面的装饰质量及耐污染性均比较差。石碴类饰面的色泽明亮，质感相对丰富，并且不易褪色和污染，但相对于灰浆类饰面施工复杂、造价较高。当然，随着技术与工艺的演变，这种差别正在缩小。

4.4.3　灰浆类砂浆饰面

1）拉毛灰

拉毛灰是用铁抹子或木楔将罩面灰轻压后顺势轻轻拉起，形成一种凹凸质感较强的饰面层（图4.37），是过去较广泛采用的一种传统饰面做法。这种工艺所用灰浆通常是水泥石灰砂浆或水泥纸筋灰浆，要求表面拉毛花纹、斑点分布均匀，颜色一致，多用于建筑外墙面及有吸声要求的墙面和顶棚。

2）甩毛灰

甩毛灰是用竹丝刷等工具将罩面灰浆甩洒在墙面上，形成大小不一但又很有规律的云朵状毛面（图4.38）。也有先在基层上刷水泥色浆，再甩上不同颜色的罩面灰浆，并用抹子轻轻压平，形成两种颜色的套色做法。甩出的云朵要求大小相称、纵横相间，既不能杂乱无章，也不能整齐划一，以免显得呆板。

3）搓毛灰

搓毛灰是在罩面灰浆初凝时，用硬木抹子由上至下搓出一条细而直的纹路，也可沿水平方向搓出一条L形细纹路，当纹路明显搓出后即停（图4.39）。这种装饰方法工艺简单、造价低，效果朴实大方，远看有石材经过细加工的效果。

图 4.37　拉毛灰

图 4.38　甩毛灰

图 4.39　搓毛灰

4）扫毛灰

扫毛灰是用竹丝扫帚把按设计组合分格的面层砂浆，扫出不同方向的条纹，或做成仿岩石的装饰抹灰（图4.40）。扫毛灰做成假石以代替天然石饰面，工序简单、施工方便、造价低廉，适用于一些公共建筑内墙和庭院的外墙饰面。

5）拉条

拉条抹灰是采用专用模具把面层砂浆做出竖向线条的装饰做法（图4.41）。拉条抹灰有细条形、粗条形、半圆形、波形、梯形、方形等多种形式。一般细条形抹灰可采用同一种砂浆级配，多次加浆抹灰拉模而成；粗条形抹灰则采用底、面层两种不同配合比的砂浆，多次加浆抹灰拉模而成。它具有美观大方、不易积灰、成本低等优点，并具有良好的音响效果，适用于景观建筑外墙及公共建筑墙面。

6）假面砖

假面砖是采用掺氧化铁系颜料的水泥砂浆，通过手工操作达到模拟面砖装饰效果的饰面做法（图4.42）。它适合于建筑物的外墙抹灰饰面。

图4.40　扫毛灰　　　　　图4.41　拉条　　　　　图4.42　假面砖

7）假大理石

假大理石是用掺适当颜料的石膏色浆和素石膏浆按1∶10比例配合，通过手工操作，做成具有大理石表面特征的装饰抹灰。这种装饰工艺，对操作技术要求较高，如果做得好，无论在颜色、花纹和光洁度等方面，都接近天然大理石效果（图4.43）。其适用于高级装饰工程中的室内墙面抹灰。

8）外墙喷涂

外墙喷涂是用挤压式砂浆泵或喷斗将聚合物水泥砂浆喷涂在墙面基层或底灰上，形成饰面层。在涂层表面再喷一层甲基硅醇钠或甲基硅树脂疏水剂，以提高涂层耐久性和减少墙面污染（图4.44）。

图4.43　假大理石

根据涂层质感可分为：①波面喷涂：表面灰浆饱满，波纹起伏；②颗粒喷涂：表面不出浆，布满细碎颗粒；③花点喷涂：在波面喷涂层上，再喷以不同色调的砂浆点，远看有水刷石、干黏石或花岗石饰面的效果。

9）外墙滚涂

外墙滚涂是将聚合物水泥砂浆抹在墙体表面上，用辊子滚出花纹，再喷罩甲基硅醇钠疏水剂形成饰面层（图4.45）。这种工艺施工方法简单，容易掌握，工效也高，同时，施工时不易污染其他墙面及门窗，对局部施工尤为适用。

图 4.44 外墙喷涂

图 4.45 辊子及滚涂墙面

10）弹涂

弹涂是在墙体表面涂刷一道聚合物水泥色浆后，通过一种电动（或手动）筒形弹力器，分几遍将各种水泥色浆弹到墙上，形成直径为 1～3 m、大小近似、颜色不同、互相交错的圆粒状色点，深浅色点互相衬托，构成一种彩色的装饰面层（图 4.46）。这种饰面黏结力好，对基层适应性广泛，可直接弹涂在底层灰上和底基较平整的混凝土墙板、石膏板等墙面上。由于饰面层凹凸起伏不大，加之外罩甲基硅树脂或聚乙烯醇缩丁醛涂料，因此耐污染性、耐久性都较好。

图 4.46 弹涂

4.4.4 石碴类砂浆饰面

1）水刷石

水刷石是将水泥和石碴按比例配合并加水拌和制成水泥石碴浆，用作建筑物表面的面层抹灰，待其水泥浆初凝后，以硬毛刷蘸水刷洗，或用喷浆泵、喷枪等喷以清水冲洗，冲刷掉石碴浆层表面的水泥浆皮，从而使石碴半露出来，达到装饰效果（图 4.47）。

水刷石饰面的特点是具有石料饰面朴实的质感效果，如果再结合适当的艺术处理，如分格、分色、凸凹线条等，可使饰面获得自然美观、富有变化效果。因此，水刷石是一种颇受欢迎的传统外墙装饰工艺，长期以来在我国各地被广泛采用。水刷石饰面的不足之

图 4.47 水刷石

处是操作技术要求较高，费工费料，湿作业量大，劳动条件较差，且不能适应墙体改革的要求，故其应用有日渐减少的倾向。

水刷石饰面的材料配比，视石子的粒径有所不同。通常，当用大八厘石碴时，水泥石碴浆比例为 1：1；采用中八厘石碴时比例为 1：1.25；采用小八厘石碴时比例为 1：1.3；而采用石屑时，则水泥与石屑比例为 1：1.5。若用砂做骨料，即成清水砂浆。水刷石饰面除用于建筑物外墙面外，檐口、腰线、窗套、阳台、雨篷、勒脚、花台及地面铺装等部位也经常使用（图 4.48）。

2）斩假石

斩假石又称剁斧石，是以水泥石碴浆或水泥石屑浆作面层抹灰，待其硬化到具有一定强度时，用钝斧及各种凿子等工具在面层上剁斩出类似石材经雕琢的纹理效果的一种人造石材装饰方法。

在石碴类饰面的各种做法中，斩假石的效果最好。它既具有貌似真石的质感，又具有精工细作的特点，给人以朴实、自然、素雅、庄重的感觉。斩假石饰面存在的问题是费工费力，劳动强度大，施工工效较低。

斩假石饰面所用的材料与水刷石基本相同，不同之处在于骨料的粒径一般较小。其通常宜采用粒径为 0.5 ~ 1.5 mm 的石屑，也可采用粒径为 2 mm 的米粒石，内掺 30% 粒径为 0.15 ~ 1.0 mm 的石屑。斩假石饰面的材料配比，一般采用水泥：白石屑 =1：5 的水泥石屑浆，或采用水泥：石碴 =1：1.25 的水泥石碴浆（石碴内掺 30% 的石屑）。为了模仿不同天然石材的装饰效果，如花岗石、青条石等，可以在配比中加入各种彩色骨料及颜料。斩假石饰面可用于局部小面积装饰，如勒脚、台阶、柱面等，也广泛应用于地面、墙面装饰（图 4.49）。

图 4.48　水刷石的应用

图 4.49　斩假石的应用

3）拉假石

拉假石是用废锯条或 5 ~ 6 mm 厚的铁皮加工成锯齿形，钉于木板上构成抓耙，用抓耙挠刮去除表层水泥浆皮露出石碴，并形成条纹效果（图 4.50）。这种工艺实质上是斩假石工艺的演变，与斩假石相比，其施工速度快，劳动强度较低，装饰效果类似斩假石，可大面积使用（图 4.51）。

拉假石的材料与斩假石相同，不过，可用石英砂来代替石屑。由于石英砂较硬，故在斩假石工艺中不能采用。

4）干黏石

在素水泥浆或聚合物水泥砂浆黏结层上，把石碴、彩色石子等备好的骨料粘在其上，再拍平压实即为干黏石（图 4.52）。干黏石的操作方法有手工甩粘和机械甩喷两种。施工时，要求石子要粘牢，不掉粒，不露浆，石粒应压入砂浆 2/3。干黏石饰面工艺实际上是由传统水刷石工艺演变而得，它具有操作简单、造价较低、饰面效果较好等特点，故应用广泛。干黏石一般选用"小八厘"碴石，因粒径较小，甩粘到砂浆上易于排列密实，暴露的砂浆层少。"中八厘"也有应用，但很少用"大八厘"。配制砂浆时常掺入一定量的107胶，它不仅有利于石渣粘牢，还可避免拍压石子时挤出砂浆玷污石渣。

5）水磨石

水磨石是由水泥、彩色石碴或白色大理石碎粒及水按适当比例配料，需要时掺入适量颜料，经拌匀、浇筑捣实、蒸汽养护、硬化、表面打磨、洒草酸冲洗、干后上蜡等工序制成，既可现场制作，也可工厂预制。水磨石若在工厂预制，其工序基本上与现场制作相同，只是开始时要按设计规定的尺寸形状制成模框，另一不同之处是必须在底层加放钢筋。工厂预制因操作条件较好，可制得装饰效果优良的具有华丽花纹的饰面板。水磨石造价较低，色彩、图案丰富（图 4.53），耐磨性好，施工方便。

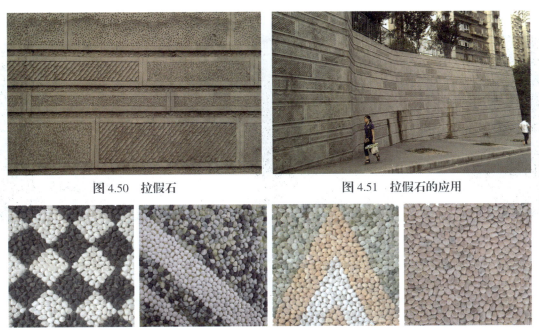

图 4.50 拉假石　　　　图 4.51 拉假石的应用

图 4.52 干黏石

图 4.53 水磨石

4.5 有机胶凝材料

有机胶凝材料是指以天然或人工合成高分子化合物为基本组成的一类胶凝材料。最常用的有沥青、橡胶、树脂等。

4.5.1 沥 青

沥青是由不同分子量的碳氢化合物及其非金属衍生物组成的黑褐色复杂混合物，呈液态、半固态或固态，颜色由黑褐色至黑色，是一种防水防潮和防腐的有机胶凝材料。

在景观工程中，沥青常应用于防水材料和防腐材料，主要应用于屋面、地面、地下结构的防水，木材、钢材的防腐。沥青还是土木、建筑、道路工程中应用广泛的胶结材料（图4.54）。

图 4.54 沥青路面

1）特性

①溶解性：属憎水性材料，不透水，也几乎不溶于水、丙酮、乙醚、稀乙醇，溶于二硫化碳、四氯化碳、氢氧化钠。

②健康危害：中等毒性。沥青及其烟气对皮肤黏膜具有刺激性，有光毒作用和致癌作用。我国三种主要沥青的毒性：煤焦沥青＞页岩沥青＞石油沥青。前两者有致癌性。

③环境危害：对环境有危害，对大气可造成污染。

④危险特性：遇明火、高热可燃。燃烧时放出有毒的刺激性烟雾。

⑤导电性能：绝缘体（常温下）。

2）沥青混凝土

沥青混凝土是经人工选配具有一定级配组成的矿料（碎石或轧碎砾石、石屑或砂、矿粉等）与一定比例的路用沥青材料，在严格控制条件下拌制而成的混合料。

其按所用结合料不同，可分为石油沥青和煤沥青两大类。

按所用集料品种不同，可分为碎石的、砾石的、砂质的、矿渣的数种，以碎石采用最为普遍。按混合料最大颗粒尺寸不同，可分为粗粒（粒径 35 ~ 40 mm 以下）、中粒（粒径 20 ~ 25 mm 以下）、细粒（粒径 10 ~ 15 mm 以下）、砂粒（粒径 5 ~ 7 mm 以下）等数种。

按混合料的密实程度不同，可分为密级配、半开级配和开级配等数种，开级配混合料也称沥青碎石。其中热拌热铺的密级配碎石混合料经久耐用，强度高、整体性好，是修筑高级沥青路面的代表性材料，应用最广。

4.5.2　橡　胶

天然橡胶是一种天然高分子化合物，主要从橡胶树上采集后加工制成；合成橡胶则由各种单体经聚合反应而得。橡胶具有弹性、绝缘性、隔水性、可塑性。

橡胶被广泛应用于工业和生活的各个方面。在景观工程中，常利用橡胶的弹性将其用作橡胶地面、消音海绵等；利用其疏水性作防水涂料等；利用其绝缘性作防护构件等。

1）分类

①按原料分类：分为天然橡胶和合成橡胶两种。

②按形态分类：分为块状生胶、乳胶、液体橡胶和粉末橡胶。乳胶为橡胶的胶体状水分散体；液体橡胶为橡胶的低聚物，未硫化前一般为黏稠的液体；粉末橡胶是将乳胶加工成粉末状，以利配料和加工制作。

③按使用分类：分为通用型和特种型两类。橡胶是绝缘体，不易导电，但如果沾水或不同温度的话，有可能变成导体。

2）PVC 地板

（1）定义

PVC 地板是采用聚氯乙烯材料生产的地板。PVC 地板由于其轻质、美观，图案丰富、色彩多样而被广泛用于室内多种场所（图 4.55）。

（2）特性

①超轻超薄：PVC 地板厚度只有 2 ~ 3 mm，每平方米质量仅 2 ~ 3 kg，不足普通地面材料的10%。在高层建筑中对于楼体承重和空间节约，有着无可比拟的优势；同时在旧楼改造中有着特殊的优异性。

②超强耐磨：表面特殊处理的超强耐磨层充分保证了地面材料良好的耐磨性能。PVC 地板表面的耐磨层根据厚度的不同在正常情况下可使用 5 ~ 10 年，耐磨层的厚度及质量直接决定了 PVC 地板的使用时间。标准测试结果显示 0.55 mm 厚的耐磨层地面可以在正常情况下使用 5 年以上；0.7 mm 厚的耐磨层地面足以使用 10 年以上。因为具有超强的耐磨性，所以在人流量较大的医院、学校、办

图 4.55 塑胶地板

公楼、商场、超市、交通枢纽等场所 PVC 地板受到欢迎。

③高弹性和超强抗冲击性：PVC 地板质地较软，弹性较好，在重物的冲击下有着良好的弹性恢复。

④超强防滑：PVC 地板表层的耐磨层有特殊的防滑性，而且与普通的地面材料相比，其在沾水的情况下脚感更涩。所以在安全要求较高的公共场所，如机场、医院、幼儿园、学校等，PVC 地板是优选的地面装饰材料。

⑤防火阻燃：聚氯乙烯具有阻燃特点。

⑥防水防潮：PVC 地板材料和水无亲和力，只要不长期被浸泡不会因受潮受损，并且不会因湿度大而发生霉变。

⑦吸音防噪：PVC 地板有普通地面材料无法相比的吸音效果，其吸音可达 20 dB，所以在需要安静环境的场所，如医院、图书馆等常被选用。

⑧导热：PVC 地板的导热性能良好，散热均匀，且热膨胀系数小。

⑨耐酸碱腐蚀：PVC 地板具有较强的耐酸碱腐蚀性能，适用于医院、实验室、研究所等场所。

⑩施工简易快捷：PVC 地板可以任意裁剪，还可用不同花色的材料组合，以达到最理想的装饰效果。其安装施工快捷，不用水泥砂浆，地面条件好的用专用环保地板胶粘合，24 h 后便可使用。

（3）分类

①从形态上可分为卷材地板和片材地板两种。卷材地板是质地较为柔软的一卷一卷的形式（图4.56），一般其宽度有 1.5、1.83、2、3、4、5 m 等，每卷长度有 7.5、15、20、25 m 等，总厚度为 1.6 ~ 3.2 mm（仅限商用地板），运动地板更厚，可达 4、5、6 mm 等。片材地板的规格较多，主要分为条形材和方形材（图 4.57）。

图 4.56　卷材塑胶地板

图 4.57　片材塑胶地板

②从结构上分主要有复合体型和同质体型两种，另外还有一种是半同质体型。复合体型 PVC 地板就是有多层结构，复合体型卷材一般是由 4～5 层结构叠压而成，有耐磨层（含 UV 处理）、印花膜层、玻璃纤维层、弹性发泡层、基层等。同质体 PVC 地板不管是卷材还是片材，都是上下同质的，即从面到底，从上到下，都是同一种材质，同一种花色。

③从耐磨程度上分为通用型和耐用型两种。人流量大的场所，如机场、车站等需要铺设耐用型 PVC 地板，其耐磨程度更强，使用寿命更长，同时价格也更高。

4.5.3　树　脂

树脂通常是指受热后有软化或熔融范围，软化时在外力作用下有流动倾向，常温下是固态、半固态，有时也可以是液态的有机聚合物。广义地讲，可以作为塑料制品加工原料的任何聚合物都称为树脂。树脂有天然树脂和合成树脂之分。

天然树脂是指由自然界中动植物分泌物所得的无定形有机物质，如松香、琥珀、虫胶等。

合成树脂是指由简单有机物经化学合成或某些天然产物经化学反应而得到的树脂产物，如酚醛树脂、聚氯乙烯树脂等。

树脂是制造塑料的主要原料，也用来制涂料（涂料的成膜物质）、黏合剂、绝缘材料等。

4.6　混凝土

混凝土是指由胶结料（有机的、无机的或有机无机复合的）、颗粒状集料以及必须加入的化学外加剂和矿物掺和料组分合理组成的混合料，或经硬化后形成具有堆聚结构的复合材料（普通是以胶凝材料、水、细骨料、粗骨料，需要时掺入外加剂和矿物掺和料，按适当比例配合，经过均匀拌制、密实成型及养护硬化而成的人工石材），也称普通混凝土，它广泛应用于土木工程。

混凝土

新拌制的未硬化的混凝土，通常称为混凝土拌合物（或新鲜混凝土），经硬化有一定强度的混凝土也称硬化混凝土。

4.6.1　混凝土的分类组成及特点

1）分类

（1）按表观密度的大小分类

混凝土按照表观密度的大小可分为重混凝土、普通混凝土、轻质混凝土。这三种混凝土的不同之处是骨料的不同。

①重混凝土：是表观密度大于 2 500 kg/m³，用特别密实和特别重的集料制成的混凝土。常采用重晶石、铁矿石、钢屑等作骨料和锶水泥、钡水泥共同配置防辐射混凝土，它们具有不透 X 射线和 γ 射线的性能，主要作为核工程的屏蔽结构材料。

②普通混凝土：即我们在建筑中常用的混凝土，表观密度为 1 950 ~ 2 500 kg/m³，主要以砂、石子和水泥配制而成，是土木工程中最常用的混凝土品种。

③轻质混凝土：是以硅酸盐水泥、活性硅和钙质材料等无机胶结料，集发泡、稳泡、激发、减水等功能为一体的阳离子表面活性剂为制泡剂，形成的双套连续结构的聚合物微孔轻质混凝土。轻质混凝土以其良好的特性，广泛应用于节能墙体材料中，在其他方面也获得了应用。轻质混凝土可用于屋面保温层现浇、轻质墙板、补偿地基。轻质混凝土可分为以下三类：

a. 轻集料混凝土：其表观密度为 800 ~ 1 950 kg/m³，轻集料包括浮石、火山渣、陶粒、膨胀珍珠岩、膨胀矿渣、矿渣等。

b. 多孔混凝土（泡沫混凝土、加气混凝土）：其表观密度为 300 ~ 1 000 kg/m³。泡沫混凝土是用机械方法将掺有泡沫剂的水溶液制备成泡沫，加入含硅质材料（如砂、粉煤灰）、钙质材料（如石灰、水泥）、水及助剂组成的料浆中，经混合搅拌、浇注成型、蒸汽养护而成的一种轻质多孔混凝土。加气混凝土是利用发气剂在料浆中与其组分化学反应产生气体，形成多孔结构。主要是由硅质材料加石灰或水泥蒸压或蒸养而成的多孔混凝土。

c. 大孔混凝土（普通大孔混凝土、轻骨料大孔混凝土）：由粒径相近的粗骨料加水泥、外加剂和水拌制成的一种有大孔隙的轻混凝土。其组成中无细集料。普通大孔混凝土的表观密度范围为 1 500 ~ 1 900 kg/m³，是用碎石、软石、重矿渣作为集料配制的。轻骨料大孔混凝土的表观密度为 500 ~ 1 500 kg/m³，是用陶粒、浮石、碎砖、矿渣等作为集料配制的。

（2）按使用功能分类

根据混凝土的使用功能不同，可将其分为结构混凝土、保温混凝土、装饰混凝土、透水混凝土、耐火混凝土、水工混凝土、海工混凝土、道路混凝土、防辐射混凝土等。

（3）按施工方法分类

根据混凝土的施工方法不同，可将其分为离心混凝土、真空混凝土、灌浆混凝土、喷射混凝土、碾压混凝土、挤压混凝土、泵送混凝土等。

按配筋方式不同，可将其分为素（即无筋）混凝土、钢筋混凝土、钢丝网混凝土、纤维混凝土、预应力混凝土等。

（4）按定额分类

①普通混凝土：普通混凝土分为普通半干硬性混凝土、普通泵送混凝土和水下灌注混凝土。每种普通混凝土又可分为碎石混凝土和卵石混凝土。

②抗冻混凝土：抗冻混凝土分为抗冻半干硬性混凝土、抗冻泵送混凝土。每种抗冻混凝土又可分为碎石混凝土和卵石混凝土。

（5）按拌合物分类

按拌合物不同，可将其分为干硬性混凝土、半干硬性混凝土、塑性混凝土、流动性混凝土、高流动性混凝土、流态混凝土等。

（6）按掺和料分类

按掺和料不同，可将其分为粉煤灰混凝土、硅灰混凝土、矿渣混凝土、纤维混凝土等。

另外，混凝土还可按抗压强度分为低强度混凝土（抗压强度小于 30 MPa）、中强度混凝土（抗压强度 30 ~ 60 MPa）和高强度混凝土（抗压强度大于等于 60 MPa）；按每立方米水泥用量又可分为贫混凝土（水泥用量不超过 170 kg）和富混凝土（水泥用量不小于 230 kg）等。

2）各组成材料的作用

普通混凝土是由水泥、粗骨料(碎石或卵石)、细骨料(砂)、外加剂和水拌和，经硬化而成的一种人造石材（图 4.58）。砂、石在混凝土中起骨架作用，并抑制水泥的收缩；水泥和水形成水泥浆，包裹在粗细骨料表面并填充骨料间的空隙。水泥浆体在硬化前起润滑作用，使混凝土拌合物具有良好的工作性能，硬化后将骨料胶结在一起，形成坚固的整体。

图 4.58　混凝土结构图

（1）混凝土体积构成

水泥石：25% 左右；砂和石子：70% 以上；空隙和自由水：1% ~ 5%。

（2）混凝土的结构

水泥＋水→水泥浆＋砂→水泥砂浆＋石子→混凝土拌合物→硬化混凝土。

（3）组成材料的作用

混凝土各组成材料的作用见表 4.14。

表 4.14　组成材料的作用

组成材料	硬化前	硬化后
水泥＋水	润滑作用	胶结作用
砂＋石子	填充作用	骨架作用

3）**特点**

（1）优点

①组成材料经济、成本低；②性能可调节、适用面广；③拌合物具有可塑性；④与钢筋黏结牢固；⑤强度高，可增长，耐久性较好。

（2）缺点

①抗拉强度较低，仅相当于 1/10 抗压强度；②变形能力小，易开裂，呈现脆性；③在温度、湿度的影响下易发生裂缝；④混凝土质量受配制施工条件影响较大。

4.6.2　普通混凝土的主要技术性质

混凝土在未凝结硬化以前，称为混凝土拌合物。它必须具有良好的和易性，便于施工，以保证能获得良好的浇灌质量；混凝土拌合物凝结硬化以后，应具有足够的强度，以保证建筑物能安全地承受设计荷载；并应具有必要的耐久性。混凝土凝结硬化过程如图 4.59 所示。

图 4.59　混凝土凝结硬化过程

1）**混凝土拌合物的和易性**

和易性又称工作性，是指混凝土拌合物在一定的施工条件下，便于各种施工工序的操作，以保证获得均匀密实的混凝土的性能。和易性是一项综合技术指标，包括流动性（稠度）、黏聚性和保水性三个主要方面。

（1）流动性

流动性指混凝土拌合物在自身质量或施工振捣的作用下产生流动，并均匀、密实地填满模型的性能。流动性的大小反映拌合物的稀稠，关系到施工的难易和浇筑的质量。

（2）黏聚性（抗离析性）

黏聚性是指混凝土拌合物在施工过程中其组成材料之间有一定的黏聚力，不致产生分层和离析的性能。离析指砂浆与石子分离，产生蜂窝、空洞，影响工程质量。

（3）保水性

①保水性是指混凝土拌合物在施工过程中具有一定的保水能力，不致产生严重泌水的性能。

②泌水的后果：形成毛细管孔，渗水；上下浇筑面薄弱黏结；形成水隙，在粗骨料、钢筋下形成弱黏结。

2）**混凝土的强度**

强度是混凝土硬化后的主要力学性能，反映混凝土抵抗荷载的量化能力。混凝土强度包括抗压、抗拉、抗剪、抗弯、抗折及握裹强度等（图 4.60）。其中应抗压强度最大，抗拉强度最小，故混凝土主要用于承受压力。

图 4.60　混凝土强度

（1）立方体抗压强度

以边长为 150 mm 的标准立方体试件，在温度为（20±2）℃，相对湿度为 95% 以上的潮湿条件下或者在 Ca（OH）$_2$ 饱和溶液中养护，经 28 d 龄期，采用标准试验方法测得的抗压极限强度，用 f_{cu} 表示。

标准试验方法是指《混凝土物理力学性能试验方法标准》（GB/T 50081—2019）。当采用非标准试件时，须乘以换算系数，见表 4.15。

表 4.15　换算系数表

试件种类	试件尺寸 /mm	粗骨料最大粒径 /mm	换算系数
标准试件	150×150×150	40	1.00
非标准试件	100×100×100	30	0.95
	200×200×200	60	1.05

（2）混凝土强度等级

①强度等级：按混凝土立方体抗压强度标准值划分的级别。以 "C" 和混凝土立方体抗压强度标准值（$f_{cu,k}$）表示，主要有 C15，C20，C25，C30，C35，C40，C45，C50，C55，C60，C65，C70，C75，C80，C100 十五个强度等级。

②标准值：立方体抗压强度标准值（$f_{cu,k}$），是立方体抗压强度总体分布中的一个值，强度低于该值的百分数不超过 5%。

③强度等级表示的含义如下：

"30" 代表 $f_{cu,k}$=30.0 MPa
"C" 代表混凝土

④强度的范围：某混凝土，其 $f_{cu,k}$ = 30.0 ~ 34.9 MPa；某混凝土，其 $f_{cu,k}$ ≥ 30.0 MPa 的保证率为 95%。

（3）提高混凝土抗压强度的措施

①采用高强度等级水泥；②采用单位用水量较小、水灰比较小的干硬性混凝土；③采用合理砂率，以及级配合格、强度较高、质量良好的碎石；④改进施工工艺，加强搅拌和振捣；⑤采用加速硬化措施，提高混凝土的早期强度；⑥在混凝土拌和时掺入减水剂或早强剂。

3）混凝土的耐久性

耐久性是指混凝土在实际使用条件下抵抗各种破坏因素的作用，长期保持强度和外观完整性的能力。包括混凝土的抗渗性、抗冻性、抗蚀性及抗碳化能力等。

（1）耐久性的主要内容

①抗渗性：混凝土的抗渗性是指混凝土抵抗压力水渗透的能力。混凝土的抗渗性用抗渗等级表示，是以 28 d 龄期的标准试件，按规定方法进行试验时所能承受的最大静水压力来确定。可分为 P4，P6，P8，P10，P12 和 >P12 六个等级，分别表示混凝土能抵抗 0.4，0.6，0.8，1.0，1.2 和 >1.2 MPa 的静水压力而不发生渗透。

②抗冻性：混凝土的抗冻性是指混凝土在饱和水状态下，能抵抗冻融循环作用而不发生破坏，强度也不显著降低的性质。抗冻程度用抗冻等级表示。抗冻等级是以 28 d 龄期的混凝土标准试件，

在饱和水状态下，强度损失不超过 25% 且质量损失不超过 5% 时，所能承受的最大冻融循环次数来表示，有 F50，F100，F150，F200，F300，F350，F400 和 >F400 八个等级。

③抗侵蚀性：混凝土的抗侵蚀性主要取决于水泥石的抗侵蚀性。合理选择水泥品种、提高混凝土制品的密实度均可提高抗侵蚀性。

（2）提高混凝土耐久性的措施

①严格控制水灰比；②混凝土所用材料的品质，应符合规范要求；③合理选择骨料级配；④掺用减水剂及引气剂：可减少混凝土用水量及水泥用量，改善混凝土孔隙构造，这是提高混凝土抗冻性及抗渗性的有力措施；⑤保证混凝土施工质量：在混凝土施工中，应做到搅拌透彻、浇筑均匀、振捣密实、加强养护，以保证混凝土耐久性。

4.6.3　混凝土的养护与质量控制

1）养护条件与龄期

混凝土的强度受养护条件及龄期的影响很大。在干燥的环境中，混凝土强度发展会随水分的逐渐蒸发而减慢或停止。

（1）养护条件

养护温度高时，硬化速度较快；养护温度低时，硬化比较缓慢。当温度低至 0 ℃ 以下时，混凝土停止硬化，且有冰冻破坏的危险。

因此，混凝土浇倒完毕后，必须加强保护，保持适当的温度和湿度，以保证硬化不断发展，强度不断增长。

常见的自然养护是将成型后的混凝土放在自然环境中，随气温变化，用覆盖或浇水等措施使混凝土保持潮湿状态的一种养护方法。当使用硅酸盐水泥、普通水泥和矿渣水泥时，浇水保湿不应少于 7 d；使用火山灰水泥或在施工中掺用缓凝剂时，应不少于 14 d。为了加速混凝土强度的发展，提高混凝土的早期强度，还可采用蒸汽养护和压蒸养护的方法来实现。

（2）龄期

龄期是指混凝土在正常养护条件下所经历的时间。

在正常的养护条件下，混凝土的抗压强度随龄期的增加而不断发展，在 7 ~ 14 d 内强度发展较快，以后逐渐减慢，28 d 后强度发展更慢。由于水泥水化的原因，混凝土的强度发展可持续数十年。

采用普通水泥拌制的、中等强度等级的混凝土，在标准养护条件下，其抗压强度与龄期的对数成正比。

2）质量控制

为了保证混凝土的质量，除必须选择适宜的原材料及确定恰当的配合比外，在施工过程中还必须对混凝土原材料、混凝土拌合物及硬化混凝土进行质量检查及质量控制。

（1）质量控制的原因

保证结构安全可靠地使用。

（2）质量控制的内容

①原材料的质量控制：水泥、砂、石要严格按技术要求标准进行检验。

②配合比设计的质量控制：生产前应检验配合比设计资料、试件强度试验报告、骨料含水率测试结果和施工配合比通知单。

③施工工艺的质量控制：运输、浇筑及间歇的全部时间，凝时间。运输过程中防止离析、泌水、流浆等。

（3）合格性的评定

①合格性评定的数理统计方法：以抗压强度进行评定。随机抽样进行强度试验，用抽样样本值进行数理统计计算，得出反映质量水平的统计指标来评定混凝土的质量及体格性。

②混凝土强度波动规律，如图 4.61 所示。

图 4.61　混凝土强度

4.6.4　装饰混凝土

混凝土作为墙体材料具有强度高、耐久性好等特点。同时它也是一种塑性成型材料，可塑性好，若配合比适当、工艺合理，利用不同模板，可做出光滑平整、色泽均匀、棱角分明、无破损和污染的表面。不需抹灰和贴面，直接采用现浇混凝土的自然表面效果作为饰面，便可达到质感自然、色彩雅致的建筑艺术效果（图 4.62）。

图 4.62　混凝土的艺术效果

装饰混凝土包括清水混凝土、彩色混凝土、露骨料混凝土等。其制作工艺简单合理，充分利用和体现了混凝土的内在素质与独特的建筑效果，显示了较好的墙体功能、耐久与装饰的相互统一。

1）清水混凝土

清水混凝土具有朴实无华、自然沉稳的外观韵味，与生俱来的厚重与清雅是一些现代建筑材料无法效仿和媲美的。由于混凝土的塑形能力极好，可以浇筑成任何形状，因此特别适合作为曲线造型的材料。设计师将混凝土表面重新处理，通过与其他材料及自身肌理的对照，来表现空间感和设计意图（图 4.63）。

图 4.63　不同肌理的混凝土表皮

　　除了在建筑工程中使用清水混凝土，许多设计师还将它用在富有创意的景观设计和装饰装修上，园林中可利用混凝土制造的景墙为绿化及小品提供一个纯净的背景（图 4.64），在灯光的映射下，还能获得变化莫测的光影效果；混凝土地面铺装（图 4.65）与天然石材相比更具有经济性，且经过加工处理的表面纹理能达到以假乱真的仿石材效果；景观中的混凝土家具（图 4.66）克服了室外家具易腐蚀、氧化的缺点，混凝土制成的桌、椅等造型独特、坚固耐用，受到现代景观设计师的青睐。

图 4.64　混凝土景墙

图 4.65 混凝土地面铺装

图 4.66 混凝土家具

2）竹模板清水混凝土

竹模板清水混凝土是一种以竹为模具的轻质混凝土墙板，选用特殊调制的混凝土原料与骨料，经浇筑成型、模具压制后制作而成。它由纤维钢筋混凝土与超轻复合材料核心构成，表面还会喷涂一层保护膜，以节省养护成本，如图 4.67 所示。

图 4.67 竹模清水混凝土

其具有清水混凝土的优点，并具独特的装饰性。可用于室内外墙面及立面造型，还可用于定制家具的面板、门板等（图4.68）。

在大模板上钉制一定规格的竹片，整个模板通过内外钢管脚手架形成稳定可靠的支撑体系，在清水混凝土浇筑完成拆模后，便形成凹凸有序的装饰效果。竹条模板也有多种形式，如有半边竹秆外部效果作为饰面的，也有内部效果作为饰面的，有粗的竹秆模板，也有细竹秆拼装模板，每一种竹条模板效果不同，呈现出的浇筑效果也千差万别。

竹模清水混凝土饰面安装较为方便。较好的方案是直排钉装和结构胶粘装，基层最好为平整的水泥板或者木板。建筑外墙宜采取干挂形式。

图4.68 竹模清水混凝土的应用

3）彩色混凝土

（1）着色原理

混凝土着色是使粗骨料、细骨料、水泥和着色颜料均匀地混合成一体，但粗细骨料并不能着色，而在一定条件下保持其固有颜色。混凝土的彩色效果主要是着色颜料颗粒和水泥浆的固有颜色混合的结果。当彩色混凝土被日光或灯光照射时，部分光线被彩色颗粒吸收，另一部分被反射，反射部分即显示出颜色。水泥浆中掺入的着色剂的种类和数量决定混凝土的最终颜色，但由于水泥水化产物凝胶体在一定程度上影响着混凝土的颜色。

（2）着色方法

在混凝土中掺入适量彩色外加剂、无机氧化物颜料和化学着色剂等着色料，或者干撒着色硬化剂，均是使混凝土着色的常用方法。

①彩色外加剂：彩色外加剂不同于其他混凝土着色料，它是以适当的组成、按比例配制而成的均匀混合物。它除使混凝土着色外，还能提高混凝土各龄期强度，改善拌合物的和易性，并对颜料和水泥具有扩散作用，使混凝土获得均匀的颜色。如将其与彩色水泥配合使用，效果更佳。

②无机氧化物颜料：直接在混凝土中加入无机氧化物颜料也可使混凝土着色。为保证着色均匀，混凝土搅拌时各组分的投料顺序应为：砂、颜料、粗骨料、水泥，最后加入水，并且在未加水之前应先进行干拌至基本均匀，加水后再充分搅拌。另外，如果在混凝土拌合物中使用了减水剂，必须预先确定它与颜料之间的相融性，因为减水剂中若含有氯化钙等对颜料分散性有影响的成分，将会导致混凝土饰面颜色不均匀。

③化学着色剂：化学着色剂是一种金属盐类水溶液，将它渗入混凝土并与之发生反应，在混凝土孔隙中生成难溶且抗磨性好的颜色沉淀物。着色剂中含有稀释的酸，能轻微腐蚀混凝土，从而使

着色剂能渗透较深、且色调更加均匀。化学着色剂的使用，应在混凝土养护至少1个月以后进行。施加前，应将混凝土表面的尘土、杂质清除干净，以免影响着色效果。化学着色剂通常可形成黑色、绿色、微红的褐色以及各种色调的黄褐色。

④干撒着色硬化剂：干撒着色硬化剂是一种表面着色方法。这种着色硬化剂是由细颜料、表面调节剂、分散剂等拌制而成，将其均匀地干撒在新浇混凝土地板、道路等水平状混凝土表面即可着色，且有促凝性。对工业或商业用楼地板、坡道以及装饰码头等要求具有高抗磨耗性和高防滑性能的地面，应采取在干撒剂中掺入适量金刚砂或金属骨料的做法。

（3）彩色混凝土的应用

出于经济上的考虑，整体着色的彩色混凝土应用较少。而在普通混凝土或硅酸盐混凝土基材表面加做彩色饰面层，制成面层着色的彩色混凝土路面砖，已有相当广泛的应用。不同颜色的水泥混凝土花砖按设计图案铺设，外形美观、色彩鲜艳，成本低廉、施工方便，用于园林、街心花园、庭院和人行便道可获得十分理想的装饰效果（图4.69）。

图4.69　彩色混凝土地面

4）露骨料混凝土

露骨料混凝土即外表面暴露集料的混凝土（图4.70）。它可以是外露混凝土自身的砂石，也可以是预铺一层水泥石碴或水泥粗石子。其基本做法是将未完全硬化的混凝土表面剔除水泥浆体，使表层集料有一定程度的显露，而不再外涂其他材料。它是依靠集料的色泽、粒形、排列、质感等来实现混凝土的装饰效果，达到自然与艺术结合的装饰效果。这也是水刷石、剁斧石、水磨石类方法的延续和演变。

图4.70　露骨料混凝土

　　露骨料的实施方法可在水泥硬化前与硬化后进行。按制作工艺分为水洗法、缓凝法、酸洗法、水磨法、喷砂法、抛丸法、斧剁法等。酸洗法因对混凝土有腐蚀破坏作用，一般很少使用。水磨法、斧剁法，则与水磨石、剁斧石的生产工艺相同。水洗法常用在预制构件中，可在板材浇灌后带模抬高一端，呈倾斜状，然后水洗正面除浆，并将集料面刷洗干净。

　　露骨料混凝土的饰面色彩与表层剥落的深浅和水泥、砂石的品种有关。当剥落浅、表面稍平时，水泥和细集料颜色起主要作用；而剥落深时粗集料的颜料、质感因素增大。有部分石材外露使饰面色泽稳定，接近自然又耐久，集料面上还不易"返白"。这些特性可带来坚实、丰富而又自然的装饰效果。露骨料混凝土常用于景观铺地（图4.71）。

图4.71　露骨料混凝土地面

5）普通混凝土表面塑形装饰

　　这是一种基层与装饰层使用相同材料、一次成型的加工方法，塑形装饰工效高，饰面牢固，造价低。它是靠成型、模制工艺手法，使混凝土外表面产生具有设计要求的线型、图案、凹凸层次等。塑形有反打和正打两种方法。

　　（1）预制平模反打工艺

　　板材等制品的正面向下来成型称为反打。它是成型板材等混凝土预制件平模生产的一种方法。反打塑形是采用凹凸的线型底模或模底铺加专用的衬模来进行浇灌成型的。起吊后板材正面呈现凹凸线型、纹理、浮雕花饰或粗糙面等立体效果。

　　衬模材料有硬木、玻璃钢、硬塑料、橡胶或钢材等。用聚丙烯塑料制作衬模效果较好，可使装饰面细腻，造型准确、逼真。用衬模塑花饰、线型，容易变换花样，易脱模，不粘饰面的边角。

　　反打成型的优点是凹凸程度可大可小，层次多，成型质量好，图案花纹丰富多彩，但模具成本较高。

　　（2）预制平模正打工艺

　　板正面向上来成型称为正打。正打塑形，可在混凝土表面水泥初凝前后用工具加工成各式图案和纹路的饰面。常用的方法是压印、挠刮等。通常采用的压印工艺是凸印与凹印两种。凸印是用镂花样板在刚成型的板面（也可在板上增铺一层水泥砂浆）上压印，或先铺镂空模具，之后填入水泥砂浆，抹平，抽取模具。板成凸起的图形，高一般不超过10 mm。凹印法是用5～10 mm的光圆钢筋焊成300～400 mm大小的图案模具，在板上10 mm厚的水泥砂浆上压印凹纹。

　　挠刮工艺是在刚成型的板材表面上用硬刷挠刮，形成一定走向的刷痕，产生毛糙质感。挠刮也可采用扫毛法、拉毛法处理表面。滚花工艺是在成型后的板面上抹10～15 mm的水泥砂浆面层，再用滚压工具滚出线型或花纹图案。

正打塑型的优点是模具简单、投资少，但板面花纹图案较少，效果也较反打塑形差。

无论是正打还是反打，水泥砂浆面层都要求砂粒粒径偏小为好。塑形板上墙后可喷涂料，但涂料品种与色泽应正确选择，先行试验，视效果而定。

6）装饰混凝土的应用现状

（1）国外应用概况

装饰混凝土在各发达国家发展十分迅速，其城市建设和房屋建筑广泛采用装饰混凝土及其制品。在城市建设方面，公共建筑的内外墙较多地采用了装饰混凝土。另外，街道人行路面、花园及公园也常用到装饰混凝土。

在城市景观中，装饰混凝土已成为重要材料，可制成彩色防滑路面、停车场、坡道、挡土墙、围栏、花盆等，既美观耐久，又经济实用（图4.72）。一些国家步行小道普遍铺设彩色混凝土地砖。

图4.72　装饰混凝土在景观中的应用

用装饰混凝土作为城市雕塑主体材料也很普遍。装饰混凝土制作的户外家具可用于公共场所、庭院等，既简单又耐用。美国一家装饰混凝土公司用多种产品布置成一个室外混凝土公园，造型独特，别具趣味（图4.73）。用丙烯纤维增强喷射混凝土制作人工湖壁和湖底，既美观耐久，又可以假乱真。公园的假山、池塘，甚至公共厕所也都可采用装饰混凝土浇筑而成。

图4.73　美国威斯康星州混凝土公园

在房屋建筑方面，除彩色地砖用于室内地面，特别是大量用于庭院、走廊处的地面外，装饰混凝土也用于外墙和屋面。建筑师在知名的设计中大量采用混凝土工艺，如日本国家大剧院、悉尼歌剧院、德国维特拉消防站等（图 4.74）。

图 4.74　悉尼歌剧院及德国维特拉消防站

勒·柯布西耶[1]的建筑风格在第二次世界大战以后表现为对自由的有机形式的探索和对材料的表现，他尤其喜欢使用脱模后不加修饰的清水钢筋混凝土，这种风格后被命名为新粗野主义。代表作品有马赛公寓、朗香教堂、昌迪加尔法院等，如图 4.75 所示。

图 4.75　柯布西耶的混凝土建筑

路易斯·康[2]对混凝土的要求是：贯穿整体的秩序感和通过完整墙面表现出来的美感。于 1972 年建成的金贝尔美术馆位于美国得克萨斯州沃斯堡的郊区，其展现了康对建筑材料的偏好，将混凝土柱和薄壳形拱顶结构裸露在外，与非承重墙的罗马华灰石及玻璃板形成的空间质感近同，肌理混合为一（图 4.76）。

---

[1] 勒·柯布西耶，20 世纪最重要的建筑师之一，现代建筑运动的激进分子和主将，被称为"现代建筑的旗手"。
[2] 路易斯·康，美国现代建筑师，发展了建筑设计中的哲学概念。他的作品开创了新的流派。

图 4.76 路易斯·康的混凝土建筑

安藤忠雄[1]以裸露的清水混凝土直墙为建筑语言要素，他的建筑有意识地关注传统，但给人的印象却并不是传统的，而是异常的现代，这在很大程度上归因于他喜欢用混凝土材料。安藤的建筑一般全部或局部采用清水混凝土墙面作为室内或室外墙面，这种墙面不加任何装饰。清水混凝土演奏着一曲光与影的旋律。他将混凝土运用到了高度精炼的层次，造就了"安氏混凝土美学"（图4.77）。

图 4.77 安藤忠雄的混凝土建筑

---

[1] 安藤忠雄，日本著名建筑师，开创了一套独特、崭新的建筑风格，成为当今最为活跃、最具影响力的世界建筑大师之一。

从柯布西耶到安藤忠雄，从现代主义到后现代主义再到当代主义，混凝土以建筑材料及装饰材料的身份完成了自身的进化和蜕变，如今以一种全新的形象走进了人们的生活。

（2）国内应用概况

我国装饰混凝土虽起步较晚，但近年来发展较快，现除水泥花阶砖、彩色连锁砖等地面材料已形成一定规模的生产使用外，墙体、屋面材料和其他混凝土建筑艺术品也已在开发应用中（图4.78）。室外彩色地面砖产品已用于城市街道、公园、广场等。

图 4.78　联想研发中心

装饰混凝土是经艺术和技术加工的混凝土饰面，它是同时进行构件制作与装饰处理的一种施工技术。它可简化施工工序，缩短施工周期，而其装饰效果和耐久性更为人们普遍称道。同时，装饰混凝土的原材料来源广、造价低廉，经济效果显著。因此，装饰混凝土有着广阔的发展前景。

4.6.5　半透明混凝土

半透明混凝土材料是玻璃纤维和优质混凝土的结合体，数千根玻璃纤维平行排列在混凝土构件中，能将光线从一侧引导到另一侧，形成半透明的效果。由于玻璃纤维的体积很小，因此能与混凝土很好地结合在一起，并提供其结构的稳定性。这种材料已不是玻璃和混凝土的简单混合，而是一种在内部和外表都是均匀结构的新型材料。由半透明混凝土建造数米厚的半透明墙体，能均匀透过日光和人工照明，人们在墙体较暗的一侧可以清楚地看到另一侧物体的轮廓，甚至连颜色都能看得出来。这种特殊的效果会彻底改变人们对混凝土墙体厚重沉闷的印象（图4.79）。

图 4.79　半透明混凝土

　　2010 年上海世博会的意大利国家馆名为"人之城"，在该建筑物的部分墙体中使用了半透明混凝土材料，产生出梦幻般的意境。阳光能够透过墙直接照射到房间里，以至于整个建筑的水泥墙面看上去就像巨型的玻璃窗。半透明混凝土材料上包含了无数大小为 2 ~ 3 mm 的微型孔，可以在不影响结构完整性的同时让光线穿过。从远处看，透明混凝土和普通混凝土一模一样，然而光线经过墙面的小孔进入室内，可以形成一面美丽的光墙（图 4.80）。

　　利用半透明混凝土材料能够穿透光线的特性制作成小品还可应用于园林景观之中（图 4.81）。

图 4.80　上海世博会意大利展馆半透明混凝土墙

图 4.81　半透明混凝土在景观中的应用

思考与练习

1. 简述石灰的性质及主要应用。

2. 水玻璃主要应用在哪些方面？

3. 简述水泥的分类及其生产方法。

4. 简述硅酸盐水泥的性能特点及应用。

5. 白水泥在应用时应注意哪些事项？

6. 简述彩色水泥的生产方法及应用。

7. 简述装饰砂浆的分类及饰面特性。

8. 塑胶地板的特性有哪些？

9. 混凝土有哪些优点和缺点？

10. 简述对混凝土进行质量控制的原因及控制的内容。

11. 简述装饰混凝土的分类及应用。

5 石材与石料

本章导读　岩石是古老的建筑、景观材料之一，人类自古以来就有用石材作为室内外装饰用材的历史，有许多的名胜古迹是用石材建造的，留存至今。本章内容从岩石的原始形态到石材的加工及应用，综述了天然石材及人工石材的组成、分类、主要性质及其工程工艺等，重点介绍园林景观中常用的石材类型。

石材

5.1　岩石的基本知识

岩石是由一种或两种以上矿物所组成的固结或不固结的集合体，其中一部分生物成因的岩石（如煤），在自然界大量存在，是构成地壳的一部分（图5.1）。

5.1.1　岩石的形成及分类

岩石由造岩矿物组成，各种造岩矿物在不同的地质条件下，形成不同类型的岩石，通常可分为三大类，即火成岩、沉积岩和变质岩（图5.2）。

图 5.1　岩石

（a）火成岩

（b）沉积岩

（c）变质岩

图 5.2　岩石的种类

1）火成岩

火成岩又称岩浆岩，因地壳变动，熔融的岩浆由地壳内部上升后冷却而形成不同形状的岩石，如微结晶体的玄武岩和粗结晶体的花岗岩。火成岩是组成地壳的主要岩石，占地壳总质量的89%。

2）沉积岩

沉积岩又称水成岩，是由原生的母岩风化后，经过风吹搬迁、流水冲移而沉积，以及再造岩等作用，在离地表不太深处形成的岩石。它分为机械沉积岩、化学沉积岩、生物沉积岩，其中生物沉积岩是由海水或淡水中的生物残骸沉积而成。沉积岩虽仅占地壳总质量的5%，但在地球上分布极广，约占地壳表面积的75%，且在距地表不深处，所以较易开采。

3）变质岩

变质岩是由于地球内力的高温高压造成岩石中的化学成分改变或重结晶形成的。变质岩分为正变质岩和副变质岩两大类。正变质岩是火成岩经变质作用形成的，副变质岩是沉积岩经变质作用形成的。

5.1.2　景观中石材的组成、结构、性质及分类

石材应用于园林景观中，也会承受各种外界作用，同时，各种人为因素也会对其造成磨损和消耗。设计阶段要充分考虑外部环境的影响因素，并全面了解石材的性质，从而达到美观、实用和可持续的景观效果。

1）石材的组成

天然石材是由天然岩石开采加工而成，因此不同岩石的组成决定了相应石材的性质。岩石组成分矿物组成和化学组成两部分。

岩石的矿物组成非常丰富，同时又与岩石的分类之间有一定的规律。矿物是具有一定化学成分和结构特征的单质或化合物，矿物组成是决定石材化学性质、物理性质和力学性质等的重要因素。

石材的化学组成是指其所含矿物的化学成分，以化学公式表示可分为自然元素（如 Si，C 等）、碳酸盐（如 $CaCO_3$，$MgCO_3$ 等）、硫酸盐（如 $Al_2(SO_4)_3$，$FeSO_4$，$CaSO_4$ 等）、硅酸盐（如 Na_2SiO_3，$CaSiO_2$ 等）、磷酸盐（如 Na_3PO_4，$Ca_3(PO_4)_2$ 等）、碳化物（如 Na_2C_2，FeC 等）、卤化物（如 $FeCl_3$，$NaCl$ 等）、氧化物（如 CaO，SiO_2，FeO，MgO 等）和氢氧化物（如 $NaOH$，$Ca(OH)_2$ 等）。

2）石材的结构

石材的结构决定着石材的性质。一般从微观结构、亚微观结构、宏观结构三个层次来研究材料的结构与性质之间的关系。对于园林景观中的石材，其亚微观结构和宏观结构与其性质之间的关系较密切。

亚微观结构是指由光学显微镜所看到的微米级的组织结构（图5.3）。该结构主要研究石材内部的晶粒、颗粒等的大小和形态、晶界和界面、孔隙与微裂纹的大小、形状及分布。显微镜下的晶体材料是由大量大小不等的晶粒组成的，而不是一个晶粒，因而属于多晶体。多晶体材料

图5.3　显微镜下的石材组织结构

具有各向同性。

石材的亚微观结构对石材的强度、耐久性等有很大的影响。石材的亚微观结构相对较易改变。一般而言，石材内部的晶粒越细小、分布越均匀，则石材的受力状态越均匀、强度越高、脆性越小、耐久性越高；晶粒或不同石材组成之间的界面黏结越好，则石材的强度和耐久性等越好。

宏观结构是指用肉眼或放大镜可见，即可分辨的毫米级以上的组织。该结构主要研究石材中的大孔隙、裂纹、不同石材的组成与复合方式、各组成材料的分布等。如岩石的层理与斑纹等。石材的宏观结构是影响石材性质的重要因素，石材的宏观结构较易改变。

石材的宏观结构不同，即使组成与微观结构等相同，性质与用途也不同。如沙砾岩与变质石英岩其微观结构都是石英晶体，但沙砾岩是一种多孔的沉积岩，而石英岩是经受热变质后形成的一种结晶、无空隙岩石（图5.4和图5.5），两者在物理性质上有很大区别，石英岩硬度远大于沙砾岩。反之，石材的宏观结构相同或相似，则即使石材的组成或微观结构等不同，石材也具有某些相同或相似的性质与用途，如各种沉积岩等。

图5.4　沙砾岩的宏观结构与微观结构

图5.5　变质石英岩的宏观结构与微观结构

5.1.3　石材的力学性能与物理性质

1）石材的强度

石材在外力或者应力作用下，抵抗破坏的能力称为石材的强度，并以石材在破坏时的最大应力值来表示。

石材的破坏实际上是石材内部质点化学键的断裂，石材的强度决定于各质点间的结合力，即化学键力。对无缺陷的理想化固体材料（包括不含晶格缺陷），其理论强度，即石材所能承受的最大应力，是克服石材内部质点间结合力形成两个新的表面所需的力。实际石材内部常含有大量的缺陷，如晶格缺陷、孔隙、微裂纹等（图5.6）。石材受力时，在缺陷处形成应力集中，导致强度降低。

（a）晶格缺陷造成的色心　　　　　（b）孔隙　　　　　　（c）大理石微裂纹

图5.6　石材常见缺陷

石材的实际强度，常采用破坏性试验来测定，根据受力形式分为抗压强度、抗拉强度、抗折强度、抗剪强度等。石材的强度除与石材的内部因素有关外，还与外部因素有关，即与石材的测试条件也有很大的关系。如当加荷速度较快时，由于变形速度往往落后于荷载的增长，故测得的强度值偏高。

2）石材的硬度与耐磨性

硬度是指岩石抵抗较硬物体压入或刻画的能力。石材硬度用刻画法（又称莫氏硬度）测定，并划分为十级，由小到大依次为：滑石1、石膏2、方解石3、萤石4、磷灰石5、正长石6、石英7、黄玉8、刚玉9、金刚石10，见表5.1。

表5.1 常见石材硬度表

硬度等级	矿物名称	化学结构式	相对硬度	
			相对于滑石	相邻矿物间
1	滑石	$Mg（Si_4O_{10}）（OH）_2$	1	15
2	石膏	$CaSO_4 \cdot 2H_2O$	15	4.40
3	方解石	$CaCO_3$	66	1.45
4	萤石	CaF_2	95.7	2.08
5	磷灰石	$Ca_3（PO_4）_3（F \cdot Cl \cdot OH）$	199	1.47
6	正长石	$K（AlSiO_3）$	292.6	1.44
7	石英	SiO_2	421.4	1.45
8	黄玉	$Al（SiO_3）（F \cdot OH）$	611	1.48
9	刚玉	Al_2O_3	904	4.33
10	金刚石	C	3 915	—

耐磨性是石材表面抵抗磨损的能力，以磨损前后单位表面的质量损失表示，即磨损率。石材的硬度越大，则石材的耐磨性越高。在园林景观中，地面、路面、楼梯踏步及其他有较强磨损作用的部位，须选用具有较高硬度和耐磨性的石材，如青石、花岗石等硬度较大、较耐磨的石材品种。

3）石材的吸水性与吸水率

吸水性是石材在水中吸收水分的性质，用质量吸水率或体积吸水率来表示。两者分别是指石材在吸水饱和状态下，所吸收水的质量占石材绝对干燥状态下质量的百分比，或所吸水的体积占材料自然状态下体积的百分比。吸水率主要与石材的孔隙率有关，特别是开口孔隙率有关，并与材料的亲水性和憎水性有关。石材的孔隙率越大，体积密度就越小，特别是开口孔隙率大的亲水性石材具有较大的吸水率。石材的吸水率可直接或间接反映石材内部结构及其性质，即可根据材料吸水率的大小对材料的孔隙率、孔隙状态及材料的性质做出粗略的评价。

吸水率越小，石材越紧密坚硬；吸水率越大，则其工程性质就越差。吸水率低于1.5%为低吸水性岩石；吸水率高于3.0%为高吸水性岩石；吸水率介于1.5%～3.0%为中吸水性岩石。例如，坚硬的火成岩其吸水率往往不超过1%，一些密实的沉积岩为3%左右，一些疏松的沉积岩则常达8%或以上。园林景观中常见石材的质量吸水率如下：花岗石0.07%～0.30%，大理石0.06%～0.45%，石英石0.10%～2.00%。火成岩的吸水率可以说是非常低的，水尚可由石材中毛细管从侵入面传到另一面。通常可看到石材表面不均匀的濡湿[1]现象，就是此种毛细管作用的结果。

---

[1] 濡湿——指使湿，用水或其他液体浸透或弄湿。

在园林景观中，砂岩是常见的装饰材料。但其表面具有多孔性，被雨淋后其含水率增大，在阴凉环境下容易滋生霉菌和青苔（图5.7），难以清除并留下污点。为了防止霉菌和青苔生长，通常采用草酸清洗，即用草酸稀释溶液在砂岩表面刷洗，再用清水清洗附着在砂岩表面的草酸溶液。然而这种处理效果不太令人满意，随着时间的推移，砂岩表面仍会重生霉菌和青苔。

图5.7　石材受潮产生霉菌和青苔

砂岩防护技术能更多解决以上问题。其技术要点是在含水率15%以下（最好是5%以下）的砂岩表面浸渍具有梯形结构的改性聚硅氧烷树脂防护剂进行固化，对霉菌和青苔形成防护层。在砂岩表面含水率超过15%时防护剂的浸透性降低，达不到防护功能。改性聚硅氧烷树脂所用浓度为低浓度，一般为3%~6%，在这种浓度下使用，防护表面干燥后，砂岩表面不会变色，仍保持原外观。

4）石材的吸湿性

吸湿性是石材在空气中吸收水蒸气的性质。石材吸湿或干燥至与空气湿度相平衡时的含水率称为平衡含水率。石材在正常使用状态下，均处于平衡含水状态。石材的吸湿性主要与它的组成、空隙含量，特别是毛细孔的含量有关。石材吸水或吸湿后，可削弱其内部质点间的结合力或吸引力，引起强度下降，同时也使体积密度和导热性增加，几何尺寸略有增加，而保温性、吸声性下降，并使其更易受到冻害、腐蚀等有害影响。

5）石材的耐水性

石材长期在水的作用下，保持其原有性质的能力称为石材的耐水性。对于结构石材，耐水性主要看强度的变化；对于装饰石材还要看颜色的变化等。

石材的耐水性用软化系数 K 表示。按 K 值的大小，石材的耐水性可分为高、中、低三个等级。$K > 0.90$ 的石材为高耐水性石材；$K=0.70 ~ 0.90$ 的石材为中耐水性石材；$K=0.60 ~ 0.70$ 的石材为低耐水性石材。一般 $K < 0.80$ 的石材不允许用在重要建筑中。

石材的耐水性主要与其组成在水中的溶解度和石材的孔隙率有关。溶解度很小或不溶的石材，则软化系数一般较大。若石材所含矿物质可溶于水，且含有较大的孔隙率，则软化系数较小或很小。如石英石强度高、硬度大、耐水性好；长石的强度、硬度及耐水性均较低；角闪石、辉石、橄榄石等暗色矿物与长石相比，强度高、冲击韧性好、耐水性较高。常见石材的抗压强度及软化系数见表5.2。

6）石材的抗渗性

抗渗性是指石材抵抗压力水或其他液体渗透的性质。渗透系数越大，石材的抗渗性越差。石材的抗渗性与石材内部的孔隙率，特别是开口孔隙率有关，并与石材的亲水性和憎水性有关。开口孔隙率越大，大孔含量越多，则抗渗性越差。

石材的抗渗性与石材的耐久性（抗冻性、耐腐蚀性等）有着非常密切的关系。一般而言，石材的抗渗性越高，水及各种腐蚀性液体或气体越不容易进入石材内部，则石材的耐久性越高。

表 5.2　常见石材的抗压强度及软化系数

岩石名称			风化程度	极限抗压强度 / (kg·cm^{-2})		软化系数
				干燥 R_g	饱和 R_c	
坚硬岩石	岩浆岩	中细粒花岗岩	新鲜	1 500 ~ 2 100	1 100 ~ 1 900	0.69 ~ 0.87
		花岗岩长岩		1 350 ~ 1 800	1200	0.66 ~ 0.80
		辉绿岩		1 170 ~ 1 455	950 ~ 600	0.50 ~ 0.65
		流纹斑岩		600 ~ 2 900	1 800 ~ 2 500	0.75 ~ 0.95
		玄武岩		1 500 ~ 2 000	1 250 ~ 1 900	0.80 ~ 0.95
	火山碎屑岩	凝灰岩		1 600 ~ 3 800	1 500 ~ 1 700	0.86
		火山角砾岩		800 ~ 2 200	600 ~ 2 100	0.57 ~ 0.90
	沉积岩	沙砾岩		935 ~ 2 000	800 ~ 1 500	0.65 ~ 0.97
		石英砂岩		900 ~ 2 000	800 ~ 1 500	0.5 ~ 0.97
		石灰岩		700 ~ 1 600	600 ~ 1 290	0.70 ~ 0.90
		白云质灰岩		600 ~ 1 300	550 ~ 900	0.58 ~ 0.92
	变质岩	片麻岩		800 ~ 1 800	700 ~ 1 800	0.75 ~ 0.97
		石英片岩		750 ~ 2 200	700 ~ 1 600	0.70 ~ 0.93
		硅质板岩		800 ~ 2 000	600 ~ 1 500	0.75 ~ 0.79
		石英岩		1 500 ~ 2 400	1 400 ~ 2 300	0.94 ~ 0.96
半坚硬岩石	岩浆岩	细粒花岗岩	半风化	250 ~ 400	120 ~ 250	0.48 ~ 0.62
		辉绿岩	强风化	300 ~ 800	46 ~ 318	0.16 ~ 0.40
	火山碎屑岩	凝灰岩	半风化	617	325	0.52
		凝灰质熔岩		688	319	0.46
	沉积岩	泥质钙质熔岩		300 ~ 800	50 ~ 450	0.21 ~ 0.75
		黏土岩		200 ~ 450	100 ~ 300	0.40 ~ 0.66
		砂质、炭质页岩		500 ~ 600	130 ~ 400	0.24 ~ 0.55
		泥质灰岩		134 ~ 1 000	78 ~ 524	0.44 ~ 0.54
	变质岩	云母片岩及绿泥石片岩		600 ~ 1 300	300 ~ 700	0.53 ~ 0.63
		泥质板岩		600 ~ 1 400	200 ~ 700	0.39 ~ 0.52
		千枚岩		300 ~ 600	160 ~ 400	0.67 ~ 0.93

7）石材的抗冻性

抗冻性是石材抵抗冻融循环作用，保持其原有性质的能力。对结构石材主要指保持强度的能力。石材的抗冻性用冻融循环次数来表示，即石材在水饱和状态下能经受规定条件下数次冻融循环，而强度降低值不超过 25%，质量损失不超过 5% 时，则认为抗冻性合格。石材的抗冻性与其矿物组成、晶粒大小及分布均匀性、胶结物的胶结性等有关。石材在冻融循环作用下产生破坏，是由于其内部毛细空隙及大孔隙中的水结冰时体积膨胀造成的。膨胀对石材孔壁产生巨大的压力，由此产生的拉应力超过石材的抗拉强度极限时，石材内部产生微裂纹，强度下降。此外在冻结和融化过程中，石材内外的温差所引起的温度应力也会导致微裂纹的产生或加速微裂纹的扩展。如零下 20 ℃时发生冻结，孔隙内水分膨胀比原有体积大 1/10，岩石若不能抵抗此种膨胀所发生之力，便会出现破坏现象。一般若吸水率小于 0.5%，就不考虑其抗冻性能。

影响石材抗冻性的主要因素有石材的孔隙率、开口孔隙率、孔隙的充水程度和石材本身的强度。为提高石材的抗冻性，在生产石材时常有意引入部分封闭的孔隙。石材强度越高，抵抗冻害的能力越强，即抗冻性越高。石材抗冻性与吸水性有密切的关系，吸水率大的石材其抗冻性也差。石材的其他耐久性指标往往与材料抗冻性的好坏有很大的关系，一般石材的抗冻性越高，则材料的其他耐久性也越高。

5.1.4　石材的物理性质与装饰性质

1）物理性质

（1）耐火性

石材的耐火性是由其构成矿物质和岩石的结构决定的，主要体现在矿物质的热膨胀率、热膨胀方向等热性质上。花岗石表面加工恰恰利用这一性质，采用高温火焰使石材表层脱落的加工方法。

（2）耐久性

石材的耐久性是一项综合性质，一般包括抗渗性、抗冻性、耐腐蚀性、抗老化性、抗碳化性、耐热性、耐溶蚀性、耐磨性、耐光性等。

石材的组成、性质和用途不同，对耐久性的要求也不同。如结构石材主要要求强度的保持，而装饰石材则主要要求颜色、光泽等不发生显著的变化。

2）石材的装饰性质

石材装饰性能的优劣主要由石材的颜色、光泽、花纹图案、形状、尺寸、质感几个方面来决定。影响美观的氧化杂质、色斑、色线及包裹体、锈斑、空洞与坑窝等都会影响石材的装饰价值。

颜色是石材对光的反射效果。光泽是石材表面方向性反射光线的性质。不同的光泽度，可改变石材表面的明暗程度。

在生产加工时，可利用不同的工艺将石材的表面做成各种不同的表面组织，如粗糙、平整、光滑、镜面、凹凸、麻点等，或将石材的表面制作成各种花纹图案，如图5.8所示。

| （a）粗糙 | （b）平整 | （c）镜面 |
| （d）凹凸 | （e）麻点 | （f）雕花 |

图5.8　石材加工工艺

石材的形状和尺寸对装饰效果也有很大的影响。改变装饰石材的形状和尺寸，并配合花纹、颜色、光泽等可拼出各种线型和图案，从而获得不同的装饰效果，最大限度地发挥材料的装饰性。

质感是材料的表面组织结构、花纹图案、颜色、光泽等给人的一种综合感觉。不同加工效果可使相同材质的石材可以有不同的质感，如镜面花岗石板材与斧剁石（图5.9）。相同的表面处理形式往往具有相同或类似的质感，但有时并不完全相同，如人造花岗石与天然花岗石相比会略显单调呆板。

（a）镜面枫叶红　　　　　　　　　　（b）斧剁枫叶红

图 5.9　相同材质的不同加工效果

5.1.5　景观常用石材的分类

由于各个行业关注的重点不同，目前存在多种石材的分类方式，有以石材的矿产品种类型分类的，也有以岩石类型、成因分类的，还有以石材的商品类型、使用用途及特征等分类的。当然，石材的分类不是单级的而是多级的。

按照园林行业的使用情况，可将石材分为天然石材和人工石材。除了对传统"天然三石"即花岗石、大理石和板石的大量使用外，砂岩、砾石、卵石、米石等天然碎石也普遍运用于园林景观中。随着科技的发展，人造石材不断创新，各种人造石材不仅运用于建筑物的结构及外墙装饰，也运用于园林景观中的景墙、地面、花池、小品等。

5.2　园林工程中常用天然石材

5.2.1　天然饰面石材术语

1）一般术语

①建筑石材：具有一定物理、化学性能，可用作建筑材料的石材。

②装饰石材：即建筑装饰石材，指具有可锯切、抛光等加工性能，在建筑物上作为饰面材料的石材，包括天然石材和人造石材两大类。

③品种：按颜色、花纹等特征及产地对饰面石材所做的分类。

④饰面石材：可加工成建筑物内外墙面、地面、柱面、台面等的石材。从取材上分为人造饰面石材和天然饰面石材。

⑤饰面板材：用饰面石材加工成的板材，用作建筑物的内外墙面、地面、柱面、台面等。

⑥大理石：以大理岩为代表的一类装饰石材，包括碳酸盐岩和与其有关的变质岩，主要成分为碳酸盐矿物，一般质地较软。

⑦花岗石：以花岗岩为代表的一类装饰石材，包括各类岩浆岩和花岗质的变质岩，一般质地较硬。

2）产品术语

①毛料：由矿山直接分离下来，形状不规则的石料（图5.10）。

②荒料：由毛料经加工而成，具有一定规格，用以加工饰面板材的石料（图5.11）。

图5.10　毛料　　　　　　　　　　　　　　图5.11　荒料

③料石：用毛料加工成的具有一定规格，用来砌筑建筑物的石料（图5.12）。

④规格料：符合标准规格的荒料。

⑤协议料：由供需双方议定规格的荒料。

⑥毛板：由荒料锯解成的板材（图5.13）。

⑦粗面装饰板材（粗面板）：表面平整粗糙，具有较规则加工条纹的板材（图5.14）。

图5.12　料石　　　　　　　图5.13　毛板　　　　　　　图5.14　粗面板

⑧斧剁板材：用斧头加工成的粗面饰面板（图5.15）。

⑨锤击板材：用花锤加工成的粗面饰面板（图5.16）。

⑩烧毛板：用火焰法加工成的粗面饰面板（图5.17）。

图5.15　斧剁板材　　　　　图5.16　锤击板材　　　　　图5.17　烧毛板

⑪机刨板材：机刨法加工成的粗面饰面板（图5.18）。

⑫细面板材（磨光板）：表面平整光滑的板材（图5.19）。

⑬镜面板材（抛光板）：表面平整，具有镜面光泽的板材（图5.20）。

图 5.18　机刨板材　　　　图 5.19　磨光板　　　　图 5.20　抛光板

⑭薄板：厚度小于等于 15 mm 的板材。

⑮厚板：厚度大于 15 mm 的板材。

⑯普通板：正方形或长方形的板材。

⑰异型板：非正方形或长方形的板材。

⑱协议板：由供需双方议定的板材（图 5.21）。

图 5.21　协议板

5.2.2　景观赏石

1）按欣赏的角度分类

景观赏石按欣赏角度可分为造型石（又称形象石）、图纹石和抽象石。

造型石侧重石的外部造型，又可分为人物石、动物石、自然景观石、植物石、器物石等。造型石的石种主要有太湖石、灵璧石等，如云南石林阿诗玛化身石、承德蛤蟆石、桂林象鼻山、河北棒槌峰等（图 5.22），都以其特殊的造型而闻名。

（a）云南石林阿诗玛化身石　　　　（b）承德蛤蟆石

（c）桂林象鼻山　　　　（d）河北棒槌峰

图 5.22　造型石

图纹石侧重石的画面图案，又可分为人物石、动物石、器物石、山水风景石、色彩石、文字石等（图 5.23）。

抽象石变化大，形体既张扬又洒脱，内涵极其丰富。它不具象，但总体形状又离不开某些物体的共性；其夸张和异样的外形，既让人惊奇又让人百思不得其解。如北京颐和园乐寿堂前的青芝岫[1]以其特殊的造型和传说故事而闻名（图 5.24）。

图 5.23　图纹石　　　　　　　　　　　　　图 5.24　北京颐和园乐寿堂前的青芝岫

2）按历史的角度分类

按历史角度景观赏石可分为传统赏石和现代赏石。

（1）传统赏石

传统赏石的特点：瘦、透、漏、皱、丑。

太湖石，又名窟窿石，是一种石灰岩，有水、旱两种。形状各异、姿态万千、通灵剔透的太湖石，其色泽最能体现"瘦、透、漏、皱"之美，其色泽以白石为多，少有青黑石、黄石，特别适宜布置于公园、庭院等，有很高的观赏价值。例如，苏州留园的冠云峰、苏州市第十中学的瑞云峰、上海豫园的玉玲珑、杭州江南名石苑中的绉云峰并称为江南四大奇石（图 5.25）。

（a）冠云峰　　　　　（b）瑞云峰　　　　　（c）玉玲珑　　　　　（d）绉云锋

图 5.25　江南四大奇石

（2）现代赏石

现代赏石的特点：形、质、纹、色、韵。

现代赏石文化，既传承了古代赏石文化的精神，又凸显了当代人的价值观，在文化层面上表现为大众文化的性质。例如，苏州博物馆中的山水景观，采用现代简洁形式，营造苏州园林古典韵味（图

5.26）；青海原子城纪念园前广场，用散置景石抽象还原原子弹爆炸后的场景（图5.27）；北京奥林匹克森林公园采用造型简洁的景石作为题字铭牌（图5.28）；特色景区将景石与文化符号结合，突出景区特色（图5.29）。

图5.26　苏州博物馆

图5.27　原子城纪念园前广场

图5.28　奥林匹克森林公园题字景石

图5.29　特色景区中的景石

3）按产出的地理位置分类

景观赏石按产出的地理位置可分为江河溪湖石、海滩海底石、山石、洞穴石和大漠戈壁石等。

园林中常用于假山置石为主的石材种类有黄石、石笋、英石、太湖石、黄蜡石、宣石、灵璧石、房山石等（图5.30）。

（a）黄石

（b）石笋

（c）英石

（d）太湖石

（e）黄蜡石

（f）宣石

（g）灵壁石

（h）房山石

图 5.30 景观常用假山石

5.2.3 天然板材

1）花岗石

花岗石属火成岩，是其类别中分布最广的一种岩石，由长石、石英和云母组成，岩质坚硬密实。其成分以二氧化硅为主，占 65% ~ 75%。花岗石石材是没有彩色条纹的，大多数只有彩色斑点，有的还是纯色。其中矿物颗粒越细越好，说明结构越紧密结实。

花岗石

（1）性能

花岗石的性能见表 5.3。

表 5.3　花岗石的性能

名称	主要质量指标		主要用途
	项　目	指　标	
花岗石	表观密度 / (kg · m⁻³)	2 500 ～ 2 700	基础、桥墩、堤坝、拱石、阶石、地面和墙面装饰、基座、勒脚、窗台、装饰小品等
	强度 /MPa　抗压	120 ～ 250	
	强度 /MPa　抗折	8.5 ～ 15.0	
	强度 /MPa　抗剪	13 ～ 19	
	吸水率	< 1	
	膨胀系数（10⁻⁶/℃）	5.6 ～ 7.34	
	平均韧性 /cm	8	
	平均质量磨耗率 /%	11	
	耐用年限 / 年	75 ～ 200	

（2）硬度

花岗石的主要造岩矿物是石英、正长石、斜长石，它们的莫氏硬度[1]为 6.5 ～ 7.0。其可加工性在很大程度上取决于石英和长石的含量，含量越高，硬度越大，越难加工。

（3）颜色与特性

花岗石的颜色丰富多变，有红色、白色、灰色、黑色、绿色、蓝色等多种色调。石材的颜色是由组成岩石的矿物颜色决定的。岩石学上，根据矿物颜色的深浅，把这些矿物分为两类：一类是浅色矿物，如石英、长石等；另一类是深色矿物，如辉石、角闪石、橄榄石、黑云母等。常见花岗石花色品种见表 5.4。

表 5.4　常见的花岗石花色品种分类表

名　称	色系	材料名称	材料特性
花岗石	白色系	芝麻白、皇室白、贵妃白麻、海沧白	颜色亮白，硬度大
	灰色系	芝麻灰、文登灰、济南青	硬度中等，易于加工，成材率高
	黑色系	芝麻黑、中国黑、水晶黑、黑金沙、蒙古黑	硬度中等，装饰性好
	红色系	中国红、西域红、三合红、桂林红、江西红、雅安红、安溪红、枫叶红、福寿红、龙须红	颜色鲜艳，装饰性好，硬度大
	黄色系	锈石黄、莆田锈、金黄麻、加州金麻、黄金石	中等硬度，易于加工
	绿色系	森林绿、山东泰安绿；江西上高的豆绿、浅绿；安徽宿县的青底绿花；河南的淅川绿	分布较少，产量低，颜色独特

花岗石中主要化学成分是二氧化硅，浅色花岗石中矿物成分含有石英，呈现无色或白色；含有钾长石的呈红色或粉红色；含钾钠或钙钠的斜长石呈粉红色；灰白色、灰色、深色花岗石中矿物成分含有角闪石、辉石，呈黑绿色及黑色；含有钙长石的呈暗灰色及灰黑色；含有橄榄石的呈黑色及黑绿色；含有蛇纹石的呈暗绿色及果绿色（表 5.5 和表 5.6）。

---

[1] 莫氏硬度——又名莫斯硬度，表示矿物硬度的一种标准。由德国矿物学家腓特烈·摩斯首先提出。应用划痕法将棱锥形金刚钻针刻划所试矿物的表面而发生划痕，习惯上矿物学或宝石学都用莫氏硬度。

表 5.5　与花岗石颜色有关的矿物分类表

色　系	矿　物		颜　色	耐磨性	示意图
浅色矿物	石　英		无色或乳白色，也有其他颜色	花岗石中石英含量高，花岗石耐磨率低；石英含量低，花岗石耐磨率高	
	长石类	钾长石	肉红色	长石含量高，花岗石的耐磨率也高；特别是花岗石中石英含量低，长石含量高，其花岗石耐磨率高	
		斜长石	白色、灰白色		
深色矿物	辉　石		绿黑色为主	这些矿物莫氏硬度为 5～6，硬度低或较低，与以石英长石为主要矿物的花岗石类比较，这类花岗石的耐磨率都高，即都不耐磨	
	角闪石		绿黑色为主		
	橄榄石		橄榄绿色		
	黑云母		黑色、深褐色，有时带浅红、浅绿或其他色调	云母的存在，对花岗石耐磨率也有影响，特别是云母含量比较高时，它可使花岗石耐磨率增高	

表 5.6　常见花岗石品种

品　种	示意图	品　种	示意图	品　种	示意图
莱州红		芝麻白		锈石黄	
惠东红		大花白		虎皮黄	

续表

品　种	示意图	品　种	示意图	品　种	示意图
樱花红		芝麻灰		蓝钻	
康保红		芝麻黑		宝石绿	
石榴红		英国棕		燕山绿	
粉红花		黑金沙		孔雀绿	

（4）装饰性

花岗石不仅在色彩与花纹上变化较多，而且在质感方面有着较灵活的表现。其经磨光处理后光亮如镜，质感强，有华丽高贵的装饰效果；而细琢板材有古朴、坚实的装饰风格。由于花岗石硬度高、耐磨，不易风化变质，多用于柱面和外墙装饰（图 5.31），也用于景观墙面、台阶、园路、广场等多受外力作用的地方（图 5.32）。

图 5.31　花岗石在建筑装饰中的应用

图 5.32　花岗石在景观工程中的应用

2）大理石

　　大理石是地壳中的原有岩石经过地壳内高温高压作用形成的变质岩，大理石主要由方解石、石灰石、蛇纹石和白云石组成。大理石矿物成分简单，易加工，多数质地细腻，镜面效果较好。其缺点是质地较花岗石软，被硬、重物体撞击时易受损。

大理石

　　（1）性能

　　大理石的性能见表5.7。

　　（2）硬度

　　大理石的成分以碳酸钙为主，约占50%以上，莫氏硬度一般为3～4。相对于花岗石而言，大理石一般质地比较软，故更多地运用于室内装饰，室外用于受外力作用较小的位置，如雕塑小品、装饰栏杆等。

　　（3）颜色与特性

　　大理石中的主要化学成分是碳酸盐类，矿物是方解石及白云石。较为单纯的大理石应为白色或灰白色，但因容易受到其他颜色的混染，从而出现不同的颜色系列，主要有白色、黑色、红色、绿色、黄色、灰色及其他具有线状纹路的花色，见表 5.8 和表 5.9。

表 5.7　大理石的性能

名　称	主要质量指标			主要用途
	项　目		指　标	
大理石	表观密度 /（kg·m^{-3}）		2 500 ~ 2 700	室内可用于踏步、地面、墙面、柱面、柜台等，室外常用于栏杆、景墙等
	强度 /MPa	抗压	47 ~ 140	
		抗折	2.5 ~ 16.0	
		抗剪	8 ~ 12	
	吸水率		< 1	
	膨胀系数（10^{-6}/℃）		6.5 ~ 11.2	
	平均韧性 /cm		10	

表 5.8　大理石色彩与特性

种　类	色系	材料名称	材料特性
大理石	纯白	北京房山汉白玉；安徽怀宁和贵池的白大理石；河北曲阳和涞源的白大理石；四川宝兴的蜀白玉；江苏赣榆的白大理石；云南大理苍山的白大理石；山东平度和掖县的雪花白	颜色绚丽，纹理多姿；纯的大理石为白色（我国称为汉白玉）。硬度中等，耐磨性、耐久性次于花岗岩，耐酸性差，容易打磨抛光。天然大理石板材为高级饰面材料，多用于纪念性建筑、大型公共建筑的室内墙面、柱面、地面、楼梯踏步等，少量用于室外广场、园路等
	灰色	浙江杭州的杭灰；云南大理石的云灰	
	纯黑	湖南邵阳的黑大理石；山东苍山的墨玉；河南安阳的墨豫黑	
	红色	安徽灵璧的红皖螺；四川南江的南江红；河北涞水的涞水红和阜平的阜平红；辽宁铁岭的东北红	
	黄色	河南淅川的松香黄、松香玉和米黄	
	绿色	辽宁丹东的丹东绿；山东莱阳的莱阳绿和栖霞的海浪玉；安徽怀宁的碧波	
	彩色	云南的春花、秋花、水墨花；浙江衢州的雪夜梅花	

表 5.9　常见大理石品种

品　种	示意图	品　种	示意图	品　种	示意图
白洞石		浅啡网		紫木纹	
白水晶		紫檀木		黑白根	
大白花		金线米黄		荷叶绿	

品 种	示意图	品 种	示意图	品 种	示意图
汉白玉		金木纹		丹东绿	
透光石		黑金花		珊瑚红	

（4）装饰性

大理石具有丰富的颜色与花纹，给人以光滑、柔和的感觉，如华盛顿纪念碑（图 5.33）、圆明园修复的大理石亭子（图 5.34）都采用大理石装饰。大理石主要用于室内墙面、地面、台面等，但由于其硬度不及花岗石，在园林景观中常用于各种栏杆、雕塑及工艺制品，少用于地面、台阶等（图 5.35）。

图 5.33　华盛顿纪念碑

图 5.34　圆明园修复的大理石亭子

图 5.35　大理石在园林景观中的应用

3）板岩

板岩是具有板状结构，基本没有重结晶的岩石，是一种变质岩，原岩为泥质、粉质或中性凝灰岩，沿纹理方向可以剥成薄片。板岩的颜色随其所含有的杂质不同而变化：含铁的为红色或黄色，含碳质的为黑色或灰色，含钙的遇盐酸会起泡。因此，板岩一般以其颜色命名分类，如灰绿色板岩、黑色板岩、钙质板岩等。

板岩

板岩可作为建筑材料和装饰材料，古代在盛产板岩的地区常用作瓦片。

（1）性能

板岩的性能见表 5.10。

表 5.10　板岩的性能

名称	主要质量指标		主要用途
	项　目	指　标	
板岩	弯曲强度 /MPa	饰面板 ≥ 10.0，瓦板 ≥ 40.0	室内踏步、地面、墙面、柱面、柜台等，室外常用于栏杆、景墙等
	耐气候软化深度 /mm	饰面板 ≤ 0.65，瓦板 ≤ 0.35	
	吸水率 /%	饰面板 ≤ 0.70，瓦板 ≤ 0.50	
	干湿稳定性	主要按照可氧化和不可氧化黄铁矿结晶在板石中的分布及特点划分为一等品、合格品两个等级	

（2）特点

板岩具有可分剥成薄片的主要特征，自然分层好，单层厚度均匀，硬度适中，具有防腐、耐酸碱、耐高温及低温、抗压、抗风化等特点。板岩是天然饰面石材的重要材料，与天然花岗石、大理石相比，具有古朴典雅、质感细腻、纹理自然、易加工、造价低廉的特点，适应多种景观环境。

①审美价值：板岩在室内外环境装饰中的普及，很大程度上归功于板岩的审美价值。其自然天

成的独特表面提供了丰富多样的肌理和色彩。板岩砖每块之间各不相同，却能相互协调，增加美感。

②持久耐用：板岩砖非常耐磨，这也是在高人流区可安装板岩地板的原因。

③防滑：板岩砖主要是靠其凹凸不平的表面保持天然的防滑性能，但是随着日常使用所带来的磨损，会出现一定程度的损伤与裂缝。

（3）分类

①分类方法：天然板岩主要有以下几种分类方法。

a. 按用途分：地板、瓦板、墙板、台面板。

b. 按颜色分：绿色、灰色、黑色、红色、紫色、褐色、黄色、铁锈色。

c. 按岩性分：泥质板、硅质板、碳质板、石英质板。

d. 按加工后的成品分：机切板、乱形板等，板石深加工的产品还有马赛克、文化墙石、蘑菇石等。

e. 按板岩的耐腐蚀性分：抗酸板和不抗酸板。耐酸性是衡量石板是否适合做屋顶瓦板的重要标准。

②常用颜色：青色（黑色、灰色）板岩、绿色板岩、黄色板岩、锈色板岩等。

③常见种类：青石板、黄木纹、青平板、蓝锈平板、金锈平板、黄锈平板、银青平板、黑色平板、银灰色平板、天然绿板岩、天然白板岩、天然灰板岩等，见表5.11。

表5.11　常见板岩品种

品　　种	示意图	品　　种	示意图	品　　种	示意图
青石板		黄锈板		黑石英	
荧青		金锈板		黑青石板	
黄木纹		蓝锈板		黑色板岩	

（4）用途

板岩石材广泛用于建筑及园林景观行业，优于一般的人工覆盖材料，防潮、抗风，并有保温性。

①屋顶：板岩屋顶可持续使用数百年，具有经济、生态、环保的性能（图5.36）。

图5.36　板岩屋顶

②地板与外墙：板岩也适用于室外地面、室内地板和外墙。板岩地板通常铺设在户外园路、商业空间、庭院等。板岩地板可以是抛光后的板岩，也可保留天然的质感和颜色。它的颜色非常丰富，主要以复合灰为主，如灰黄、灰红、灰黑、灰白等。室外的板岩地板可以是不规则的板岩或板岩瓷砖，不规则的板岩可有不同形状，如弧形、梯形、平行四边形（图 5.37）。

图 5.37　板岩地板与外墙

4）砂岩

砂岩是一种主要由砂粒胶结而成的石材，其中砂粒含量大于 50%，在自然界中经过地质变化中的海相沉积和陆相沉积，将原来大量积聚砂层的地形掩盖后，又经过地质变化中的加热、加压而形成。绝大部分砂岩是由石英或长石组成的，结构稳定，通常呈淡褐色或红色，主要含硅、钙、黏土和氧化铁。

砂岩

（1）分类

砂岩分为泥砂岩和海砂岩两种。

泥砂岩包括湖砂和河砂，泛称文化石或蘑菇石、壁石等，其表面纹理起伏，粗犷又富有特色。泥砂岩材质坚硬，色泽鲜明，还有类似塑料的塑变性，适合雕刻和切割出 10 mm 厚的薄板（图 5.38）。它还具有抗压、耐磨的天然石材特性，是景观外墙、地面非常理想的装饰材料，被广泛应用于公共建筑及庭院、庭廊、堡坎等景观建筑上，给人返璞归真、回归田园的感觉。

图 5.38　泥砂岩及泥砂岩浮雕

海砂岩包括印度砂岩、澳洲砂岩、昆明黄砂岩，均源于海岸，是海砂沉积岩，经地壳变动及大气压力自然形成。海砂岩有别于湖砂、河砂形成的砂岩，与花岗石相近，故密度高，抗破损及耐污性佳。海砂岩的成分结构颗粒比较粗，硬度比泥砂岩大，孔隙率比较大，较脆，故作为板材不能很薄，装饰用厚度一般为 15 ~ 25 mm。海砂岩有不易长青苔、易清理的特性。它的天然图案线条呈现出木纹和山水纹两大系，既有石材的特点又有木纹的质感，与大理石、花岗石相比克服了视觉冰冷的弱点（图5.39）。

图 5.39　海砂岩及海砂岩浮雕

（2）颜色

砂岩有黄砂岩、紫砂岩、红砂岩、绿砂岩、白砂岩、黑砂岩六大色系（表5.12），可带来丰富多变的装饰效果。

表5.12　常见砂岩品种

品　种	示意图	品　种	示意图	品　种	示意图
白砂岩		红砂岩		绿砂岩	
黄砂岩		紫砂岩		黑砂岩	

（3）性质

①装饰性：砂岩颗粒细腻，底色清纯，纹理清晰流畅，素雅、温馨，又不失华贵大气，有淳朴自然之感。

②环保性：砂岩防潮、吸音、无味、不褪色、不开裂、不变形、不腐烂，是一种绿色环保的装饰材料。它是一种亚光石材，不会产生光污染，同时又是一种天然的防滑材料。

③易施工性：砂岩制品安装简单，只要用螺丝就能把雕刻品固定在墙上，其能与木作装修有机地连接，这也克服了传统石材安装烦琐和安装成本较高的问题。

（4）应用

砂岩雕刻艺术品广泛应用于大型公共建筑的室内外装饰及园林景观中（图5.40）。

|（a）巴黎圣母院|（b）卢浮宫|

|（c）英伦皇宫|（d）园林景观雕塑|

图 5.40　砂岩的应用

5）料石

料石是由人工或机械开采出的较规则的六面体石块略经加工凿琢而成。

（1）分类

按其加工后的外形规则程度可分为毛料石、粗料石和细料石三种（图 5.41）。

|（a）毛料石|（b）粗料石|（c）细料石|

图 5.41　料石

①毛料石：外观大致方正，一般不加工或者稍加调整。宽度和厚度不宜小于 200 mm，长度不宜大于厚度的 4 倍；叠砌面和接砌面的表面凹入深度不大于 25 mm。

②粗料石：规格尺寸同上。叠砌面和接砌面的表面凹入深度不大于 20 mm，外露面及相接周边的表面凹入深度不大于 20 mm。

③细料石：通过细加工，规格尺寸不一。叠砌面和接砌面的表面凹入深度不大于 10 mm，外露面及相接周边的表面凹入深度不大于 2 mm。

（2）应用

毛料石主要应用于生态景区的挡墙砌筑（图5.42）。

粗料石主要应用于建筑物的基础、勒脚、墙体部位（图5.43）。

半细料石和细料石主要用作地面和墙面的饰面材料（图5.44）。

图 5.42　毛料石在景观中的应用　　　图 5.43　粗料石在景观中的应用

图 5.44　细料石在园林景观中的应用

6）文化石

"文化石"是统称，可分为天然文化石和人造文化石两大类。天然文化石从材质上可分为沉积砂岩和硬质板岩。人造文化石产品是以浮石、陶粒等无机材料经过专业加工制作而成，它拥有环保节能、质地轻、强度高、抗融冻性好等优势。

文化石并不是一种单独的石材，"文化"多表达为达到一定装饰效果的加工和制作方式。这类石材在色泽纹路上能保持自然原始的风貌，加上色泽调配变化，能将石材质感的内涵与艺术性展现无遗，符合人们崇尚自然、回归自然的文化理念，人们便统称这类石材为"文化石"。

（1）天然文化石

开采于自然界石材矿床，其中的板岩、砂岩、石英石经过加工，成为装饰材料。天然文化石材质坚硬，色泽鲜明，纹理丰富、风格各异（图5.45），具有抗压、耐磨、耐火、耐寒、耐腐蚀、吸水率低等优点。天然文化石最主要的特点是耐用、耐脏，可无限次擦洗。但其装饰效果受石材原纹理限制，除了方形石外，其他的施工较为困难，尤其是异形拼接。

图5.45　常见天然文化石品种

（2）人造文化石

人造文化石采用浮石、陶粒、硅钙等材料经过专业加工精制而成。人造文化石是采用高新技术把天然形成的每种石材的纹理、色泽、质感以人工的方法进行升级再现，效果极富原始、自然、古朴的韵味（图5.46）。高档人造文化石具有质地较轻、色彩丰富、防霉、抗冻、便于安装等特点。

图5.46　常见人造文化石

5.2.4　装饰粒状石材——卵石

卵石是指风化岩石经水流长期搬运而成的粒径为10～200 mm的无棱角的天然颗粒。大于200 mm的称为漂石；粒径为10～60 mm的称为砾石。

卵石

卵石是经过长时间逐渐形成的。其形成过程可分为两个阶段：第一阶段是岩石风化、崩塌阶段；第二阶段是岩石在河流中被河水搬运和磨圆阶段。

1）种类

根据卵石的形成原因不同，可将其分为天然卵石和机制卵石。

（1）天然卵石

天然卵石指经过流水长期的冲刷形成的卵石。鹅卵石、雨花石都是天然卵石（图5.47）。

（2）机制卵石

机制卵石是把石材碎料通过机器打磨边缘加工形成的卵石，如海峡石（图5.48）。洗米石也是机制卵石，但其颗粒较小，不称卵石。

图5.47　天然卵石

图5.48　机制卵石

2）规格

①鹅卵石滤料系列：2 ～ 4 mm、4 ～ 8 mm、8 ～ 12 mm、12 ～ 16 mm、16 ～ 20 mm（过滤水专用）。

②园林路面工程系列：1 ～ 3 cm、3 ～ 5 cm、5 ～ 8 cm、8 ～ 12 cm（路面铺设用）。

3）应用

卵石作为常用的景观装饰材料，能在景观中长期维持与周边环境的景观效应，而且不会破坏和污染环境，既能营造古朴自然的野趣风貌，也能营造出精致小巧的华丽风貌。卵石的实用性、装饰性、经济性及其生态性与现代景观设计的绿色环保、生态设计相一致。

（1）卵石与水体的搭配装饰应用

卵石因水而生。卵石营造的水景亲和力较强（图 5.49）。

图 5.49　卵石与水体的搭配装饰应用

（2）卵石与植物的搭配装饰应用

景观中比较常见的是卵石块与草坪的结合，或者巨型卵石与乔木、灌木的结合，营造悠闲、自然的围合或半围合空间。卵石与植物搭配的景观环境中，由于颜色的区别通常都比较引人注目，能起到画龙点睛的作用，突出景观的自然属性（图 5.50）。

图 5.50　卵石与植物的搭配装饰应用

（3）卵石与其他材质的搭配装饰应用

在园林景观中，卵石与其他材质的搭配应用最早出现在中国古典园林中的花街铺地和石子画，在现代景观中依然广泛使用。卵石与其他块状或整体铺装的搭配，形成强烈的对比，如园路、广场、花池、景墙等（图 5.51）。

图 5.51　卵石与其他材质的搭配装饰应用

5.3　园林工程中常用人造石材

　　人造石是高分子矿物填充型复合材料。它是以不饱和聚酯树脂为黏结剂，配以天然大理石或方解石、白云石、硅砂、玻璃粉等无机物粉料，以及适量的阻燃剂、颜色等，经配料混合、瓷铸、振动压缩、挤压等方法成型固化制成的。它具有无毒性、无放射性或放射性低、不粘油、不渗污、抗菌防霉、耐冲击、易保养、拼接无缝、任意造型等优点。

　　与天然石材相比，人造石色彩艳丽、光洁度高、花色均匀，更加抗压耐磨，韧性好、结构致密、不吸水，是绿色环保建材产品，是当代园林景观中普遍应用的装饰材料。

5.3.1　人造石材的分类

1）按原料分类

　　（1）树脂型人造石材

　　树脂型人造石材是以不饱和聚酯树脂为胶结剂，与天然大理碎石、石英砂、方解石、石粉或其他无机填料按一定的比例配合，再加入催化剂、固化剂、颜料等外加剂，经混合搅拌、固化成型、脱模烘干、表面抛光等工序加工而成（图 5.52）。使用不饱和聚酯的产品光泽好、颜色鲜艳丰富、可加工性强、装饰效果好。树脂型人造石材主要应用于室内装饰中。

　　（2）水泥型人造石材

　　水泥型人造石材是以各种水泥为胶结材料，砂、天然碎石粒为粗细骨料，经配制、搅拌、加压蒸养、磨光和抛光后制成的人造石材。配制过程中，混入色料，可制成彩色水泥石（图 5.53）。水泥型石材的生产取材方便，价格低廉，无辐射。在现代园林景观中，创意性的水泥砖可用作花台、装饰小品等（图 5.54）。

图 5.52　树脂型人造石材

图 5.53　常见水泥型人造石材

图 5.54　水泥型人造石材在园林景观中的应用

（3）烧结型人造石材

烧结型人造石材的生产方法与陶瓷工艺相似,是将长石、石英、辉绿石、方解石等粉料和赤铁矿粉,以及一定量的高龄土共同混合,一般配比为石粉60%,黏土40%,采用混浆法制备坯料,用半干压法成型,再在窑炉中以1 000 ℃左右的高温焙烧而成。烧结型人造石材的装饰性好,性能稳定,但需经高温焙烧,因而能耗较大、造价高。其在现代园林景观中常用于园路、广场铺装（图5.55）。

图5.55　烧结型人造石材

（4）复合型人造石材

复合型人造石材采用的黏结剂中,既含有无机材料,又含有机高分子材料。其制作工艺为:先用水泥、石粉等制成水泥砂浆的坯体,再将坯体浸于有机单体中,使其在一定条件下聚合而成。对板材而言,底层用性能稳定而价廉的无机胶凝材料,面层用聚酯和大理石粉制作（图5.56）。

图5.56　复合型人造石材

以上四种人造石材中,聚酯型人造石材物理和化学机能最好,易于成型,光泽好,固化快,花纹多样,且具有重现性,适于多种用处,但价格相对较高;水泥型人造石材最经济,但耐腐化性能较差,容易呈现微龟裂;复合型人造石材则综合了前两者的长处,既有良好的物化性能,成本也较低,但它受温差影响后聚酯面易产生剥落或开裂;烧结型人造石材需经高温焙烧,因此能耗大、造价高,而且固定只用黏土作胶黏剂,产品破损率高。

2）按透水性分类

（1）透水砖

透水砖是一种砖体本身具有很强吸水功能的路面砖（图5.57）。为了加强砖体的抗压和抗折强度,用碎石作为原料加入水泥和胶性外加剂,使其透水速度和强度都能满足城市路面的需要。透水砖常用于市政人行道、停车位、小区地面铺装等。这种砖的价格比起用陶瓷烧制的陶瓷透水砖相对便宜,适用于大多数地区工程的地面铺装。

（2）不透水砖

石材表面使用了憎水性石材防护剂，使用后会扩大石材表面与水之间的张力，当张力大于附着力时，可以使水在石材表面呈现水珠滚动的效果，在毛面石材表面更能体现。但这种效果的时效性很短，憎水性会随着表面有效成分的流失而很快消退，最终起作用的还是防护剂的耐水性能和抗水压能力的大小（图5.58）。

图5.57　生态透水砖

图5.58　不透水广场砖

3）按结合方式分类

（1）块状材料

块状材料具有透气性能好、拼图艺术感强、灵活性高、品种多样、易于施工等特点，如陶瓷砖、水泥砖等（图5.59）。

（2）整体材料

色彩图案与混凝土融为一体，保持坚硬耐用的特性，更增添了华丽的艺术效果。但整体性铺装材料使用范围相对较局限，仅用于地面铺装，而且需现场施工。园林景观中常见的整体地坪有压模混凝土、水洗石等（图5.60）。

图5.59　块状铺装

图5.60　整体地坪

5.3.2　人造石材的特点

（1）高性能

综合来讲就是人造石材强度高、硬度高，耐磨性能好，耐酸、耐碱、耐冷热、抗冲击，厚度薄、质量轻、加工性能好。

同时，人造石材铺设的工艺简单，其背面经过波纹处理，使铺设后的墙面或地面品质更可靠。

人造石材的
特点

（2）花色多样

人造复合石材由于在加工过程中石块粉碎的程度不同，再配以不同的色彩，可以生产出多种花色品种，每个系列又有许多种颜色可供选择。可选择纹路、色泽都适宜的人造石材来配合各种不同的环境氛围。

在铺设过程中，人造石材不仅可铺设成传统的块与块拼接的形式，也可以切割加工成各种形状，组合成多种图案。

（3）用途广泛

人造石材从诞生至今经历了几十年的研究、开发和创新，开发出的多种材料广泛应用于商业、住宅建筑室内外装饰，以及公园、广场、街道等场所景观铺装。

（4）经济环保

人造石材产业属资源循环利用的环保利废产业，发展人造石材产业本身不直接消耗原生的自然资源，而是利用了天然石材开矿时产生的大量难以有效处理的废石料资源。因此，人造石材产业作为新型装饰材料产业，有着广阔的发展空间。

5.3.3 景观工程中常见块状人造石材——砖

1）黏土砖

黏土砖以黏土（包括页岩、煤矸石等粉料）为主要原料，经泥料处理、成型、干燥和焙烧而成，也称为烧结砖。它是建筑用的人造小型块材，有实心和空心之分。实心黏土砖是世界上最古老的建筑材料之一，从陕西秦始皇陵（图5.61）到北京明清长城（图5.62），它传承了中华民族几千年的建筑文明史。至今，它仍是国人钟爱的建筑材料。

图5.61　黏土砖在秦始皇陵中的应用

图5.62　黏土砖在长城中的应用

（1）分类

①按孔洞率分：实心砖（无孔洞或孔洞率小于25%的砖）；空心砖（孔洞率等于或大于40%，孔的尺寸大而数量少的砖，常用于非承重部位，强度等级偏低）；多孔砖（孔洞率等于或大于25%，孔的尺寸小而数量多的砖，常用于承重部位，强度等级较高）（图5.63）。

②按加工工艺分：黏土中含有铁，烧制过程中完全氧化时生成三氧化二铁呈红色，即得到最常用的红砖；而如果在烧制过程中加水冷却，使黏土中的铁不完全氧化而生成四氧化三铁则呈青色，

（a）实心砖

（b）空心砖

（c）多孔砖

图 5.63　黏土砖

即得到青砖。

青砖和红砖烧制后冷却方法不同。红砖是自然冷却，工艺简单一些，因此现在生产红砖较多；青砖是水冷却（其实是一种缺氧冷却），操作起来比较麻烦，所以现在生产得比较少。青砖比红砖硬度略高，但青砖在抗氧化、水化、大气侵蚀等方面性能明显优于红砖。

（2）优点

黏土砖就地取材，价格便宜，经久耐用，还有防火、隔热、隔声、吸潮等优点，在景观工程中使用广泛。废碎砖块还可作混凝土的集料，是一种可回收再利用的材料。为改进普通黏土砖块小、自重大、耗土多等缺点，黏土砖正向大块、空心、轻质、高强度的方向发展。

（3）应用

黏土砖是最原始、应用最多的一种材料。除了在建筑结构、外墙面中的应用外，在园林景观中，黏土砖还常被用作地面、墙体、构筑物等的砌筑。在中式景观中，对青砖、红砖的应用较多，体现中式园林的朴素意味。如北京的红砖美术馆，采用红色砖块作为基本元素，辅以部分建筑上青砖的使用，打造出一座当代山水庭院的园林式美术馆（图 5.64）。

图 5.64　北京红砖美术馆

2）瓷砖

瓷砖是以耐火的金属氧化物及半金属氧化物，经由研磨、混合、压制、施釉、烧结之过程，而形成的一种耐酸碱的瓷质或石质的建筑、装饰材料，总称为瓷砖。其原材料多由黏土、石英砂等混合而成。常见瓷砖规格为 100 mm × 100 mm，200 mm × 200 mm，300 mm × 300 mm 和 600 mm × 600 mm。

（1）分类标准

①国家分类标准：瓷质砖吸水率小于等于 0.5%；炻瓷质吸水率 0.5% ~ 3.0%；细炻质吸水率 3.0% ~ 6.0%；炻质砖吸水率 6.0% ~ 10.0%；陶质砖吸水率大于 10%。

②吸水率表达：陶质砖 > 10% ≥炻质砖 > 6% ≥细炻质 > 3% ≥炻瓷质 > 0.5 ≥瓷质砖。吸水率 0.5% ~ 10% 概括为半瓷。

③依用途：分为外墙砖、内墙砖、地砖、广场砖、工业砖等。

（2）特性

①尺寸统一：产品大小尺寸统一，可节省施工时间，而且整齐美观。

②吸水率低：吸水率越低，玻化程度越好，产品理化性能越好，越不易因气候变化、热胀冷缩而产生龟裂或剥落。

③平整性好：平整性好的瓷砖，表面不弯曲、不翘角、容易施工，施工后表面平坦。

④强度高：抗折强度高、耐磨性好且抗重压、不易磨损，适合公共场所使用。

⑤色差小：由于瓷砖是工厂统一调色生产，对色彩的控制性强，色差较小。

（3）应用

在景观工程中，常用到的瓷砖以外墙砖和广场砖为主。外墙砖不仅装饰整个建筑物，同时因为其耐酸碱，物理化学性能稳定，对保护墙体有重要作用。为满足外墙装饰个性化与丰富性的要求，外墙装饰技术和手法向高品位、高质量发展。外墙砖注重整体搭配（如颜色搭配、规格搭配、多色混贴等），装饰手法丰富，装饰风格多样化，装饰效果突出（图 5.65）。广场砖主要用于广场、步行街、车站、停车场、庭院、小区走道等场所（图 5.66）。其砖体色彩简单，砖面体积小，多采用凹凸面的形式，具有防滑、耐磨、修补方便的特点。

图 5.65　外墙砖及其应用

3）陶土砖

陶土砖是黏土砖的一种，是介于陶土砖与陶瓷砖之间的产物。陶土砖通常采用优质黏土和紫砂陶土及其他原料配比高温烧制而成，与黏土砖相比，陶土砖质感细腻、色泽稳定、线条优美。其适用性极强，可根据需要添加矿物元素生产多种色彩的产品。室外砖常见规格有 230 mm×115 mm×50 mm，200 mm×100 mm×50mm，可用于室外地面及墙面的铺装（图 5.67）。

图 5.66　广场砖及其应用

图 5.67　陶砖在园林景观中的应用

陶砖具有以下特性：①优异的抗冻融特性；②良好的抗光污染性能；③良好的吸音作用；④良好的透气性、透水性；⑤良好的耐风化、耐腐蚀性。

4）普通混凝土砖

普通混凝土砖以水泥为胶结材料，与砂、石（轻集料）等经加水搅拌、成型和养护而制成的一种具有多排小孔的混凝土制品。它是继普通轻集料混凝土小型空心砌块后又一个景观材料的新品种。

该类砖兼具黏土砖和混凝土小砌块的特点，外形特征属于烧结多孔砖，材料与混凝土小砌块类同，符合砖砌体施工习惯，各项物理、力学和砌体性能均不低于烧结黏土砖。混凝土砖生产能耗低、节土利废、施工方便、体轻、强度高、保温效果好、耐久、收缩变形小、外观规整，是一种替代烧结黏土砖的理想材料。

在景观工程中，混凝土砖常用于地面铺装、停车场、护坡、挡墙景观（图 5.68）。常见形状有长方形、方形、菱形及连锁地砖。常见规格有 200 mm×100 mm×45（60，80，90）mm，100 mm×100 mm×45（60，80，90）mm，200 mm×200 mm×60（80，90）mm，300 mm×300 mm×60（80，90）mm。

图 5.68　混凝土砖在景观工程中的应用

5）透水砖

市政路面上使用的透水砖，是用碎石作为原料加入水泥和胶性外加剂使其透水速度和强度都能满足城市路面的需要。这种砖与用陶瓷烧制的陶瓷透水砖相比更经济，在大多数地区工程的地面铺装中广泛应用。

透水砖的分类如下：

①普通生态透水砖：为普通碎石的多孔混凝土材料经压制成型（图 5.69），用于一般街区人行步道、广场，是普通铺装的面材。

②聚合物纤维混凝土透水砖：材质为花岗岩骨料、高强水泥和水泥聚合物增强剂，并掺和聚丙烯纤维，送料配比严密，搅拌后经压制成型（图 5.70），多用于重要景观工程，以及高档小区的人行步道、广场、停车场等场地的铺装。

③彩色复合混凝土透水砖：材质面层为天然彩色花岗岩、大理石与改性环氧树脂胶合，再与底层聚合物纤维多孔混凝土经压制复合成型（图5.71）。此类产品面层华丽，色彩天然，有石材一般的质感，与混凝土复合后强度高于石材，成本略高于混凝土透水砖，但低于石材地砖，是一种经济、高档的铺地产品。

图 5.69 普通生态透水砖

图 5.70 聚合物纤维混凝土透水砖

图 5.71 彩色复合混凝土透水砖

④彩色环氧通体透水砖：骨料为天然彩石与进口改性环氧树脂胶合，经特殊工艺加工成型（图5.72）。此产品可预制，也可以现场浇制，并可拼出各种艺术图形和色彩线条。

⑤混凝土透水砖：为河砂、水泥、水，再添加一定比例的透水剂而制成的混凝土制品（图5.73）。此产品与树脂透水砖、陶瓷透水砖、缝隙透水砖相比，生产成本低，制作流程简单、易操作。

⑥生态砂基透水砖：常温下免烧结成型，以沙漠中风积沙为原料生产出的一种新型生态环保材料（图5.74）。通过"破坏水的表面张力"的透水原理，有效解决传统透水材料通过孔隙透水易被灰尘堵塞，以及"透水与强度""透水与保水"相矛盾的技术难题。其水渗透原理和成型方法被建设部科技司评审为国内首创，并成功运用于国家体育馆、上海世博会中国馆、长安街道路大修工程等重点工程（图5.75）。

图 5.72 彩色环氧通体透水砖

图 5.73 混凝土透水砖

图 5.74 生态砂基透水砖

图 5.75　透水砖铺装在国家重点工程中的应用

6）锦砖

锦砖也称马赛克或纸皮砖，一般做成 18.5 mm × 18.5 mm × 5 mm、39 mm × 39 mm × 5 mm 的小方块，或边长为 25 mm 的六角形等。这种制品出厂前已按各种图案反贴在牛皮纸上，每张大小约为 300 mm × 300 mm。施工时将每联纸面向上，贴在半凝固的水泥砂浆面上，用长木板压面，使之粘贴平实，待砂浆硬化后洗去皮纸，即显出美丽的图案。

（1）特点

锦砖色泽丰富，图案多样，质地坚实，经久耐用，具有耐酸碱、耐火、耐磨、抗压力强、吸水率小、不渗水、易清洗、不褪色等优点，常用于人工水景、泳池内壁贴面装饰，地面、墙面、花池、树池、坐凳的贴面等（图 5.76），也被用于建筑内、外墙装饰。

图 5.76　锦砖在园林景观中的应用

（2）分类

根据材质的不同，锦砖可分为陶瓷锦砖（陶瓷马赛克）、玻璃锦砖（玻璃马赛克）、水晶锦砖（水晶马赛克）（图5.77）。

（a）陶瓷马赛克　　　　　（b）玻璃马赛克　　　　　（c）水晶马赛克

图5.77　马赛克的种类

马赛克鲜艳的色彩给户外空间增添了无限活力，精致的工艺更展现了设计师及工程师的匠心独运（图5.78）。

图5.78　马赛克在园林景观中的应用

7）水泥砖

水泥砖是利用粉煤灰、煤渣、煤矸石、尾矿渣、化工渣或天然砂、海涂泥等（以上原料的一种或数种）作为主要原料，用水泥做凝固剂，不经高温煅烧而制造的一种新型材料。水泥砖自重较轻，强度较高，无须烧制，用电厂的污染物粉煤灰做材料，较为环保，国家已经大力推广。水泥砖具有质轻、环保、经济等性质，随着技术的进步出现在许多创新设计中。例如，水泥砖在现代景观中对墙面及地面的装饰，凸显素雅、大气的氛围，给人强烈的视觉冲击；设计师以水泥砖为原料设计的庭院花台、装饰小品，更是简单而不简略（图5.79）。随着水泥砖加工技术的进步，也出现了用于室内装饰的水泥砖，效果美观，风格独特。

图 5.79　水泥砖在园林景观中的应用

5.3.4　整体地面应用

整体地面的主要成分是混凝土、纯石粉和硬骨料，是一种超黏性、高强度、高分子聚合物。其耐磨、抗压、防滑、持久等各项性能指标均为优良，且施工简单快捷，成为现代建筑地面材料的理想选择。

1）水洗石

水洗石也称为洗米石、汰石子，是指水泥及骨料的混合。抹平凝固前，用水洗掉骨料表面的水泥，露出骨料表面。骨料有多种色彩的细石子，规格通常用小八厘[1]，选用较多的有黄色海米石（图5.80）。

水洗石饰面是一项传统的施工工艺，它能使饰面具有天然质感，且色泽庄重美观，其饰面坚固耐久，不褪色，也比较耐污染。如今墙面已很少采用这种传统的装饰，而在居住区及公园等地面装修时有采用，也用于人工砌筑的树池、坐凳等小品表面装饰（图5.81）。

图 5.80　黄色海米石

2）水磨石

水磨石也称磨石子，跟水洗石刚好相反，是指大理石和花岗岩或石灰石碎片嵌入水泥混合物中，用水磨去表面而平滑的地面。水磨石加工难度大，多用在室内，可仿出石材效果（图5.82）。

---

[1] 小八厘——即建筑用的石灰岩石子，有大八厘（粒径为 8 mm）、中八厘（粒径为 6 mm）、小八厘（粒径为 4 mm）三种规格。

图 5.81　水洗石在园林景观中的应用

图 5.82　水磨石铺装

　　水磨石地面是一种以水泥为主要原材料的复合地面，因其低廉的造价和良好的使用性能，在超大面积公共建筑里广泛采用。水磨石地面的最大优点是防潮，尤其在南方地区较潮湿的季节也可以保持干燥；但是，水磨石也易风化、老化，表面不够光滑，空隙大，耐污能力差，且污染后无法清洗干净，导致维护较难。出于以上原因，水磨石通常被认为是一种中低档的地面装修材料，在现代园林景观中逐渐被淘汰。

3）压模地坪

压模地坪也称为艺术地坪、压印地坪、压花地坪，是采用特殊耐磨矿物骨料，高标号水泥、无机颜料及聚合物添加剂合成的彩色地坪，通过压模、整理、密封处理等施工工艺使混凝土表面产生不同凡响的石质纹理和丰富的色彩效果（图5.83）。

图 5.83　压模地坪

压模地坪是具有较强艺术性和特殊装饰要求的地面材料。其优点是一次成型、使用期长、施工快捷、修复方便、不易褪色等，同时又弥补了普通彩色道板砖的整体性差、高低不平、易松动、使用周期短等不足。

用水硬化剂材料制作的彩色压模地坪具有耐磨、防滑、抗冻、不易起尘、易清洁、强度高、耐冲击、色彩和款式方面有广泛的选择性，成本较低，绿色环保等特点，是园林景观中较多使用的铺装材料。

4）透水混凝土

透水混凝土又称多孔混凝土。透水地坪（图5.84）是由骨料、水泥和水拌制而成的一种多孔轻质混凝土地坪，它不含细骨料，由粗骨料表面包覆一层水泥浆，相互黏结而形成孔穴均匀分布的蜂窝状结构，故具有透气、透水和质量轻的特点。其能让雨水流入地下，有效补充地下水，并能有效消除地面上的油类化合物等渗入地下水；它也是缓解城市热岛效应的优良铺装材料。透水混凝土在人类生存环境的良性发展及城市雨水管理与水污染防治等工作上，具有特殊意义。

图 5.84　透水混凝土

5.4 常见景观石材的工艺及应用

5.4.1 石材的表面处理

石材的表面
处理工艺

作为装饰和砌筑的石材，同一种石材，其加工方式不同，观感和颜色会存在差异；同一种加工方式，不同的石材，效果也不同。新的加工工艺不断涌现，创造出更加丰富的景观效果。一般来说，石材的颜色湿者深、干者浅，光面深、糙面浅，新鲜者深、风化者浅。通常白色板材比黑色板材容易抛光。

图 5.85　机刨板

1）机刨板

机刨板也称为拉沟加工或拉槽面，是用专门的刨机，在石材表面拉刨出有规则的凹槽，形成较强的肌理感，增强石材质感（图 5.85）。机刨板石材厚度一般在 30 mm 以上。园林景观中，常用机刨板做地面防滑带，或贴面的块面、边带，形成肌理的对比（图 5.86）。

图 5.86　机刨板在园林景观中的应用

2）火烧板

石材经高温烧灼形成粗糙表面的效果，其厚度一般在 20 mm 以上（图 5.87）。其多用于室外地面和景墙墙面铺设，经防水处理后可用于建筑外墙装修（图 5.88）。

图 5.87　火烧板

图5.88　火烧板在园林景观中的应用

3）荔枝面

　　荔枝面石材厚度通常在30 mm以上，用专用工具敲打而成，在石材表面形成形似荔枝表皮的粗糙表面（图5.89）。它多用于外墙干挂特色装饰等，也可用于地面铺装（图5.90）。

图5.89　荔枝面石材

图5.90　荔枝面石材在园林景观中的应用

4）自然面

　　自然面石材厚度通常在50 mm以上，不做特别加工，表面如自然形成，有凹凸质感（图5.91）。其多用于外墙饰面，也可用于地面铺设，常作为车行道减速带使用（图5.92）。

图5.91　自然面石材

5）蘑菇面

　　蘑菇面石材厚度一般在50 mm以上，表面高低悬殊，板块中间高，四周低，立体感强。其多用于外墙饰面、花台饰面等（图5.93）。

图 5.92　自然面石材在园林景观中的应用

图 5.93　蘑菇面石材在园林景观中的应用

6）抛光面

抛光指将抛光磨石放在被加工的产品上，用机械设备快速运转及"干抛光、湿抛光"来达到抛光效果，抛光分为打磨平整以及保留石材原有自然形态两种形式。第一种模式石材厚度一般为 20 mm以上，不做特别加工，表面平整，高度磨光，有高光泽镜面效果。其常用于地面铺设、水景、景墙及外墙干挂，因防滑考虑，很少大面积应用于室外地面，可作为铺装边带拼接，增强肌理变化（图 5.94）。

第二种模式使用特殊抛光处理，保留石材原本形态。如液态大理石是通过抛光处理后的特殊大理石，它是将坚硬的天然石材通过线性锯切、数控雕刻结合，打造出 3D 效果，带来视觉上"液态"效果（图 5.95）。

图 5.94　抛光面石材在园林景观中的应用

图 5.95　液体大理石

7）斩假石

　　石材斩假面又称斧剁面。斧剁加工是利用专门的石材剁机在石材表面上模拟斧头密密麻麻有规则地砍剁，所留凹线的一种加工效果（图 5.96）。斩假石又称斧剁石，是一种人造石料。还可将掺入石屑及石粉的水泥砂浆，涂抹在建筑物表面，在硬化后，用斩凿方法使其成为有纹路的石面样式。

图 5.96　石材斩假面

5.4.2　常见铺装组合形式

　　广场及道路的修建在我国有着悠久的历史。从考古和出土的文物来看，我国铺地的样式繁多，其图案十分精美，如战国时代的米字纹砖（图 5.97），东汉的几何纹铺地砖（图 5.98），西汉遗址中的卵石路面（图 5.99），唐代以莲纹为主的各种"宝相纹"铺地（图 5.100），西夏的火焰宝珠纹铺地（图 5.101），明清时代的雕砖卵石嵌花路及江南庭园的各种花街铺地（图 5.102）等。

在中国古代园林中，道路铺地多以砖、瓦、卵石、碎石片等组成各种图案，具有雅致、朴素、多变的风格。中国古典园林的铺装注重因地制宜，选材讲究，它也是构景的重要元素之一。选材价格低廉但十分讲究方式方法，处处体现与自然环境的融合，利用不同的铺装图案可营造出质朴、豪华，自然、豪放等截然不同的效果。这些铺装图案大体上可分为礼教观念、吉祥观念、世俗文化等。铺装的纹样具体可分为十种：四方灯景、长八方、冰纹梅花、攒六方、球门、万字、海棠之花、席纹、冰裂纹、十字海棠（图 5.103）。

图 5.97 战国时代的米字纹砖　图 5.98 东汉的几何纹地砖　图 5.99 西汉遗址中的卵石路面

图 5.100 唐代莲花纹砖　图 5.101 西夏的火焰宝珠纹地砖　图 5.102 明清时代的花街铺地

（a）四方灯景　　（b）长八方　　（c）冰纹梅花　　（d）攒六方　　（e）球门

（f）万字　　（g）海棠之花　　（h）席纹　　（i）冰裂纹　　（j）十字海棠

图 5.103 中国古典园林铺装纹样

近年来，随着科技、建材工业及旅游业的发展，园林铺装中陆续出现了水泥混凝土、沥青混凝土以及彩色水泥混凝土、彩色沥青混凝土、透水透气性路面等新材料、新工艺的应用，使园路更富有时代感，为园林工程增添了新的光彩。

1）整体路面

整体现浇铺装的路面适宜风景区通车干道、公园主园路、次园路或一些附属道路。采用这种铺装的路面，主要是沥青混凝土路面和水泥混凝土路面。混凝土表面可用普通水泥砂浆（表面可压纹）、彩色水泥砂浆、水洗石、水磨石、斩假石、露骨料等方式予以装饰。

2）块料铺装

块料铺装板材有规则石板、不规则石板、陶瓷广场砖和马赛克、混凝土板等。块料铺装适用于一般的广场、散步游览道、草坪路、岸边小路和城市游憩林荫道、街道上的人行道等。

规则石板：一般被加工成 497 mm×497 mm，597 mm×597 mm，897 mm×597 mm 等规格，材料厚度不上车路面一般为 10～30 mm，上车路面一般为 30～100 mm。其下铺 30～50 mm 厚的水泥砂浆结合层及找平层，再往下为铺装基层。

不规则石板：常用规格有 200～500 mm，平面形状是不规则的。铺装方法有两种：一种是人工敲碎后拼贴在一起，称为人工碎拼；另一种是机器切割后将不规则的石块拼贴在一起，称为机切碎拼。一般留缝 8～15 mm，勾缝方式有勾平缝、勾凹缝、留干缝几种。

混凝土方砖：正方形，常见规格有 197 mm×197 mm×60 mm、297 mm×297 mm×60 mm、397 mm×397 mm×60 mm 等。表面经翻模加工为方格或其他图纹；长方形，常见规格有 197 mm×97 mm×60 mm、297 mm×147 mm×60 mm 等。

黏土砖铺地：用于铺地的黏土砖规格很多，有方砖，也有长方砖。其设计参考尺寸：200 mm×100 mm×60 mm、200 mm×200 mm×60 mm、400 mm×400 mm×60 mm 等。在园林景观中，以块料石材铺装使用最多，下面列举几种块料石材铺装方式（图 5.104）。

3）碎料路面

碎料路面有卵石路、砾石路、碎拼彩瓷路面等。用卵石、石子、瓦片、瓷片、碗片等材料，通过拼砌镶嵌的方法，将园路的结构面层做成具有美丽图案纹样的路面，这种做法在古代被称为"花街铺地"，苏州园林中的花街铺地尤为著名（图 5.105）。采用花街铺地的路面，其装饰性很强，趣味浓郁，但铺装中费时费工，造价较高，而且路面也不便行走。因此，常在人流不多的庭院道路和一些园林游览道上采用这种铺装方式。

4）嵌草路面

嵌草路面指预制混凝土砌块或石板和草皮相间的铺装路面，主要用在人流量不大的公园散步道、小游园道路、草坪道路或庭院内道路、生态停车场等。预制混凝土砌块按照设计可有多种形状及大小规格，也可做成彩色的砌块，一般厚度不小于 80 mm，最适宜的厚度为 100～150 mm。砌块按形状可分为实心和空心两类。缝中填土达砌块厚的 2/3。在砌块嵌草路面的边缘，最好设置道牙加以规范和保护路面；也可用板材铺砌作为边带，使整个路面更加稳定，不易损坏。

（a）规则石板凿莲纹　（b）块石嵌草纹　（c）仿木纹石板嵌草　（d）混凝土路两侧块石嵌草

（e）规则石板拼花　（f）彩色碎石与规则石块拼花　（g）规则石块与彩色乱石拼花　（h）规则石块拼花

（i）压模地坪花纹　（j）压模地坪花纹　（k）白水泥勾缝块石地纹　（l）不规则块石与卵石拼花

（m）彩色花砖与卵石拼花地纹　（n）规则石块与卵石拼花

图 5.104　块状石材的铺装方式

图 5.105　苏州园林中的花街铺地

5.4.3　石材的拼砌图形

1）乱型

　　乱型包括块状及片状石材的乱型组合。在不规则的范围内，用不规则石材拼贴，达到随意性的目的，可营造朴素、田园，充满野趣的效果；在规则的范围内，铺设不规则的石材，可增添无限的活泼性。

　　（1）自然乱型石块

　　乱型石块在园林景观中已被无限功能化和美观化，创造出意想不到的形式，为现代景观增添乐趣。装满石块或其他土料的金属笼子或箱子，常被用于挡土墙、户外墙壁及水景中。笼子最常采用不锈钢、镀锌或粉末涂层的钢丝网板，再用螺旋黏合剂或环紧固件把它们连接到一起，形成矩形。在庭院里，可将石笼墙表面处理平整，盖上石板做成板凳，石笼还可以用作餐桌底座或工作台的脚，实用性很强。石笼墙在一些地方留出空隙，选用蕨类等植物绿化，富有生机。梯步、水体中的乱型石块更是增添了无限的质朴气息（图5.106）。

石材的拼砌图形

图5.106　乱型石块在园林景观中的应用

（2）自然边冰裂纹

不规则的石片或石板铺装也称为冰裂纹铺装。自然边冰裂纹铺装，即未经加工的自然边界的石片在不规则范围内的铺装。其常用于生态自然的公园景观、庭院景观中，不仅用于地面铺装，也用于立面装饰（图 5.107）。

图 5.107　自然边冰裂纹铺装在园林景观中的应用

（3）直边冰裂纹

直边冰裂纹铺装是经过加工的边缘整齐、表面平整但大小不一的石板，在规则或不规则范围内铺设的铺装。其常用于公园、小型活动广场、居住区等较生态的景观环境中（图 5.108）。

图 5.108　直边冰裂纹铺装在园林景观中的应用

（4）方块内冰裂纹

方块内冰裂纹即划定小面积单元格，在单元格内用不规则石片铺设，形成有规律又有变化的贴面，或将规则铺装进行破碎后再在贴面上原位组织拼贴（图5.109）。

图5.109　方块内冰裂纹铺装在园林景观中的应用

2）圆形

圆形及近圆形石材在景观中多有应用，大到独立景石，小到砾石，带来亲近、舒适的感受。

大体量近圆形景石，常作为景区入口标志、景点主景石及体现文化性景观的题字石（图5.110）。

图5.110　大型圆形石材在园林景观中的应用

中等大小的圆形石头多为河滩自然卵石，或在人工驳岸中用作护岸、种植池砌筑、排水沟表面滤水及装饰等，与植被相结合，营造自然野趣的氛围。圆形板材也常应用于园路、汀步铺装，打造出自由随性的景观氛围（图5.111）。

小卵石在园林景观中的应用相当广泛，从地面铺装到墙面装饰、树池贴面、水体护岸、排水渠装饰等，处处体现出小巧、多变，与其他材质搭配更能体现出景观细节的精致细腻之感（图5.112）。

3）方形

方形石材在园林景观中应用较普遍，或大或小，或规则或错位，营造出造型丰富、风格迥异的景观。

（1）方形非定型拼接

石材规格不同，甚至颜色也有差异，错缝没有规律，形成古朴自然的景观效果（图5.113）。

（2）方形定型齐缝拼接

这是最常见的一种拼贴方式，广泛应用于景墙及地面，以及树池、花台、小品等。齐缝拼接可以是相同材质相同表面，或是相同材质不同表面，或是不同材质、不同色彩的搭配，还可通过角度的旋转，营造丰富的景观效果（图5.114）。

图 5.111 中等圆形石材在园林景观中的应用

图 5.112　小卵石在园林景观中的应用

图 5.113　方形非定型拼接石材在园林景观中的应用

图 5.114　方形定型齐缝拼接石材在园林景观中的应用

（3）方形定型错缝拼接

方形定型错缝拼接是指形状规整的石材有规律地错缝拼贴。这种拼贴方式变化之中而又整齐规律，可通过材质、大小及颜色的变化形成优美的线型或装饰图案（图 5.115）。

图 5.115　方形定型错缝拼接石材在园林景观中的应用

里斯本小镇的弹街石[1]将这种铺装形式应用到了极致。地上勾勒出精美细致的花纹，别具特色（图5.116）。

（4）方形嵌缝拼接

嵌缝拼接即在单块或单元铺装之间拼嵌其他材质。它可营造更加富有趣味的景观效果（图5.117）。

图 5.116　里斯本小镇的弹街石

图 5.117　方形嵌缝拼接石材在园林景观中的应用

4）矩形

矩形定型石材[2]在园林景观中的应用形式丰富。矩形石材形状相对规整，组合形式多样，常用于景观墙面、地面、水池等铺设。

（1）矩形宽缝拼接

矩形宽缝拼接石材在园林景观中的应用如图 5.118 所示。

---

[1] 弹街石——室外铺的可行行车的 100 mm × 100 mm × 50 mm 厚的花岗岩石材，也称为马蹄石。表面处理可以有自然面、复古面、机切面、火烧面、花锤面等。

[2] 定型石——指经过人工或机械加工的，形状较规整，有固定尺寸的石材。

图 5.118 矩形宽缝拼接石材在园林景观中的应用

（2）矩形齐缝拼接

矩形齐缝拼接方式表面较平整，便于施工。齐缝拼接可通过材质的肌理变化、色彩变化及角度变化打造多姿的景观效果（图 5.119）。

图 5.119 矩形齐缝拼接石材在园林景观中的应用

（3）矩形错缝拼接

矩形错缝拼接石材在园林景观中的应用如图 5.120 所示。

（4）矩形嵌缝拼接

矩形嵌缝拼接石材在园林景观中的应用如图 5.121 所示。

（5）矩形块状石材[1]在园林景观中的应用

①条石干砌[2]（图 5.122）；②条石顺砌[3]（图 5.123）；③条石丁砌[4]（图 5.124）。

图 5.120　矩形错缝拼接石材在园林景观中的应用

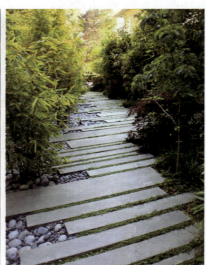

图 5.121　矩形嵌缝拼接石材在园林景观中的应用

[1] 矩形块状石材——指长度是宽度 4 ~ 5 倍规格的矩形块状石材。
[2] 干砌——砌体之间的缝隙没有砂浆，直接铺码在一起的一种砌筑方法。
[3] [4] 砖的长边顺着墙的轴线砌放叫顺，与轴线成 90° 砌放叫丁。

图 5.122　条石干砌在园林景观中的应用

图 5.123　条石顺砌

图 5.124　条石丁砌

5）片形

片形石材在园林景观中常用于墙面装饰和地面铺装（图 5.125）。用于墙面装饰时，厚的石板可砌造，薄的石板常贴。其肌理多分层错缝，一般纹缝与地面平行，有时也会垂直或倾斜。地面铺装中，常与块状石材或卵石组合，营造肌理感较强的表面。其最早在中国古典园林中以瓦片的形式出现，应用于私家园林，古朴、细腻。

6）拼砌

拼砌是指各种形状石材根据设计要求砌造，其形理千变万化。在拼砌方法上，有的石材就地取材，材质形状不规则，采用分层或不分层随机拼砌，打造古朴自然的风貌；有的石材形状规则，按照设计要求进行规律性拼砌，打造精致细腻的氛围（图 5.126）。

7）异形

随着材料加工技术的进步，单块石材的形状逐渐多样化，因此，也丰富了景观的多样性。异形石材具有切割精度高，施工速度快，同时可以控制相邻板块的平整度和水平度的优点，提高产品的质量（图 5.127）。

图 5.125　片形石材在园林景观中的应用

图 5.126　拼砌石材在园林景观中的应用

图 5.127 异形石材在园林景观中的应用

5.4.4 地面铺装工程构造

1）地面铺装工程构造

（1）整体地面工程构造

①普通混凝土及彩色混凝土（压印地坪）路面构造，如图 5.128、图 5.129、表 5.13 所示。

说明：a.承载道路混凝土标号不低于 C30，非承载道路混凝土标号不低于 C20。

b.路宽小于 5 m 时，混凝土沿路纵向每隔 4 m 分块做缩缝；路宽大于 5 m 时，沿路中心线做纵缝，沿道路纵向每隔 4 m 分块做缩缝；广场按 4 m×4 m 分块做缝。

图 5.128 普通混凝土路面构造（单位：mm）

— 混凝土
— 灰土或二灰碎石或天然沙砾或级配碎砾石
— 素土夯实

图 5.129 彩色混凝土路面构造

— 4 mm 厚彩色强化剂模具压印艺术地面
— 混凝土
— 灰土或二灰碎石或天然沙砾或级配碎砾石
— 素土夯实

表 5.13　尺寸表　　　　　　　　　　单位：mm

代　号	承　载			非承载		
	多年冻土	季节冻土	全年不冻土	多年冻土	季节冻土	全年不冻土
h_1	180 ~ 220	180 ~ 200	180 ~ 200	100 ~ 160	80 ~ 160	80 ~ 140
h_2	200 ~ 500	200 ~ 400	200 ~ 300	200 ~ 300	100 ~ 200	0 ~ 150
h	80 ~ 150					

c. 混凝土纵向长约 20 m 或与不同构筑物衔接时须做伸缩缝。

d. 缘石可选用石材、混凝土等。

②沥青路面构造，如图 5.130、表 5.14 所示。

说明：a. 缘石可选用石材、混凝土等。

— 中（细）粒式沥青混凝土
— 粗粒式沥青混凝土
— 乳化沥青透层
— 二灰碎石
— 灰土或天然沙砾或级配碎砾石
— 素土夯实

图 5.130　沥青路面构造（单位：mm）

表 5.14　尺寸表　　　　　　　　　　单位：mm

代　号	承　载		
	多年冻土	季节冻土	全年不冻土
h_1	150 ~ 300	150 ~ 250	100 ~ 200
h_2	200 ~ 400	150 ~ 300	150 ~ 250
h	80 ~ 150		
a	30 ~ 60		
b	40 ~ 60		

b. 乳化沥青透层的沥青用量为 1.0 L/m²，上铺 5 ~ 10 mm 碎石或粗砂用量 3 m³/1 000 m²。

c. 本图适用于交通量比较大的承载路面。

③水洗石路面构造，如图 5.131、表 5.15 所示。选材规格见表 5.16。

图 5.131　卵石或水洗石路面构造（单位：mm）

表 5.15　尺寸表　　　　　　　　　　　　　　　单位：mm

代　号	承　载			非承载		
	多年冻土	季节冻土	全年不冻土	多年冻土	季节冻土	全年不冻土
h_1	150 ~ 200	150 ~ 200	150 ~ 200	100 ~ 150	100 ~ 150	100 ~ 150
h_2	250 ~ 400	200 ~ 350	150 ~ 300	150 ~ 300	100 ~ 200	0
h	80 ~ 150					

表 5.16　卵石或水洗石路面选材规格

卵石粒径	φ	20	25	30	45	60
面层厚	A	40	50	60	75	90
豆石粒径	φ	3 ~ 5	6 ~ 12	13 ~ 15		
面层厚	a	30	35	40		

说明：a. 面层为 1 ∶ 2 ∶ 4 的细石混凝土嵌卵石、水洗豆石、石条或瓦。

b. 承载道路混凝土标号不低于 C30，非承载道路混凝土标号不低于 C20。

c. 路宽小于 5 m 时，混凝土沿路纵向每隔 4 m 分块做缩缝；路宽大于 5 m 时，沿路中心线做纵缝，沿道路纵向每隔 4 m 分块做缩缝；广场按 4 m × 4 m 分块做缝。

d. 混凝土纵向长约 20 m 或与不同构筑物衔接时须做胀缝。

e. 缘石可选用石材、混凝土等。

④有机合成地面构造，如图 5.132、表 5.17 所示。

说明：a. 本图适用于球场、运动场等场地的地面铺设。

b. 缘石可选用石材、混凝土等。

（2）块状地面工程构造

①石板或砖地面构造，如图 5.133、表 5.18 所示。

说明：a. 花砖指广场砖和仿石地砖，石板为各种天然石材板。

b. 花砖用 1 ∶ 1 水泥砂浆勾缝，石板用 1 ∶ 2 水泥砂浆勾缝或细砂扫缝。

—中（细）粒式沥青混凝土
—粗粒式沥青混凝土
—乳化沥青透层
—二灰碎石
—灰土或天然沙砾或级配碎砾石
—素土夯实

图 5.132　有机合成地面构造（单位：mm）

表 5.17　尺寸表　　　　　　　　　　　　　　　　单位：mm

代　号	承　载			非承载		
	多年冻土	季节冻土	全年不冻土	多年冻土	季节冻土	全年不冻土
h_1	150 ~ 200	150 ~ 200	150 ~ 200	100 ~ 150	100 ~ 150	100 ~ 150
h_2	250 ~ 400	200 ~ 350	150 ~ 300	150 ~ 300	100 ~ 200	0
a	10 ~ 20					

—花砖或石板
—1：3 水泥砂浆
—混凝土
—灰土或二灰碎石或天然沙砾或级配碎砾石
—素土夯实

图 5.133　石板或砖地面构造（单位：mm）

表 5.18　尺寸表　　　　　　　　　　　　　　　　单位：mm

代　号	承　载			非承载		
	多年冻土	季节冻土	全年不冻土	多年冻土	季节冻土	全年不冻土
h_1	150 ~ 200	150 ~ 200	150 ~ 200	100 ~ 150	100 ~ 150	100 ~ 150
h_2	250 ~ 400	200 ~ 350	150 ~ 300	150 ~ 300	100 ~ 200	0
h	80 ~ 150					
a	12 ~ 60					

　　c. 路宽小于 5 m 时，混凝土沿路纵向每隔 4 m 分块做缩缝；路宽大于 5 m 时，沿路中心线做纵缝，沿道路纵向每隔 4 m 分块做缩缝；广场按 4 m × 4 m 分块做缝。

　　d. 混凝土纵向长约 20 m 或与不同构筑物衔接时须做胀缝。

e. 承载道路混凝土标号不低于 C30，非承载道路混凝土标号不低于 C20。

f. 缘石可选用石材、混凝土等。

②嵌草砖或透水砖地面构造，如图 5.134、表 5.19 所示。

说明：嵌草砖可采用水泥砖、非黏土砖、透气透水环保砖及塑料网格等。

缘石可选用石材、混凝土等。

图 5.134　嵌草砖或透水地面构造（单位：mm）

表 5.19　尺寸表　　　　　　　　　　　　　　　单位：mm

代 号	承 载			非承载		
	多年冻土	季节冻土	全年不冻土	多年冻土	季节冻土	全年不冻土
h_1	150～200	150～200	150～200	100～150	100～150	100～150
h_2	250～400	200～350	150～300	150～300	100～200	0
h	80～150					
a	50～80					

（3）嵌草地面工程构造

嵌草地面工程构造，如图 5.135 所示。

说明：a. 间草步石为天然或加工的石材；

b. 适用于绿地内踏步。

图 5.135　嵌草地面构造（单位：mm）

2）园路附属工程

（1）道牙工程构造

道牙是安置在路两侧,界定车辆、行人活动范围,对路面与路肩在高程上起衔接作用,并保护路面,作为路面排水的控制设施。

道牙一般有普通道牙和特殊道牙,其中普通道牙又分为立道牙和平道牙（图 3.136、图 5.137）。利用路沿下收水口排水时,采用立道牙;利用道路两侧的明沟排水时,采用平道牙。道牙一般采用砖、石材、混凝土制作而成,其埋入的深度应大于总高度的 1/2。在庭院中也常用小青瓦、大卵石等做道牙。

道牙常用磨边样式如表 5.20 所示。

表 5.20　道牙常用磨边样式

图片样式	加工名称	备注	图片样式	加工名称	备注
	直边见光	两相邻边磨光 80° 以上		双级法国边	由两个小直边和中间为 1/2 圆边相连组合而成
	小圆边	R 小于 10 mm 的 1/4 圆边（见光）		鸭嘴边	形似鸭嘴的边（见光）
	大圆边	R 大于 10 mm 的 则边（见光）		奶嘴边	形似奶嘴的边（见光）
	全圆边	1/2 圆边相连组合而成（见光）		平面抽槽	平面板材抽 10×5 槽（不见光）
	小斜边	斜长小于 14 mm 的斜边（见光）		平面抽槽	平面板材抽 10×5 槽（见光）
	大斜边	斜长大于 14 mm 的斜边（见光）		倒底或倒面	平面板材倒底部倒底切 45°（不见光）
	法国边	由一个小直边和 1/4 圆边相连组合而成（见光）		倒底或倒面	平面板材倒底部倒底切 45° 角留 5 厘米（见光）
	海棠边	由垂直的两个小边和中间为小于 1/4 的圆边相连组合而成（见光）		加厚直边或小圆边 R3	双层石材直边见光或小圆边 R3（见光）

续表

图片样式	加工名称	备注	图片样式	加工名称	备注
16±1	加厚法国边	双层石材法国边（见光）	16±1	加厚斜边	双层石材5×5斜边（见光）
16±1	加厚海棠边	双层石材海棠边（见光）	16±1	拉槽大斜边	拉槽大斜边（见光）
16±1	加厚线条边	双层石材5×5斜边加海棠样式线条边（见光）	16±1	拉槽平面边	拉槽平面边（见光）

（a）立道牙　　　　　　　　（b）平道牙

图 5.136　普通道牙

（a）机砖道牙　　　　　　　　（b）立瓦道牙

图 5.137　特殊道牙

（2）台阶工程构造

①台阶的基本构成。台阶一般由踢面、踏面、平台等构成。当台阶高度超过 0.7 m，还应设有栏杆。一般常见的构造如图 5.138 所示。

图 5.138　台阶的构造

②台阶的种类及工程构造如表5.21、图5.139所示。

说明：a. 花砖指广场砖和仿石地砖，石板为各种天然石材板。

b. 室外台阶宽度 b=300 ～ 600 mm，高度 h=120 ～ 150 mm。

c. 混凝土标号不低于C20。

d. 钢筋混凝土配筋为 ϕ8 ～ 12@150 ～ 200 双向。

e. 台阶底层做法同其连接的铺装结构。

f. 冻胀地区须用钢筋混凝土，非冻胀地区根据台阶长度和宽度大小确定用素混凝土、钢筋混凝土或与道路构造相同。

表 5.21 台阶的种类及构造

类 别		构 造
规则式	水泥台阶	用模板按水泥路面方式灌注，其高度宽度预先测定
	石板台阶	整齐石板铺砌而成
	砖砌台阶	用砖按所需台阶高度、宽度整齐砌成
不规则式	块石台阶	坚硬石块，较平一面为踏面，高度、宽度在同一阶上力求平整
	横木台阶	台阶边缘用横木固定，材料以桧木、栗木为佳，踏面以土石铺砌
	纵木台阶	台阶边缘用纵木桩固定之，其形式与横木台阶相同
	草皮台阶	草皮纵叠于台阶边缘

图 5.139 一般台阶的基本构造（单位：mm）

5.4.5 一般水体中的石材构造

因水池所在地的气候、基址的地质、水池的大小和建筑材料的不同，水池的构造做法也不同，从结构上可分为刚性结构水池、柔性结构水池和临时简易水池三种。

1）刚性结构水池

刚性结构水池也称钢筋混凝土水池，特点是池底池壁均配钢筋，因此寿命长、防漏性好，适用于大部分水池。

（1）砖石结构水池

小型和临时性水池可采用砖结构，但要做素混凝土基础，用防水砂浆砌筑和抹面。这种结构价低廉，施工简单，但抹面易开裂甚至脱落，尤其是寒冷地区，经几次冻融就会出现漏水。为防止漏水，可在池内再浇一层防水混凝土，然后用水泥砂浆找平。进一步提高要求可再在砖壁和防水混凝土之间设一层柔性防水层，如图5.140所示。

图5.140　砖石结构水池（单位：mm）

（2）钢筋混凝土结构水池

大中型水池最常采用的是现浇混凝土结构。为保证不漏水，宜采用水工混凝土，为防止裂缝应适当配置钢筋，如图5.141所示。大型水池还应考虑适当的伸缩缝和沉降缝，这些构造缝应设止水带或用柔性防漏材料填塞。水池与管沟、水泵房等相连处，也宜设沉降缝并同样进行防漏处理。

图5.141　钢筋混凝土结构水池（单位：mm）

2）柔性结构水池

随着建筑材料的更新，特别是各式各样的柔性衬垫薄膜材料的应用，出现了柔性结构水池，使水池的建造产生了飞跃。实际上水池光靠加厚混凝土和加粗加密钢筋网是不可取的，尤其对于北方地区水池的渗漏冻害，采用柔性不渗水的材料做水池防水层效果更好。目前，在水池工程中使用的有玻璃布沥青席水池、三元乙丙橡胶（EPDM）薄膜水池、聚氯乙烯（PVC）衬垫薄膜水池、再生橡胶薄膜水池等。以缓坡池壁为例介绍柔性结构水池的一般构造如图 5.142 所示。

散置杂色卵石
30 厚 1：2 水泥砂浆铜网保护层（φ2@50）
聚氨酯防水
20 厚 1：2 水泥砂浆找平层
150 厚 CO 钢筋混凝土（φ12@200）
200 厚石粉垫层
素土夯实

图 5.142　缓坡池壁结构水池（单位：mm）

5.4.6　饰面石材的安装

常用饰面石材的安装方法分粘贴法和干挂法，粘贴法又分为水泥砂浆的湿式粘贴法和采用化学粘贴剂的干粘法。

1）粘贴法

湿式粘贴法主要是指用水泥砂浆将石材与墙体或地面粘贴的方法（图 5.143）。其特点是施工简单，对施工人员的技术要求不高，安装成本低。但此方法安装的石材浸水后会造成饰面泛碱变白现象，污染石材装饰面，影响整体装饰效果。另外，混凝土与石材的收缩率不同，气温的变化也容易引起装饰面的龟裂或板材的脱落，故传统的湿贴法适用于施工速度慢的小规格板材安装。

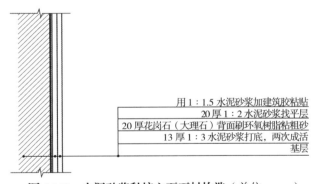

用 1：1.5 水泥砂浆加建筑胶粘贴
20 厚 1：2 水泥砂浆找平层
20 厚花岗石（大理石）背面刷环氧树脂粘粗砂
13 厚 1：3 水泥砂浆打底，两次成活
基层

图 5.143　水泥砂浆黏接立面石材构造（单位：mm）

湿式安装方法适用于低矮楼层的外墙或景墙饰面石材安装，为解决石材泛碱问题，在粘贴板材之前，须对板材进行涂覆保护剂的处理。

2）干挂法

石材干挂法又称空挂法，是现代饰面工程中一种新型的施工工艺，主要应用于板材的外墙安装。该方法是以金属构件将饰面石材直接吊挂于墙面或空挂于钢架上，不须再灌浆粘贴。其原理是在主体结构上设主要受力点，通过金属挂件将石材固定在建筑物上，形成石材装饰幕墙（图 5.144）。

混凝土基层

自然面青石
600×300×50

不锈钢挂件
@300

5 mm 泡沫条
耐候胶

石材专用干挂胶
环氧树脂

50×50×50 镀锌角钢
竖向间距为300

密封胶

图 5.144　干挂石材构造（单位：mm）

　　由于干挂件系列的不同，出现了多种干挂方法，石材干挂件的形式决定了石材干挂的形式。石材干挂件主要有插销（针）式、蝴蝶（上下翻、两头翻）式、焊接（T 形）式、背栓式、背挂（隐藏悬吊）式、缝挂式、钢构式、SE 形式等系列。干挂件使用的主要材料有不锈钢、弹簧钢、铝合金，以及随之配套的螺栓、密封胶、干挂胶等。该方法具有施工速度快、操作简单等特点，适用于小规格薄板或超薄石材的安装。

　　干挂法施工过程清洁无污染，同时可以有效地避免传统湿贴工艺出现的板材空鼓、开裂、脱落等现象，明显提高了建筑物的安全性和耐久性；还可完全避免传统湿贴工艺板面出现的泛白、变色等现象，有利于保持幕墙清洁美观，充分显示石材的华丽色彩。干挂安装可以上下同时施工，且不受季节影响，抗震性好，表面板材的维修更换方便，在一定程度上改善了施工人员的劳动条件，减轻了劳动强度，从而加快了工程进度。

5.5　石雕的应用

　　石雕艺术在我国古代开始盛行，经久流传，成为我国文化的瑰宝。在现代，石雕艺术不仅作为艺术品存在于文化圈内，还作为景观建筑小品的一种逐渐走进人们的日常生活。现代石雕形式多样，主要应用于城市环境的建设，以追求综合型艺术美感为目标，满足现代人更高更多样的精神需求。

1）各类石雕

　　①石窟和摩崖石雕（图 5.145）。

　　②陵园石雕（图 5.146）。

　　③宫殿、寺庙、皇家园林、府邸石雕（图 5.147）。

　　④石桥石雕（图 5.148）。

　　⑤塔建筑石雕（图 5.149）。

（a）云冈石窟　　　　　　　　　（b）龙门石窟　　　　　　　　　（c）敦煌石窟

图 5.145　石窟和摩崖石雕

（a）中山陵光化亭　　　　　　　　　　　　　　（b）中山陵音乐台

（c）十三陵神路石雕

（d）十三陵石栏杆、石牌坊、石碑

（e）明思陵石雕   （f）明孝陵下马坊

图 5.146　陵园石雕

（a）故宫云龙大石雕   （b）故宫太和殿石雕

（c）颐和园石舫   （d）避暑山庄石桌

（e）曲阜孔庙大殿石雕、石牌坊

（f）洛阳白马寺雕塑　　　　　　　　　　　（g）渠县汉阙

图 5.147　寺庙神殿、祭坛石雕

（a）赵州桥栏板石雕　　　　　　　　　　　（b）卢沟桥石狮子

图 5.148　石桥石雕

（a）西湖石塔　　（b）赵县石塔　　（c）天津蓟州白塔　　（d）佑国寺塔　　（e）西安大雁塔

图 5.149　石塔

2）按雕件造型方式分类

（1）圆雕

圆雕又称立雕，在立体物上雕出不附在任何背景上，可以各种角度观赏的立体形象，包括立体人物、动物雕像、壁炉、雕刻柱头等。

商代时，我国已经产生了技艺相当成熟的圆雕作品。出土于河南安阳妇好墓的石雕人物属于商代后期圆雕。汉代圆雕作品最负盛名的是位于陕西省兴平县茂陵的霍去病墓石雕。墓圆雕跃马、卧马、卧牛、卧虎、马踏匈奴（图 5.150）、猩猩抱熊、怪兽吞羊、鱼等形象共 16 件。

（2）浮雕

浮雕即在石料表面雕刻有立体感的图像，是半立体型的雕刻品，因图像浮凸于石面而称浮雕。根据石面脱石深浅程度的不同，又分为浅浮雕及高浮雕。浅浮雕是单层次雕像，内容比较单一，没有镂空透刻；高浮雕是多层次造像，内容一般较繁复，多采取透雕手法镂空，更加引人入胜。浮雕多用于墙壁装饰，也用于地面局部装饰（图 5.151）。

图 5.150　霍去病墓石雕马踏匈奴

图 5.151　浮雕

（3）透雕

透雕是在浮雕的基础上，镂空其背景部分，有的为单面雕，有的为双面雕（图 5.152）。通常有边框的称"镂空花板"。镂空核雕也属于透雕的一种。

（4）传统的雕刻手法中，还有沉雕、影雕等

沉雕大多用于建筑物墙面装饰的雕刻、碑塔、牌坊、墓葬、摩崖石刻，以及宅居楹联、匾额和工艺品等的题刻（图 5.153）。其中以摩崖石刻、碑牌、楹联题刻为最多。沉雕中有一类称为线雕，仿效中国画写意、重叠、线条造型、散点透视等传统笔法，雕镂各种线条装饰。

影雕是在早年的"针黑白"工艺基础上发展起来的新工艺品，因作品都以照片为依据，故称"影雕"。这种雕件以玉晶湖青石切锯成平板作为材料，先把表面磨光，利用其经琢凿能显示白点的特性，以尖细的工具琢出大小、深浅、疏密不同的微点，区分黑白的不同层次，使图像不但细腻逼真，而且独具神韵（图 5.154）。

图 5.152　透雕

图 5.153　沉雕

图 5.154　中国黑陶工艺美术大师刘德功手工影雕作品《荷韵》

3）按所用加工工具分类

①手工雕刻品：即用凿、锤等手工工具雕凿的制品。

②半机械化加工雕刻品：即部分用手工、部分用机械化加工的石雕。

③全自动数控机械加工雕刻品。

④喷砂雕刻品：用喷砂雕刻机进行雕刻。喷砂雕刻机是使用空气机和金刚砂喷射在雕刻制品外进行雕刻。

⑤化学腐蚀雕刻品：即用化学腐蚀液与石材之间进行的化学反应，达到雕刻石材的目的。其有凸雕（浮雕）和凹雕两种。

此外，古往今来的石雕艺匠还创作了一些圆、浮、沉各种手法兼具的雕件。这类雕件都表现出较复杂的内容，因此采取浮中有沉、沉中有浮、圆中有沉浮的综合手法。

4）其他石材小品

石材这一古老的建筑材料在人类园林史上一直占有一席之地，由于现代开采与加工技术的进步，使得石材在现代景观中得到更加广泛的应用。

除了园路铺装、立面装饰、工艺雕刻等，石质桌椅、栏杆、导示牌、花钵、凉亭等都用到了石材，并将石材与其他材质有机结合，打造出新颖的景观（图 5.155）。

（a）石栏杆

（b）石质桌凳

（c）石质花钵　　　　　　　　　　（d）石灯笼

（e）石质导示牌　　　　　　　　　（f）石质凉亭

图 5.155　其他石质小品

思考与练习

1. 简述景观中石材的性质。

2. 简述常见天然石材的分类及特点。

3. 简述常见人造石材的分类及特点。

4. 简述石材表面处理的方式及各自的特点。

5. 简述整体地面与块状地面的区别。

6. 石材的拼砌图形有哪些？

7. 简述台阶的基本构造。

8. 简述饰面石材安装的方法及各自的特点。

9. 简述石雕的分类。

6 木材、竹材与茅草

木材

本章导读　本章内容涉及木材、竹材及草材等以植物为原材料加工的景观硬质材料。这些材料在景观工程中占有重要地位，常用于墙面、地面和景观构筑物中。本章介绍了这些材料的定义、性质、分类及应用等，重点介绍这些材料在园林景观工程中的应用形式。

6.1　木　材

中国人自古恋木、尚木。古人认为树木是天地交流的通道，是人们与"天"交流、表达愿望的途径。《春秋繁露》记载有：木者，春生之性。指木是生命之源，始发于春，内敛含蓄，世间万物体会生命之味后，最终归于自然。儒家倡导道法自然、天人合一的哲学观。人们认为金、木、水、火、土五行说中的"木"代表着生生不息。古人种树为林，伐木取材，运用高超的木作工艺，将取自天然的"木"盖成房屋、制成家具、雕刻成件，吃、穿、住、行、用，每个生活细节无不与"木"息息相关。

中国的木文化都是一部悠久而传奇。在园林景观不断发展的今天，人们对景观的品质有着越来越高的追求。木材作为一种在园林中常用的建材，以其独特的自身属性和特有的景观效果，在园林景观中发挥着其他材料不可替代的作用。

木材是能够次级生长的植物，是乔木和灌木所形成的木质化组织。木材对于人类生活起着很大的支持作用。木材在园林中运用广泛，古建筑中的亭、台、楼、阁等多为木结构，如山西应县木塔（图6.1）、天津蓟州独乐寺（图6.2）堪称木结构的杰作。还有园林设施如木栈道、木平台、木制种植槽、木桌椅等。

图6.1　山西应县木塔

图6.2　天津蓟州独乐寺

6.1.1 木材的宏观构造与性质

1）宏观构造

用肉眼或低倍放大镜所看到的木材组织称为宏观构造。为便于了解木材的构造，将树木切成三个不同的切面：横切面为垂直于树轴的切面；径切面为通过树轴的切面；弦切面为与树轴平行和年轮相切的切面（图6.3）。

图6.3 木材切面示意图

宏观下，树干由树皮、形成层、木质部（即木材）和髓心组成。从树干横截面的木质部上可看到环绕髓心的年轮。每一个年轮一般由两部分组成：色浅的部分称早材（春材），是在季节早期所生长，细胞较大，材质较疏；色深的部分称晚材（秋材），是在季节晚期所生长，细胞较小，材质较密。有些木材，在树干的中部，颜色较深，称心材；在边部，颜色较浅，称边材。针叶树材主要由管胞、木射线及轴向薄壁组织等组成，排列规则，材质均匀；阔叶树材主要由导管、木纤维、轴向薄壁组织、木射线等组成，构造较复杂。由于组成木材的细胞定向排列，形成顺纹和横纹的差别。横纹又可区别为与木射线一致的径向，与木射线相垂直的弦向。针叶树材一般树干高大，纹理通直，易加工，易干燥，开裂和变形较小，适于作为结构用材。某些阔叶树材，质地坚硬、纹理色泽美观，适于装修用材。

2）木材的性质

（1）密度

木材是多孔性物质，其外形体积由细胞壁物质及孔隙（细胞腔、胞间隙、纹孔等）构成，因而密度有木材密度和木材细胞物质密度之分。前者为木材单位体积（包括孔隙）的质量，后者为细胞壁物质（不包括孔隙）单位体积的质量。

木材的密度是木材性质的一项重要指标，根据它估计木材的实际质量，推断木材的工艺性质和木材的干缩、膨胀、硬度、强度等物理性质。木材密度，以基本密度和气干密度两种更为常用。

①基本密度：因绝干材质量和生材（或浸渍材）体积较为稳定，测定的结果准确，故适合作木材性质比较之用。基本密度在木材干燥、防腐工业中也具有实用性。

②气干密度：是气干材质量与气干材体积之比，通常以含水率在8%～20%时的木材密度为气干密度。木材气干密度是进行木材性质比较和生产使用的基本依据。

木材密度的大小，受多种因素的影响，其主要影响因素为木材含水率的大小、细胞壁的厚薄、年轮的宽窄、纤维比率的高低、抽提物含量的多少、树干部位、树龄立地条件和营林措施等。中国林业科学研究院木材工业研究所根据木材气干密度（含水率15%时），将木材密度分为五级：很小，≤ 0.350 g/cm³；小，0.351 ~ 0.550 g/cm³；中，0.551 ~ 0.750 g/cm³；大，0.751 ~ 0.950 g/cm³；很大，> 0.950 g/cm³。

（2）强度

按受力状态，木材的强度分为抗拉、抗压、抗弯和抗剪四种。木材强度的检验采用无疵病的木材制成标准试件，按《木材物理力学试验方法总则》（GBT 1928—2009）进行测定。木材受剪切作用时，由于作用力对于木材纤维方向的不同，可分为顺纹剪切、横纹剪切和横纹切断三种（图6.4）。

（a）顺纹剪切　　　　（b）横纹剪切　　　　（c）横纹切断

图6.4　木材剪切方式

（3）含水率

①定义：指木材中水的质量占烘干木材质量的百分数。

②木材中的水：木材中的水分可分为三部分，见表6.1。

表6.1　木材中的水分形式

木材中的水分	存在部位	蒸发顺序
自由水	存在于细胞腔和细胞间隙中	首先蒸发
吸附水	存在于细胞壁中	在自由水蒸发后蒸发
结合水	以化学结合水的形式存在	最后蒸发

③平衡含水率：木材的含水率是随着环境温度和湿度的变化而改变的。当木材长期处于一定温度和湿度下，其含水率趋于一个定值，表明木材表面的蒸气压与周围空气的压力达到平衡，此时的含水率称为平衡含水率。木材平衡含水率随地区、季节及气候等因素而变化，一般为10% ~ 18%。

④纤维饱和点：当吸附水达到饱和而尚无自由水时，称为纤维饱和点。木材的纤维饱和点因树种而有差异，一般为23% ~ 33%。当含水率大于纤维饱和点时，水分对木材性质的影响很小。当含水率自纤维饱和点降低时，木材的力学性能随之而变化。

（4）胀缩率

木材吸收水分后体积膨胀，丧失水分则收缩。木材自纤维饱和点到炉干的干缩率，顺纹方向约为0.1%，径向为3% ~ 6%，弦向为6% ~ 12%。径向和弦向干缩率的不同是木材产生裂缝和翘曲的主要原因。

（5）力学性能

木材有很好的力学性能，但木材是有机各向异性材料，顺纹方向与横纹方向的力学性能有很大差别。木材的顺纹抗拉和抗压强度均较高，但横纹抗拉和抗压强度较低。木材强度还因树种而异，并受木材缺陷、荷载作用时间、含水率及温度等因素的影响，其中以木材缺陷及荷载作用时间两者的影响最大。因木节尺寸和位置不同、受力性质（拉或压）不同，有节木材的强度比无节木材可降低 30% ~ 60%。在荷载长期作用下木材的长期强度几乎只有瞬时强度的一半。

6.1.2　木材的分类与种类

1）木材的分类

（1）树木种类分类

根据树木种类木材可分为针叶树材、阔叶树材（表 6.2），其微观构造如图 6.5 所示。

表 6.2　木材根据树木种类分类

种　类	特　点	主要应用
针叶树（软木） 如松、杉、柏等	树干通直高大，纹理顺直；强度较高，变形较小，耐腐蚀性较强；木质较软，易于加工	建筑工程中承重构件和门窗等用材
阔叶树（硬木） 如水曲柳、椴木、柚木等	树干通直部分较短；一般较重，强度高，变形大，易开裂；材质坚硬，加工较困难	作为建筑装饰工程中的装饰用材

（a）针叶树　　　　　　　　　　　（b）阔叶树

图 6.5　木材的微观构造

（2）按产地分类

木材按产地可分为国产木材，欧洲、北美木材，非洲木材，南美木材，东南亚木材等。

（3）按木材软硬分类

木材按软硬可分为软材（白松、黄松、红松）、硬材（红栎木、白栎木）（图 6.6）。

（a）软材（白松）　　　　　　　　（b）硬材（红栎木）

图 6.6　软材和硬材

（4）按木材微细构造分类

按微细构造可分为有孔材（环孔材、半环孔材、散孔材）（图6.7）和无孔材。

| （a）环孔材 | （b）半环孔材 | （c）散孔材 |

图6.7 有孔材的微观构造

2）常用木材种类

目前市场上用于园林景观及装饰材料的树种主要有水曲柳、柞木、香樟、柳桉、白皮榆、白桦、杉木、松木、红松、山毛榉、花梨木、红木等，见表6.3。

表6.3 常见木材种类

品 种	图 例	品 种	图 例	品 种	图 例
水曲柳		椴 木		楸 木	
胡桃木		核桃木		槐 木	
香 樟		榉 木		柚 木	
红 松		柳 桉		杉 木	

①水曲柳：基本特点是纹理直，结构粗，不均匀，木材较重，硬度中等，强度及冲击韧性中，干缩中。木材干燥时，常有翘裂、皱缩等缺陷；耐腐蚀，不耐虫蛀；加工容易，切削面光洁；胶粘、

油漆、着色性能良好；握钉力强。其可制作胶合板及薄木，可用于高级家具、器具及室内装修等。

②椴木：纹理直，结构略粗，均匀质软，干缩中，强度低，干燥易翘曲，不耐腐，易加工，切削面光洁，油漆、粘接性能好，钉钉易，握钉力稍弱。

③楸木：纹理交错，结构略细且均匀，硬度中，干缩较大，强度低，干燥快，不易变形，不耐腐，易加工，切削面光洁，纹理美，油漆、粘接性能好，握钉力小，不易劈裂。

④胡桃：抗劈裂和韧性好，干燥慢，弯曲性好，加工性好，表面光滑，易雕刻、磨光，粘接性好。

⑤核桃木：纹理直或斜，结构细且均匀，材质重，硬度及强度中，干缩率小，干燥慢，但较稳定、不变形，易劈裂，耐腐，切削面光，油漆、粘接性能好，握钉力强。

⑥槐木：纹理直，结构较粗且不均匀，材质重，干缩中，强度中，耐腐性强，加工切削面光洁，油漆、粘接性能好，握钉力强。

⑦香樟：有香气，能防腐、防虫，纹理交错，结构细且均匀，材质中，硬度软，干缩小，强度低，冲击韧性中，易干燥，少翘曲，耐腐、耐温，易切削，切面光洁，油漆、粘接、耐久性能好，握钉力中等，不易劈裂。

⑧榉木：纹理直，结构粗且不均匀，干缩小，强度中或高，切削面光洁，纹理美，油漆、粘接性能好，握钉力强，不易劈裂。

⑨柚木：纹理直，结构粗且不均匀，密度中，干缩小，硬度、强度中，干燥较慢，干燥质量好，稳定，耐腐，抗虫，加工较难，刨切面光洁，油漆、粘接性能好，握钉力强。

⑩红松：是著名的经济树木，树干粗壮，材质轻软，结构细腻，纹理密直通达，锯刨加工易，刨面光滑、有光泽，松脂气味较浓，耐腐，干燥易，握钉力中。

⑪柞木：比重大，质地坚硬，收缩大，强度高，结构细密，不易锯解，切削面光滑，易开裂、翘曲变形，不易干燥，耐湿、耐磨损，不易胶接，着色性能良好。

⑫柳桉：柳桉分白柳桉和红柳桉两种。白柳桉，木材结构粗，纹理直或斜面交错，易于干燥和加工，着钉、油漆、胶合等性能均好；红柳桉，木材结构、纹理亦如白柳桉，径切面花纹美丽，干燥和加工较难。

⑬杉木：木材纹理通直，结构均匀，早晚材界限不明显，强度相差小，不翘不裂，材质轻韧，强度中，具香味，材中含有"杉脑"能抗虫耐腐。

3）木材产品的分类

木材按其加工程度和用途不同，常分为原条、原木、锯材和枕木四种，见表6.7。

①原条：原条是指去皮（也有不去皮的）而未经加工成规定材品的木材（图6.8）。它可用于园林景观小品和待进一步加工。

②原木：原木是原条按一定尺寸加工而成的规定直径和长度的木料（图6.9）。它可直接在建筑中用作木桩、楼梯、木柱等，做防腐处理后可用于园林中的道路铺装，室外木质平台及楼梯、格栅等。

③锯材：锯材是指已经加工锯解成一定尺寸的木料（图6.10）。凡宽度为厚度3倍以上的，称为板材，不足3倍的为枋材。

④枕木：枕木又名轨枕、木枕、防腐木枕（图6.11），是用于铁路、专用轨道走行设备铺设和承载设备铺垫的材料。其弹性好，质量轻，制作简单，绝缘性能好；为有效延长使用寿命，枕木一般必须经过注油防腐后使用。

图 6.8 原条

图 6.9 原木

图 6.10 锯材

图 6.11 枕木

6.1.3 木材的防腐与保护

木材防腐，能够防止木材的天然腐败和抵御昆虫的侵蚀，延长木材使用寿命，每年可节省数亿株树木，木材防腐大量应用于园林景观、户外家具及园林建筑中。

1）木材的腐蚀

木材的腐蚀由真菌或虫害所致。真菌能分泌各种醇，把细胞壁物质分解成简单的养料，供自身生长繁殖，致使木材腐朽而降低材质强度。

真菌的生长和繁殖需要适宜的水分、空气及温度。木材含水率处于 50% ~ 70% 最适于腐败菌的繁殖，当含水率在 20% 以下时，腐败菌繁殖完全停止。木材中含有一定量空气，腐败菌才会繁殖，贮于水中或深埋地下的木材不会腐朽，就是因为缺乏空气。腐败菌在温暖环境中易繁殖，最适宜的温度为 24 ~ 32 ℃，高于 60 ℃时，即不能生存。

由此可知，木材若能经常保持干燥或隔绝空气，即可免除菌害。如果时干时湿，例如桩木靠近地面和水面的部分，最易腐朽。

2）木材防腐的方法

木材常用的防腐方法有干燥防腐和化学防腐两种。

（1）干燥防腐

对于使用在干燥环境下的木材，应事先进行干燥处理，并在木结构中采取通风、防潮、涂刷油漆等措施。

干燥处理又分为自然干燥和人工干燥。人工干燥是利用人工的方法排除木材中的水分，常用的方法有：水浸法、蒸材法和热炕法等。

（2）化学防腐

如果木结构不能保持干燥，则需要用化学防腐处理，即把防腐剂注入木材内，使木材不再能作为真菌的养料，同时还能杀死真菌。五氯酚是油溶性的有机化合物，对真菌、白蚁及海生钻孔动物、藻类等的毒杀能力都很强。

一百年来，木材防腐工业常将室外用的木材做整体预处理。铁路枕木、木电线杆、码头木桩等使用前先用金属盐、黑色杂酚油和砷化物浸泡，可延长使用寿命。

使用广泛的木材防腐化学品有：杂酚油，又称木焦油、压砖机润滑油等，外观为无色或黄色油状液体，是一种消毒剂和防腐剂，制取自木炭，为杀菌防腐剂，能破坏、杀死细胞；狄氏剂，是一种杀虫剂，仅用于木材防腐的预处理，作为灭白蚁用；五氯酚，一种杀菌剂，既用于木材防腐的预处理，也可作为装修时用；三丁基锡氧化物，一种杀菌剂，既用于木材防腐的预处理，也作为装修时用；林丹，一种杀虫剂，既用于木材防腐的预处理，也可作为装修时用。有的防腐剂为低污染农药，如氯菊酯和硼化物。

6.1.4 常见防腐木

防腐木是采用防腐剂渗透并固化木材以后使木材具有防止腐朽菌腐朽功能、生物侵害功能的木材。

1）分类

防腐木分为四大类：天然防腐木（如菠萝格、花旗松等），深度炭化木，人工防腐木和生态塑木，其中使用最多的是人工防腐木。木塑复合材料作为一种新型生态材料，也逐渐被推广使用。防腐木的等级如表 6.4 所示。

（1）天然防腐木

天然防腐木（图 6.12）指芯材的天然耐腐性达到防腐等级二级以上的木材，如纯天然的加拿大红雪松，未经过任何处理，主要是靠内部含一种酶，散发特殊的香味来达到防腐的目的。不同树种的木材由于其芯材中抽提物的不同，天然耐腐性也有很大差别，因此，其用途也有区别，见表 6.4。

表 6.4　不同使用环境的防腐木等级分类

防腐等级	使用条件	主要生物危害	防腐木材的典型用途
C1	室内，不接触土壤，干燥	昆虫	建筑内部、装饰材料、家具
C2	室内，不接触土壤，潮湿	腐朽菌、昆虫	建筑内部、装饰材料、家具、地下室、浴室
C3	室内，不接触土壤	腐朽菌、昆虫	户外家具、平台、步道、栈道、建筑外门窗
C4A	接触土壤或浸泡在淡水中，非重要部件	腐朽菌、昆虫	围栏支柱、支架、电杆和枕木（生物危害较低地区）
C4B	接触土壤或浸泡在淡水中，重要部件或难以更换的部件	腐朽菌、昆虫	木屋的基础、淡水码头护木、桩木、电杆和枕木（生物危害严重地区）
C5	浸在海水中	海生钻孔动物	海水码头护木、桩木、木质船舶

（2）炭化木

炭化木是用高温高压对木材进行长时间热解处理得到的木材。炭化木分为表面炭化木和深度炭化木。

表面炭化木是炙烤木材表面，使木材表面具有一层很薄的炭化层，还能凸显表面木纹的立体效果（图 6.13）。

碳化木

深度炭化木也称为完全炭化木、同质炭化木。其加工是在高温、高压、无氧、无水条件下，对木材进行热改性处理。由于其营养成分被破坏，具有较好的防腐防虫功能；由于其植物细胞壁中的半纤维素被重组，因此具有较好的物理性能（图 6.14）。

图 6.12　天然防腐木　　　图 6.13　表面炭化木　　　图 6.14　深度炭化木

（3）人工防腐木

人工防腐木（图6.15）是将普通木材经过人工添加化学防腐剂之后，使其具有防腐蚀、防潮、防白蚁、防真菌等特性。人工防腐木能直接接触土壤及潮湿环境，常使用于园林景观中。

（4）塑木

塑木是指木塑复合材料，是一种新型的、环保的材料。它是利用聚乙烯等与木粉、稻壳、秸秆等废植物纤维混合，经挤压、模压等加工工艺生产而成的型材，兼有木材和塑料的性能与特征（图6.16）。

图6.15　人工防腐木

图6.16　塑木

塑木拥有和木材一样的加工特性，并兼具塑料、树脂的耐水、防腐特性，是一种性能优良并十分耐用的室外防水防腐建材。

不同的防腐木特性有所区别，见表6.5。在园林景观工程中需根据不同环境的需求选择特性匹配的防腐木材。

表6.5　防腐木的种类及特性比较

种　类	特　性
天然防腐木	1. 没有进行任何处理，因此环保和安全性能优良； 2. 可保持木材原有的色泽、纹理和强度等性能
炭化木	1. 一般颜色较深，呈棕色； 2. 经过物理处理，在处理过程中不使用化学药剂，环保和安全性能优良； 3. 木材的力学强度有所下降
人工防腐木	1. 使用化学药剂对木材进行处理，其环保性能和安全性能取决于防腐剂的种类和用量等； 2. 木材的力学强度基本不受影响； 3. 使用含铜的水基防腐剂处理的防腐木呈绿色
塑木	1. 良好的加工性能； 2. 良好的强度性能； 3. 具有耐水、耐腐性能，使用寿命长； 4. 具有紫外线光稳定性、着色性良好； 5. 可循环利用； 6. 原料来源广泛； 7. 可根据需要，个性化定制

2）常用木材品种

用于户外用途的防腐木材分为高等级和经济型两种。高等级有西部红雪松和黄松等，经济型有西部铁杉、云杉、松木及冷杉等。

可制成防腐木的木材种类繁多，常用的有樟子松、南方松、花旗松、柳桉、菠萝格等。

（1）俄罗斯樟子松

俄罗斯樟子松能直接采用高压渗透法作全断面防腐处理，其优秀的力学表现及美丽的纹理深受设计及施工的青睐（图6.17）。

（2）北欧赤松

北欧赤松又名芬兰松木（图6.18）。其经过特殊防腐处理后，具有防腐、防白蚁、防真菌的性能，专门用于户外环境，并且可直接用于与水体、土壤接触的环境中，是户外园林景观木制地板、围栏、桥体、栈道及其他木制小品的首选材料。

（3）西部红雪松

西部红雪松产自北美可加工成的高级防腐木材（图6.19）。其稳定性极佳，使用寿命长，不易变形，也适用于高湿度的环境。

图6.17　俄罗斯樟子松

图6.18　芬兰松木

图6.19　西部红雪松

（4）美国南方松

美国南方松又称南方黄松。其强度和比重好，具有优异的握钉力，是高强度的西部软木（图6.20）。经过防腐和压力处理的黄松，防腐剂可直达木芯。在安装过程中可任意切割，断面无须再刷防腐涂料。产品可以用于海水或河水中，耐腐蚀性很强。

（5）铁杉

铁杉是市场上用途广泛的树种（图6.21）。其在强度方面，略低于南方黄松，比较适合做防腐处理。经过加压防腐处理的铁杉木材既美观又结实，堪与天然耐用的西部红雪松媲美。铁杉耐磨，稳定性强，不易出现收缩、膨胀、翘曲或扭曲情况，且抗晒黑。

（6）柳桉

柳桉木可分为白柳桉和红柳桉。白柳桉（图6.22）树干高而直，木材结构粗，纹理直或斜面交错，易于干燥和加工；红柳桉（图6.23）木材结构纹理亦如白柳桉，切面花纹美丽，但干燥和加工较难。柳桉在干燥过程中少有翘曲和开裂现象。柳桉木质偏硬，有棕眼，纤维长，弹性大，易变形。

（7）印茄木

印茄木常被叫作菠萝格（图6.24）。其因颜色有轻微差别，分为"红菠萝""黄菠萝"。它是市场上质量上乘、使用寿命较长的室外木地板选材。大径材，树根部颜色偏红、偏深，品质较好；小径材，树梢部颜色偏黄、偏浅，色泽较好。

（8）山樟

山樟木属冰片香属（图6.25），木材略有光泽，纹理略交错，结构均匀、略粗，硬度中，强度高。其生材加工容易，切面光滑，磨光性好，握钉力强。干燥处理后，经机械或手工加工而成。

图6.20　美国南方松

图6.21　铁杉

图6.22　白柳桉

图 6.23　红柳桉

图 6.24　菠萝格

图 6.25　山樟木

3）特性

①自然、环保、安全（木材呈原本色，略显青绿色）；

②可防腐、防霉、防蛀、防白蚁侵袭；

③木材稳定性高，适合打造户外木质结构（图 6.26）；

④易涂料及着色（图 6.27）；

图 6.26　户外木质平台

图 6.27　涂色防腐木花架

⑤能满足各种设计要求，宜用于各种木质园林景观小品的制作（图 6.28）；

⑥高质量的防腐木耐水性强（图 6.29）。

图 6.28　木质园林景观

图 6.29　亲水防腐木景观

6.1.5 木材在园林景观中的应用

木材是一种传统的造园建材，在古典园林中的应用历史悠久。木材的使用，大至园林建筑（如亭台楼阁），小至家具小品（如坐凳花架），形成了独具中国特色的木文化。园林木材在现代园林景观中应用更加广泛，既有实用性又兼具观赏性，在园林景观的塑造中有着举足轻重的作用。

在园林景观中木材可用作铺板（步道、踏步、亲水平台、景观阳台等）、护栏（栏杆、木栅栏、楼梯扶手等）、小品（户外桌椅、花架、木桥、景观秋千、花池等）、辅助设施（垃圾桶、指示牌等）、园林建筑（木屋、木亭、木质活动房等）等木结构。

1）铺板

经防腐防蛀处理的木材一直是目前园林景观中铺板材料的首选，而塑木在室外条件下使用的开裂状况较少，维护量较小，在一些对木材逼真度要求不是很高的环境中，可取代防腐木及碳化木。

木材铺板在园林景观中的应用形式多样，使用范围广泛，如园路、栈道、观景平台、庭院地面等（图6.30）。木材室外铺板不仅形式多样，颜色也十分丰富，常见的有黑胡、柚木、红缨、白橡、金檀、胡桃、紫檀、红木、雪松等，还可根据用户需要进行定制。

图6.30 木材在园林铺地中的应用

室外木质铺地工程构造如图6.31所示，其尺寸表见表6.6。

说明：a.所有木材应经过防腐、防水、防虫处理。

b.角钢应经过防锈处理。

c.龙骨间距0.5～1.0 m，龙骨可用螺栓或砂浆固定，木板与龙骨可用胶或木螺栓固定。

d.路宽小于5 m时，混凝土沿路纵向每隔4 m分块做缩缝；路宽大于5 m时，沿路中心线做纵缝，沿道路纵向每隔4 m分块做缩缝；广场按4 m×4 m分块做缝。

表 6.6 尺寸表 单位：mm

代 号	承 载		
	多年冻土	季节冻土	全年不冻土
h_1	100 ~ 150	100 ~ 150	100 ~ 150
h_2	150 ~ 300	100 ~ 200	0
h	20 ~ 60		
a	40 ~ 60		
b	20 ~ 100		

木板
角钢或木龙骨
混凝土或石材垫块
混凝土
灰土或天然砂砾或级配碎砾石
素土夯实

图 6.31　室外木地板工程构造（单位：mm）

e. 混凝土纵向长 20 m 左右或与不同构筑物衔接时须做胀缝。

f. 混凝土标号不低于 C20。

2）护栏

护栏可分为护栏、栏杆、木栅栏、楼梯扶手等。木质护栏加工工艺丰富，形式多样，如图 6.32 所示。

图 6.32　木材在园林护栏中的应用

3）小品

　　木质小品施工相对较简便。木材制成的景观小品因其质朴的颜色和质感给人以舒适的感觉，与环境十分融合（图 6.33）。

图 6.33　木材在园林小品中的应用

　　丹麦艺术家托马斯·丹博（Thomas Dambo）利用废弃木料和建筑材料制作大型雕塑小品，他将异想天开的创造理念与周围环境结合，使雕塑摆脱呆板，达到与环境的互动（图 6.34）。这些雕塑小品给城市增添了趣味性和艺术性。丹博在丹麦霍森建造了一个名为"特勒尔斯巨魔"的木雕，这是一座用回收的木头建造的雕塑，它的"头发"由当地公园的植物代替，种植在城市园艺花盆里（图 6.35）。

图 6.34　木材雕塑小品

图 6.35 特勒尔斯巨魔木雕

4）辅助设施

园林景观中的辅助设施包括垃圾箱、导示牌、标识牌等，规格大小可根据需要定制，可选用木材组合或木材与其他材质组合（图 6.36）。

图 6.36 木材在园林景观附属设施中的应用

5）园林建筑

常见园林建筑有亭、榭、廊、阁、轩、楼、台、舫等。木材在园林建筑方面应用广泛、形式多样，如图 6.37 所示。

图 6.37　木材在园林建筑中的应用

6）新型产品的应用

　　木材质地温和、肌理优美，可再生且易于加工造型，成为景观设计常用的材料，可体现出自然、生态的设计理念与设计效果。

　　尽管当今世界已发展生产了多种新型建筑结构材料和装饰材料，但由于木材具有其独特的优良特性，木质饰面给人以一种特殊的优美观感，这是其他装饰材料无法与之相比的。因此，木材在建筑工程尤其是装饰领域中，始终保持着重要的地位。但是，林木生长缓慢，我国又是森林资源贫乏的国家之一，这与我国高速发展的经济建设需用大量木材，形成日益突出的矛盾。因此，一定要经济合理地使用木材，做到长材不短用，优材不劣用，并加强对木材的防腐、防火处理，以提高木材的耐久性，延长使用年限。同时应充分利用木材的边角碎料，生产各种人造板材。在满足功能与审美的前提下，大胆使用一些新型木材来替代传统实木材料。这些是对木材进行综合利用的重要途径。

　　木材在加工成型材和制作成构件的过程中，会留下大量的碎块、废屑等，将这些下脚料进行加工处理，可制成人造板材。

　　木塑复合材料由粉碎木材或纤维材料与聚乙烯等制成，具有塑料和木材的特性，除了具有密度高、硬度大、防水性能好、抗腐蚀等优点外，还具有易加工、颜色丰富、装饰效果好等特点，用于景观中的铺板、护栏、小品等（图6.38）。

　　随着对木材多样化与综合性的需求，科学家们经过多年的尝试，研究出了透明木材又称为透光木材，是木材经过脱色和透明化处理后得到的一种新型绿色复合材料，它具有透光率高、强度高、导热率低、雾度可控、隔热性能好等特点，可用于替代传统木材、透明玻璃、透明塑料等材料（图6.39—6.40）。它为当下可持续发展设计提供了的新型材料选择，有着广阔应用前景。

造园木材的发展

图 6.38　木塑复合材料在景观中的应用

图 6.39　透明木材　　　　　图 6.40　透明木材在外墙的应用

6.2　竹　材

竹材来源于竹类植物的地上秆茎，由纤维素、半纤维素和木质素等主要成分组成。竹材的利用有原竹利用和加工利用两类。

竹材

我国是世界上竹类资源最为丰富、开发利用竹资源最早的国家。竹作为一种特殊的质体，渗透到了中华民族物质和精神生活的方方面面，对中国传统文化和精神文化发展有着不可忽视的影响。

中国的竹文化历史悠久、内容丰富、特色鲜明。杭州良渚遗址发掘出了大量竹器纹饰的印文陶器；浙江余姚河姆渡原始社会遗址内发现了 7 000 年前竹子的实物；西安半坡村仰韶文化遗址中出土的陶器底部有竹编织物的印痕；浙江吴兴钱山漾遗址发掘出 200 余件的竹器实物等。大量的遗存说明我国在远古时代就已经开发和利用竹制作各种竹用品、竹器具。中国几千年的历史上，竹在人们的衣、食、住、行、用等多方面起着重要作用，正如苏东坡慨叹：食者竹笋，庇者竹瓦，载者竹筏，炊者竹薪，衣者竹皮，书者竹纸，履者竹鞋，真可谓不可一日无此君也。

6.2.1　竹材的性质

1）物理性质

（1）含水率

竹子生长时含水率较高，平均为80%～100%，通常树龄越小，其新鲜材料含水率越高。

（2）密度

竹材的基本密度为0.4～0.9 g/m³，其实质密度为1.48～1.51 g/m³，平均密度约为1.50 g/m³。竹材的绝干密度为0.79～0.83 g/m³，主要取决于维管束的密度及其构成，随竹种、树龄、秆茎部位、立地条件发生变化。

2）化学性质

竹材主要由纤维素、木质素和半纤维素构成。竹材的纤维素含量随着树龄的增加而略减，不同秆茎部位含量也存在差异，从下部到上部略减，从内层到外层渐增。

3）力学性能

竹材是非均质各向异性的材料，密度小，强度大，也是一种轻质高强度材料。其性能在某些方面优于木材，见表6.7，如顺纹抗拉强度比密度相同的木材约高1/2，顺纹抗压强度比密度相同的木材高10%左右。竹材实质密度相对较大，纤维含量高，机械性能也较高。

表6.7　竹材与木材性能比较

项　目	竹　材	实木材
环保	1.竹子生长周期短（4～6年就可以砍伐利用），栽植容易，是可再生的绿色资源； 2.竹材深加工产品通常为天然材质产品	木材生长周期漫长（20～50年以上），属不可再生资源
噪声	竹板是天然的隔声材料	木板有较强的隔声效果，但因密度比竹材低而相对要弱
耐磨、抗刮划性能	材质坚硬、密度大，有很好的耐磨、抗刮划性能	这方面性能相对较差
防水性能	坚硬，遇水膨胀和干裂收缩系数小，不易变形，防水性好	水胀、干裂系数大，容易膨胀变形
生虫	不会。竹材在生产加工过程中高温蒸煮和碳化等灭绝了竹材内寄生的虫卵，并脱去糖分、脂肪、淀粉、蛋白质等营养物质，使虫卵没有生长环境，所以具有超强的防虫蛀能力	可能会。木材无法进行脱糖去脂等处理，只能用防腐剂等材料加工，但不能像竹材那样解决根本问题
发霉	竹材在经过多道工序脱糖去脂后没有了营养物质，不易发霉	木材经防腐处理后一般不易发霉
变形开裂	竹材经切割、黏合等工序处理和科学的排列组合后，能很好地平衡内外界各种力量，不易变形和开裂	易变形，不易开裂

6.2.2 竹材的生产加工

1）竹集成材

竹集成材是由片状或条状竹材经定宽、定厚加工后按照同一方法组合胶压制而成的方材和板材。根据竹集成材的形状，一般分为板形、方形竹集成材（图6.41）和弯曲竹集成材（图6.42）。

图6.41 板形、方形竹集成材 **图6.42 平拼弯曲竹集成材**

板形、方形竹集成材的生产工艺流程如图6.43所示。平拼弯曲竹材集成材的生产工艺流程如图6.44所示。

图6.43 板形、方形竹集成材的加工流程

图6.44 平拼弯曲竹集成材加工工艺流程图解

2）重组竹材

重组竹材是将竹片或竹条碾压疏解成通长的、相互交联并保持纤维原有排列方式的疏松网状纤维束，再经干燥、施胶、组胚成型、冷压或热压而成的板状或其他形式的材料（图6.45）。

选竹 → 裁断 → 剖分 → 分片 → 疏解 → 蒸煮或炭化 → 干燥

浸胶 → 二次干燥 → 组胚 → 模压成型 → 固化保质 → 锯边或开料 → 重组竹材

图6.45　重组竹材加工流程

重组竹材的生产工艺流程中，冷压与热压工艺在压制前后的工序一致，只是压制和固化工序不同，但对材料的性质有影响，见表6.8。

表6.8　冷压与热压重组竹材的区别

生产工艺	冷压工艺	热压工艺
设备投资	低	高
生产效率	高	低
抗变形性	好	差
工人劳动强度	大	小
产品柔性	差	好
产品色泽	可染色	单一
基本用途	梁柱、高档地板、高档集成材家具板	户外产品

3）竹展开材

竹展开材是以原竹经软化、无裂隙展平、定型、烘干后的展平单板为组元组合胶压而成的材料（图6.46）。

6.2.3　竹材在园林景观中的应用

图6.46　竹展开材

竹子不仅与中国劳动人民生活息息相关，还与中国诗歌书画和园林建设有着源远流长的联系。竹有节，不易摧折，竹子的精神寓意受到中国历代文人的青睐，人们爱竹、咏竹、画竹、植竹。在绘画、文学思潮的影响下，竹开始出现在造园活动中，曾一时间"无竹不园"。在中国园林悠久的造园历史中，竹子一如既往切合其自然、纯朴的潮流，是古典园林中上好的建造材料。以竹材建造竹亭、竹廊、竹榭、竹桥、竹楼、竹屋等游憩类建筑是古典园林中竹材的常见应用形式。

在当今园林建设中，竹仍然是园林中造景的重要植物元素，也是造园师们喜爱的园林建材。竹材的质量轻、韧性好、强度高，是性能非常好的建材类型，还具有极高的社会效益、经济效益与生态环保效益。在现代景观中，竹材以其低碳环保的独特优势受到人们的关注，各种各样的竹子，或作为原材料，或作为加工材料，被广泛应用于建筑和小品中。同时，竹从古至今都具有很高的美学价值，其外形聚集了高雅秀丽的风韵，受到景观设计师的青睐。

1）重组竹材性能特点

重组竹材在户外景观应用中的性能与特点，以及其与人工防腐木的性能、特点比较见表6.9。

表6.9 竹材与防腐木在户外景观中的应用区别

对比项目	户外重组竹材	人工防腐木
制作工艺	对竹材进行疏解纤维化加工，从而改变其物理形态	通过高压方法，将化学防腐剂渗透到木材中
对环境影响	一般不会对环境造成破坏	含铬化砷酸铜的防腐剂可能对环境造成破坏
产品性能	防水，抗酸碱，抗虫蛀，抗真菌，抗紫外线，不易开裂、变形，强度较高，需维护	防水性一般，抗酸碱性差，抗虫蛀、抗真菌，抗紫外线性稍差
安装简易程度	卡扣拼接安装简便	安装组装机处理木材较复杂
使用寿命	10年以上	5～10年
木质自然感	强	强
密度	约 1.23 g/cm^3	0.3～1.0 g/cm^3
防滑性能	好	一般
强度	静曲强度220 MPa以上	静曲强度约33 MPa

2）竹材在园林景观铺地中的应用

重组竹材广泛运用于户外地板、观景平台等（图6.47），其干缩湿胀率小，不易变形，具有较好的稳定性、防水性、耐候性，美观耐用，同时具有传统防腐木的优点。

园林景观中户外竹地板的施工工艺如图6.48所示。

图6.47 竹材在园林景观铺地中的应用

3）竹材在园林建筑中的应用

一些建筑、景观设计师从傣族的竹楼建筑中受到启发，期望竹材在建筑结构方面能够担当更大的重任。随着现代高端建筑对竹材的使用要求越来越高，作为结构材料的竹材，必须进行科学加工以后，才能安全使用。对于要求高、使用期限长的建筑，应使用专业竹材，以确保其户外高抵抗力和防腐性能，而对于临时性建筑可以使用普通的原竹制作。

例如，位于扬州郊外施桥园内的茶室，其建筑布局以传统的园林结构为灵感，以扬州本地种植的毛竹为材料。这些竹材经过防腐防蛀、高温杀菌和涂层处理，即使经日晒风吹也可以保持竹的本色，坚实耐用。建筑融合了景观，竹材的使用完美地展现了茶文化的气脉（图6.49）。

注：1. 龙骨间隔 2 000 留 50 缝作为过水洞。
2. 高耐竹地板下部排水随地面坡度、楼面坡度至地板收口或楼面排水口。

图 6.48　户外竹地板的施工工艺（单位：mm）
（《国家建筑标准设计图集——室外工程》12J003）

图 6.49　施桥园内的竹茶室

Vo Trong Nghia Architects 设计的水边咖啡厅，五排竹子构建的大伞一样的柱子支撑着其屋顶。建筑没有外墙的包围，人们在"竹伞"下用餐犹如置身于水边竹林之中，近处的水景、远处的山色一览无余（图 6.50）。

2010 年上海世博会印尼馆的后花园，不仅用竹篱围挡做出一个独立的花园区，还利用竹材中空的特性，设计出一个独有的立体种植长廊，让人倍感亲切（图 6.51）。台北花博会新生公园区，由大大小小的竹子建筑而成的"竹编休息站"为游客提供了现场休憩的场地（图 6.52）。

随着设计师设计思路的创新和材料加工技术的进步，竹材在现代景观建筑中，也发挥了极大的优势，呈现出许多经典的作品（图 6.53）。

图 6.50　"竹伞"下的咖啡厅

图 6.51　上海世博会印尼馆

图 6.52　台北花博会竹编休息站

图 6.53　竹材在园林建筑中的应用

4）竹材在园林景观小品中的应用

竹材除了设计成具有装饰和象征意义的小品（图6.54），还常常用来满足各种实际需求，如篱笆（图6.55）、围墙、休憩竹椅（图6.56）等。昆明世博园竹园内，设计师模仿中国古代竹简样式，用直径为20 cm的巨龙竹连接做成竹简形式的小品，竹简高2.5 m，全长3 m，1/3为卷筒状，2/3展开成平面，竹简上雕刻古人赞竹诗句，浓缩了中国的竹文化（图6.57）。现代园林景观中，竹材灯具、座椅等设施，以及各种小品（图6.58）别出心裁，将传统材料进行现代演绎，给人耳目一新的体验。

图6.54　日本庭园小品——"添水"　　　　　　图6.55　竹篱笆

图6.56　休憩竹椅　　　　　　图6.57　昆明世博园竹园内的竹简

图 6.58　竹材在园林景观小品中的应用

6.3　茅　草

　　本节介绍的茅草材料是指天然或人造茅草，通过防火、防潮、防虫等工艺处理后，作为硬质景观装饰材料的草材。

茅草

在原始社会时期人类就用茅草来制作屋顶了。旧社会时期，贫苦百姓没有足够的钱财及能力去建设砖木类房屋，而选择了就地取材较为容易的茅草来修建房屋以遮风避雨。茅草在亚洲、非洲、欧洲等地区有过非常普遍的应用。这些用茅草搭建的建筑不仅反映了各地区的人文地理特征，记录了先民改造自然的尝试和努力，还印证了乡村的兴衰荣辱与沧桑变化。

随着休闲生态旅游的迅猛发展，催生出回归自然的理念，带动了茅草景观的应用。现代的茅草景观注重于观赏性，兼顾使用功能。由于天然茅草存在着安全隐患，通过研发新型茅草材料来弥补天然茅草的这些缺陷。

茅草景观可指一切以茅草为材料的硬质景观，如茅草屋、茅草亭、茅草伞、茅草长廊、茅草景观小品等（图 6.59）。

图 6.59　茅草景观

园林景观中采用的茅草可有以下种类。

1）天然茅草

天然茅草材料是通过筛选优质天然茅草，再经过特殊的编织方法编制而成（图6.60）。茅草应为白茅的俗称。白茅是禾本科、白茅属多年生草本植物。

天然茅草经防火、防腐、防蛀处理后，可用于草屋、草亭及可折叠遮阳伞等。其还可应用于景观小品中，将草材与木材、石材等天然材质搭配，营造出古朴自然的风格（图6.61）。

图6.60　天然茅草

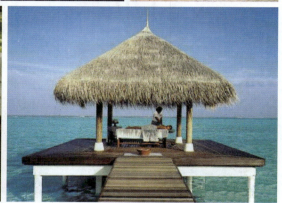

图6.61　天然茅草在园林景观中的应用

（1）红茅草

景观建筑、小品中用到的红茅草（红毛草）原产于南非。因其质地坚韧，历久耐磨而被人们选为制作茅草屋顶的上佳草材（图6.62）。红茅草在日式传统建筑、景观建筑中多用作屋顶（图6.63）。

图6.62　天然红茅草

图 6.63 天然红茅草在日式园林建筑中的应用

（2）海草

我国胶东滨海地区的特色民居海草房已有几千年的历史。其屋顶用晒干的大叶藻苦成。海草中含有大量的卤和胶质，用它苦成厚厚的房顶，有防虫蛀、防霉烂、不易燃烧的优点（图6.64）。

天然海草材料在现代园林景观中的应用与茅草材料相似（图6.65）。

图 6.64 天然海草

图 6.65 天然海草在园林景观中的应用

（3）芦苇

芦苇质硬耐磨，是制作草屋顶的优质草材（图6.66）。在英国、日本，芦苇是制作草屋顶的传统材料（图6.67）。

图6.66　天然芦苇

图6.67　天然芦苇在园林建筑中的应用

2）人造茅草材料

（1）仿真铝茅草

仿真铝茅草瓦是以防腐性能优良的纯铝板为基材，以耐候性和抗刮性极强的滚涂漆为面层的新型高级屋面茅草装饰材料（图6.68）。因其复古、美观、轻巧、耐用、环保、阻燃、防腐等特性，成为度假区茅草屋顶材料的主流产品。仿真铝茅草瓦和传统的天然茅草比较具有耐用、维护简单及价格实惠等特点，是新型园林景观屋顶装饰的理想材料（图6.69）。

图6.68　仿真铝茅草

图 6.69 仿真铝茅草在园林景观中的应用

（2）PE 仿真茅草

PE 仿真茅草以防腐性 PE 塑料为原材料（图 6.70）。其常用于现代仿古建、构筑物的茅草屋顶，取代天然茅草（图 6.71）。

图 6.70 PE 仿真茅草

图 6.71 PE 仿真茅草在园林景观中的应用

（3）PE 仿真芦苇

PE 仿真芦苇采用 PE 塑料合成工艺，加入阻燃成分、抗老化成分等制作而成。PE 仿真芦苇是屋顶遮阳材料中理想的装饰材料（图 6.72）。其取代天然芦苇，应用于各种茅草屋顶及茅草编制的景观小品中（图 6.73）。

图 6.72 PE 仿真芦苇

图 6.73　PE 仿真芦苇在建筑及景观中的应用

思考与练习

1. 简述木材的性质及分类。

2. 木材的防腐措施有哪些?

3. 简述防腐木的分类与特性。

4. 简述木材在景观中的应用。

5. 竹材在景观中的应用形式有哪些?

6. 简述常见草材的分类及应用形式。

7 玻璃与金属材料

本章导读　随着现代工业技术的日益更新，玻璃与金属的品种也越来越多，从而在景观工程中的应用也越来越广泛，主要应用于构筑物结构、构筑物装饰及景观小品等。本章对其进行概述，讲述其种类、特性以及在景观工程中的应用。

7.1　玻　璃

通过加热硅石、石灰和碱（如苏打或碳酸钾）的混合物而形成一种较为透明的固体物质——玻璃，在熔融时形成连续网络结构，冷却过程中黏度逐渐增大并硬化而不结晶的硅酸盐类非金属材料，其内部分子的排布仍然保持着液态时的自由属性。玻璃广泛应用于建、构筑物，用来隔风透光、装饰表面等，其历史可追溯到青铜器时代。

玻璃

中国玻璃的发明，与青铜冶炼技术有着密切的关系。青铜的主要原料是孔雀石、锡矿石和木炭，冶炼温度约为 1 080 ℃。在冶炼青铜的过程中，由于各种矿物质的熔化，其中玻璃物质在排出的铜矿渣中就会出现硅化合物拉成的丝或结成的块。由于一部分铜粒子侵入玻璃质中，因此其呈现出浅蓝或浅绿色。这些半透明、鲜艳的物质引起了工匠们的注意，经过稍稍加工，便可制成精美的玻璃装饰品。这样经过长期不断的实践和探索，古代中国人终于掌握了玻璃的生产技术和规律。

考古资料表明，中国古代的玻璃制造工艺始于西周时期，历经绵延不绝的两千余年，至清代发展到顶峰，成为古代玻璃史上的鼎盛时期。从藏品时代上看，战国到明清几乎不间断（图7.1）。其中绝大部分藏品为传世品，尤以清代玻璃制品所占比例最大，约为90%。清代玻璃器又分宫廷制造

图 7.1　中国古代玻璃制品

与民间制造两大系列，其中宫廷玻璃器物占 3/4，代表了清代玻璃制作的工艺水平，是造办处玻璃厂按照皇帝的谕旨为皇家制作的各种玻璃器皿。

7.1.1　玻璃材料简介

1）玻璃的组分与特性

（1）组分

玻璃是以石英砂、纯碱、石灰石等作为主要原料，并加入某些辅助性材料（包括助熔剂、脱色剂、着色剂、乳浊剂、澄清剂等），经高温熔融、成型、冷却而成的具有一定形状和固体力学性能的无定形体（非结晶体）。玻璃的化学成分很复杂，并对玻璃的力学、热学、光学性能起着决定性作用。玻璃的主要化学组成为 SiO_2，Na_2O，CaO 等。

（2）特性

玻璃属于均质非晶体材料，具有各向同性的特点。

玻璃具有较高的化学稳定性。通常情况下对水、酸以及化学试剂或气体具有较强的抵抗能力，能抵抗除氢氟酸以外的多种酸类的侵蚀。但是，碱液和金属碳酸盐能溶蚀玻璃。

玻璃的抗压强度高，抗拉强度很小。玻璃在冲击作用下易破碎，是典型的脆性材料。脆性是玻璃的主要缺点，脆性大小可用脆性指数来评定。脆性指数越大，说明玻璃越脆。

图 7.2　利用玻璃的透光性赋予空间生命

玻璃具有优良的光学性质。特别是透明性和透光性，故广泛用于建筑、景观中的采光和装饰。它将封闭的室内与外部景观通过艺术的再造，默契地调和为一体，使人们置身于室内而又仿若与自然息息相依。利用玻璃这一特性可以赋予空间更多生命力，在心理上扩展空间的深度和高度（图7.2）。玻璃组成中氧化硅、氧化硼可提高其透明性，而氧化铁会使透明性降低。

（3）玻璃的计量单位

计算玻璃用料及成本的计量单位为"质量箱"或称"质箱"，英文为 Weight Case 或 Weight Box，一个质量箱等于 2 mm 厚的平板玻璃 10 个平方的质量（约 50 kg）。

2）玻璃的分类与品种

（1）按加工工艺分类

按照玻璃的生产工艺，可分为浮雕玻璃、锻打玻璃、晶彩玻璃、琉璃玻璃、夹丝玻璃、聚晶玻璃、玻璃马赛克、钢化玻璃、夹层玻璃、中空玻璃、调光玻璃、发光玻璃等（图7.3）。

（a）琉璃玻璃	（b）夹丝玻璃	（c）玻璃马赛克

图7.3 玻璃的品种

（2）按生产方式分类

按生产方式，可分为平板玻璃和深加工玻璃。平板玻璃也称白片玻璃或净片玻璃，它具有透光、透明、保温、隔声、耐磨、耐气候变化等性能。平板玻璃主要分为引上法平板玻璃（分有槽/无槽两种）、平拉法平板玻璃和浮法玻璃三种。玻璃二次制品即深加工玻璃，它是利用一次成型的平板玻璃（浮法玻璃、普通引上平板玻璃、平拉玻璃、压延玻璃）为基本原料，根据使用要求，采用不同的加工工艺制成的具有特定功能的玻璃产品。而特种玻璃则品种众多。下面将常见的玻璃品种逐一说明，见表7.1。

表7.1 常见玻璃种类

分类	品 种	说 明	适用范围
平板玻璃	普通平板玻璃（又名净片玻璃、白片玻璃）	用砂、岩粉、硅砂、纯碱、芒硝等配合，经融化、成型、切裁而成	门窗、室内装修、温室、暖房、太阳能集热器、家具、柜台、室外地面、墙面装饰等
	浮法平板玻璃（又名浮法玻璃）	使融化后的玻璃液流入锡液面上，自由摊平，然后逐渐降温退火而成。具有表面平整、无玻筋、厚度公差小等特点	高级建筑门窗、镜面、夹层玻璃等
	吸热玻璃	在玻璃原料中，加入微量金属氧化物加工而成，具有吸热及滤色性能	高级建筑、仓库建筑的吸热门窗及大型玻璃窗制造吸热中空玻璃
	磨砂玻璃	以平板玻璃经研磨而成，具有透光不透明的特性	黑板、室内装修及各种建筑物门窗等要求透光不透明处

续表

分类	品 种	说 明	适用范围
压延玻璃	压花玻璃（又称滚花玻璃、花纹玻璃）	以双辊压延机连续压制的一面平整、一面有凹凸花纹的半透明玻璃	玻璃隔断、卫生间、浴室、装修及各种建筑物门窗玻璃需半透明透光处
	夹丝玻璃	以双辊压延机连续压制的、中间夹有一层铁丝网的玻璃	天窗及各种建筑的防震门窗
工业玻璃	平面钢化玻璃	以平板玻璃或磨光平板玻璃或吸热玻璃等经处理加工而成，具有强度大、不碎裂等防爆、安全性能	高级建筑物门窗、高级天窗、防爆门窗、高级柜台特殊装修等
	平板磨光玻璃（单面、双面）	以普通平板玻璃经研磨、抛光处理而成，有单面、双面之分	高级建筑门窗、装修等
	双层中空玻璃	以两片玻璃、四周用粘接剂密封、玻璃中间充以清洁干燥空气而成	节能建筑门窗、隔声窗、风窗、保温、隔热窗
	离子交换增强玻璃	以离子交换法、对普通玻璃进行表面处理而成，机械强度高，冲击强度为普通玻璃的 4～5 倍	对强度要求较高的建筑门窗、制夹层玻璃或中空玻璃
	饰面玻璃	在平板玻璃基础上冷敷一层色素彩釉，加热、退火或钢化而成	墙体饰面、建筑装修、防腐防污处装修
	夹层玻璃	在两片或两片以上之间夹以聚乙烯醇缩丁醛塑料、衬片、经热压黏合而成（称胶片法工艺）。或由两片玻璃，中间灌以甲基丙烯酸酯类透明塑料，聚合粘接而成（称聚合法工艺）。具有碎后只产生辐射状裂纹，而不落碎片等特点	高层建筑门窗、工业厂房天窗、防震门窗、装修

（3）按成分分类

玻璃按主要成分通常分为氧化物玻璃和非氧化物玻璃。

非氧化物玻璃品种及数量较少，主要有硫系玻璃和卤化物玻璃。硫系玻璃的阴离子多为硫、硒、碲等，可截止短波长光线而通过黄光、红光及近、远红外光，其电阻低，具有开关与记忆特性。卤化物玻璃的折射率低，色散低，多用作光学玻璃。

氧化物玻璃又分为硅酸盐玻璃、硼酸盐玻璃、磷酸盐玻璃等。硅酸盐玻璃指基本成分为 SiO_2 的玻璃，其品种多、用途广。通常按玻璃中 SiO_2 以及碱金属、碱土金属氧化物的含量不同可分为：

①普通玻璃（Na_2SiO_3，$CaSiO_3$，SiO_2 或 $Na_2O \cdot CaO \cdot 6SiO_2$）。

②石英玻璃（以纯净的石英为主要原料制成的玻璃，成分仅为 SiO_2）。

③钢化玻璃（与普通玻璃成分相同）。

④钾玻璃（K_2O，CaO，SiO_2）。

⑤硼酸盐玻璃（SiO_2，B_2O_3）。

⑥有色玻璃：在普通玻璃制造过程中加入一些金属氧化物。Cu_2O——红色；CuO——蓝绿色；CdO——浅黄色；CO_2O_3——蓝色；Ni_2O_3——墨绿色；MnO_2——紫色；胶体 Au——红色；胶体 Ag——黄色。

⑦变色玻璃：用稀土元素的氧化物作为着色剂的高级有色玻璃。

⑧光学玻璃：在普通的硼硅酸盐玻璃原料中加入少量对光敏感的物质，如 AgCl，AgBr 等，再加入极少量的敏化剂，如 CuO 等，使玻璃对光线变得更加敏感。

⑨彩虹玻璃：在普通玻璃原料中加入大量氟化物、少量的敏化剂和溴化物制成。

⑩防护玻璃：在普通玻璃制造过程中加入适当辅助料，使其具有防止强光、强热或辐射线透过而保护人身安全的功能。如灰色——重铬酸盐、氧化铁吸收紫外线和部分可见光；蓝绿色——氧化镍、氧化亚铁吸收红外线和部分可见光；铅玻璃——氧化铅吸收 X 射线和 γ 射线；暗蓝色——重铬酸盐、氧化亚铁、氧化铁吸收紫外线、红外线和大部分可见光；加入氧化镉和氧化硼可吸收中子流。

⑪微晶玻璃：又称为结晶玻璃或玻璃陶瓷，是在普通玻璃中加入金、银、铜等晶核制成，代替不锈钢和宝石，制作雷达罩和导弹头等。

⑫玻璃纤维：由熔融玻璃拉成或吹成的直径为几微米至几千微米的纤维，成分与玻璃相同。

⑬玻璃钢：由环氧树脂与玻璃纤维复合而得到的强度类似钢材的增强塑料。玻璃纸（用粘胶溶液制成的透明的纤维素薄膜）。

⑭水玻璃：Na_2SiO_3 的水溶液，因与普通玻璃中部分成分相同而得名。

⑮金属玻璃：玻璃态金属，一般由熔融的金属迅速冷却而制得。

⑯萤石（氟石）：无色透明的 CaF_2，用作光学仪器中的棱镜和透光镜。

（4）按性能分类

玻璃按性能特点又分为钢化玻璃、多孔玻璃（即泡沫玻璃，孔径约 40 mm，用于海水淡化、病毒过滤等方面）、导电玻璃（用作电极和飞机挡风玻璃）、微晶玻璃、乳浊玻璃（用于照明器件和装饰物品等）和中空玻璃（用作门窗玻璃）等。

7.1.2　玻璃在园林景观中的应用

1）玻璃的艺术特性在园林景观中的应用

（1）利用玻璃的反射性

因为玻璃的反射性，能把周围的环境映射到自身的表面，从而形成多种光影交织、丰富多变的视觉感受（图 7.4）。

图 7.4　利用玻璃的反射性形成独特光影

（2）利用玻璃的色彩

色彩也是玻璃材料的表现手段。光线作用于彩色玻璃，影响着环境设计的视觉效果与人们的心理和生理感受（图7.5）。

图7.5　利用玻璃的色彩传达情感

（3）利用玻璃的可塑性

不同的工艺使得玻璃五彩缤纷、千姿百态。通过热熔、压铸、蚀刻等玻璃工艺，能使玻璃表现出不同质感、光彩和形态。玻璃相对随意、灵活的装饰性，使其成为景观空间中别具艺术表现力的材料（图7.6）。

西雅图塔科马（Tacoma）的玻璃博物馆有两组引人注目的玻璃雕塑。其中玻璃装置艺术家马丁·布

图7.6　玻璃可塑性在景观中的应用

图7.7　玻璃雕塑——流动的步伐　　**图7.8　玻璃雕塑——水晶塔**

兰克（Martin Blank）的玻璃装置《流动的步伐》试图模仿水的性格来唤起观众的关注（图 7.7）。作品捕捉水的光影、运动、流动性和透明度，表现水的性格，同时也是玻璃最富有变化的表现。另一组水晶塔由 63 块原生态、不规则的玻璃堆叠而成，犹如刚从山峰切割的砾石，毫无人工痕迹，充分展现了玻璃材料的灵活性（图 7.8）。

（4）利用玻璃的刚性

将钢化玻璃凌空高架可建成悬空的观光透明玻璃栈道。按照相关标准，玻璃栈道的钢化玻璃刚性足够保障游客的安全，这也是玻璃栈桥能够发展的基础。

深圳大顶岭森林公园玻璃栈道"浮桥"是光明区乃至深圳市知名景点。大顶岭绿道长期吸引着众多游客前来，镶嵌在绿道之上的"浮桥"可谓是一大亮点。浮桥由三个圆环组成，圆环的直径分别为 50 m，30 m 和 20 m，有着简洁干净的几何形态，凌空悬浮在离地有数十米高的山林间（图 7.9）。游客站在桥上，视野开阔，光明城一览无余。

图 7.9 玻璃栈道

（5）玻璃材料的兼容性

利用玻璃的艺术特性，通过与其他材料的装配、组合而形成一种装置或具有意味的艺术品，展现玻璃独立的艺术价值。

玻璃艺术家戴尔·奇胡利（Dale Chihuly）在其作品中将玻璃与自然环境重组，把玻璃材料的艺术性诠释得淋漓尽致。他设计建造的形态各异、色彩纷呈的巨型玻璃雕塑与周围植物、景观及建筑相互呼应，达到玻璃与自然之间的对话，令人叹为观止（图 7.10）。

图 7.10 玻璃与自然环境结合

2）平板玻璃的应用

平板玻璃是片状无机玻璃的总称，景观中常用的平板玻璃属于钠玻璃类。平板玻璃是建筑、景观工程中用量最大的一种。

（1）窗用平板玻璃

窗用平板玻璃也称平光玻璃或净片玻璃，简称玻璃，是平板玻璃中生产量最大、使用最多的一种，也是进一步加工成多种技术玻璃的基础材料。未经加工的平板玻璃，主要装配于门窗、廊架、遮雨棚等（图7.11），起透光、挡风雨、保温、隔声等作用。

图7.11　窗用平板玻璃在景观中的应用

窗用平板玻璃的厚度一般有2，3，4，5，6 mm五种，其中2~3 mm厚的常用于民用建筑，4~6 mm厚的主要用于工业及高层建筑。普通窗用玻璃无色且透明，并有多种规格。

（2）磨砂玻璃

磨砂玻璃又称毛玻璃，是用机械喷砂，手工研磨或使用氢氟酸溶液等方法，将普通平板玻璃表面处理为均匀毛面而得。该玻璃表面粗糙，使光线产生漫反射，具有透光不透视的特点，且使室内光线柔和。除透明度外，磨砂玻璃的规格、质量等均同于窗用玻璃，它常被用于浴室、走廊隔断等，也广泛应用于景观之中（图7.12）。

图7.12　磨砂玻璃在景观中的应用

（3）彩色玻璃

彩色玻璃也称有色玻璃，是在原料中加入适当的着色金属氧化剂，生产出透明色彩的玻璃。另外，在平板玻璃的表面镀膜处理后也可制成透明的彩色玻璃。该玻璃可拼成各种花纹、图案，适用于公共建筑的内外墙、门窗装饰以及采光有特殊要求的部位（图7.13）。

图 7.13　彩色玻璃在景观中的应用

（4）彩绘玻璃

彩绘玻璃是一种用途广泛的高档装饰玻璃产品。屏幕彩绘技术能将原画逼真地复制到玻璃上，这是其他装饰方法和材料很难比拟的。它不受玻璃厚度、规格大小的限制，可在平板玻璃上做出各种透明度的色调和图案，而且彩绘涂膜附着力强，耐久性好，可擦洗，易清洁。彩绘玻璃可用于娱乐场所门窗、顶棚吊顶、壁饰、灯箱屏风等，利用其不同的图案和画面来达到较高的艺术情调和装饰效果（图 7.14）。

图 7.14　彩绘玻璃在景观中的应用

3）安全玻璃

安全玻璃通常是对普通玻璃增强处理，或者和其他材料复合或采用特殊成分制成的。

（1）钢化玻璃

将平板玻璃加热到接近软化温度（600 ～ 650 ℃）后，迅速冷却使其骤冷，即成钢化玻璃。钢化玻璃是普通平板玻璃的二次加工产品，其特点为：机械强度高，抗弯强度比普通玻璃大 5 ～ 6 倍，抗冲击强度提高约 3 倍，韧性提高约 5 倍；弹性好，钢化玻璃的弹性比普通玻璃大得多；热稳定性高，在受急冷急热作用时，不易发生炸裂，可耐热冲击，最大安全工作温度为 288 ℃，能承受 204 ℃的温差变化；钢化玻璃破碎时形成无数小块，这些小碎块没有尖锐的棱角，不易伤人，故称为安全玻璃。

由于钢化玻璃具有较好的性能，故在建筑、景观工程及其他工业得到广泛应用（图 7.15）。常被用作高层建筑的门、窗、幕墙、商店橱窗、桌面玻璃等。钢化玻璃不能切割、磨削，边角不能碰击挤压，使用时需按现成规格尺寸选用或提出具体设计图纸进行加工定制。

（2）夹丝玻璃

夹丝玻璃是安全玻璃的一种，是将普通平板玻璃加热到红热软化状态后，再将预先编织好的经预热处理的钢丝网压入玻璃中而制成。钢丝网在夹丝玻璃中起增强作用，使其抗弯强度和耐温度剧变性都比普通玻璃高，破碎时即使有许多裂缝，但其碎片仍附着在钢丝网上，不至于四处飞溅。此外，夹丝玻璃还具有隔断火焰和防止火灾蔓延的作用。

夹丝玻璃适用于振动较大的厂房门窗、屋面、采光天窗等，需要安全防火的区域，公共建筑的阳台、走廊、防火门等（图7.16）。

（3）夹层玻璃

夹层玻璃是将两层或多层平板玻璃之间嵌夹透明塑料薄衬片，经加热、加压、黏合而成的平面或曲面的复合玻璃制品。夹层玻璃的层数有3，5，7层，最多可达9层，夹层玻璃也属安全玻璃。

夹层玻璃的透明度好，抗冲击性能要比平板玻璃高几倍；破碎时不裂成分离的碎块，只有辐射的裂纹和少量碎玻璃屑，且碎片粘在薄衬片上。使用不同的玻璃原片和中间夹层材料，还可获得耐光、耐热、耐湿、耐寒等特性。

夹层玻璃主要用于有特殊安全要求的建筑门窗、隔墙、屋面、地板等（图7.17）。

图 7.15　钢化玻璃花房　　　图 7.16　夹丝玻璃隔墙　　　图 7.17　夹层玻璃地板

4）节能玻璃

节能玻璃是兼具采光、调节光线、调节热量进入或消失、防止噪声、改善居住环境、降低空调能耗等多种功能的建筑玻璃。种类有吸热玻璃、热反射玻璃、低辐射玻璃、中空玻璃、真空玻璃和普通玻璃等。

（1）特性

节能玻璃要具备两个节能特性：保温性和隔热性。

玻璃的保温性（K 值）要达到与当地墙体相匹配的水平。对于我国大部分地区，按现行规定，建筑物墙体的 K 值应小于1。因此，玻璃窗的 K 值也要小于1才能"堵住"建筑物"开口部"的能耗漏洞。在窗户的节能上，玻璃的 K 值起主要作用。

玻璃的隔热性（遮阳系数）要与建筑物所在地阳光辐射特点相适应。不同用途的建筑物对玻璃隔热的要求是不同的。对于人们居住和工作的住宅及公共建筑物，理想的玻璃应使可见光大部分透过。如在北京，最好冬天红外线多透入室内，而夏天则少透入室内，这样就能达到节能的目的。

　　（2）种类

　　①吸热玻璃：吸热玻璃是一种能吸收太阳能的平板玻璃，它是利用玻璃中的金属离子对太阳能进行选择性的吸收，同时呈现出不同的颜色。有些夹层玻璃胶片中也掺有特殊的金属离子，用这种胶片可生产出吸热的夹层玻璃。吸热玻璃一般可减少进入室内的太阳热能的 20% ~ 30%，降低了空调负荷。吸热玻璃的特点是遮蔽系数比较低，太阳能总透射比、太阳光直接透射比和太阳光直接反射比都较低，见光透过比、玻璃的颜色可以根据玻璃中金属离子的成分和浓度变化。可见光反射比、传热系数、辐射率则与普通玻璃差别不大。

　　②热反射玻璃：热反射玻璃是对太阳能有反射作用的镀膜玻璃，其反射率可达 20% ~ 40%，甚至更高。它的表面镀有金属、非金属及其氧化物等各种薄膜，这些膜层可以对太阳能产生一定的反射效果，从而达到阻挡太阳能进入室内的目的。在低纬度的炎热地区，夏季可节省室内空调的能源消耗，同时使室内光线柔和舒适。另外，这种反射层的镜面效果和色调对建筑物的外观装饰效果较好（图 7.18）。热反射玻璃的遮蔽系数、太阳能总透射比、太阳光直接透射比和可见光透射比都较低。太阳光直接反射比、可见光反射比较高，而传热系数、辐射率则与普通玻璃差别不大。

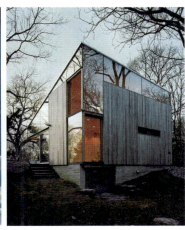

图 7.18　热反射玻璃装饰效果

　　③低辐射玻璃：低辐射玻璃又称为 Low-E 玻璃，是一种对波长在 4.5 ~ 25 μm 范围的远红外线有较高反射比的镀膜玻璃，它具有较低的辐射率。冬季，它可以反射室内暖气辐射的红外热能，辐射率一般小于 0.25，将热能保护在室内。夏季，马路、水泥地面和建筑物的墙面在太阳的暴晒下，吸收了大量的热量并以远红外线的形式向四周辐射。低辐射玻璃的遮蔽系数、太阳能总透射比、太阳光直接透射比、太阳光直接反射比、可见光透射比和可见光反射比等都与普通玻璃差别不大，其辐射率、传热系数比较低。

　　④中空玻璃：中空玻璃是将两片或多片玻璃以有效支撑均匀隔开，并对周边粘接密封，使玻璃层之间形成有干燥气体的空腔，其内部形成一定厚度的被限制流动的气体层 [图 7.19（a）]。由于这些气体的导热系数大大小于玻璃材料的导热系数，因此具有较好的隔热能力。中空玻璃的特点是传热系数较低，与普通玻璃相比，其传热系数至少可降低 40%，是目前较为实用的隔热玻璃。

图 7.19　中空玻璃与真空玻璃结构比较

⑤真空玻璃：真空玻璃的结构类似于中空玻璃，不同的是真空玻璃空腔内的气体非常稀薄，近乎真空 [图 7.19（b）]，其隔热原理就是利用真空构造隔绝了热传导，传热系数很低。根据有关资料数据，同种材料真空玻璃的传热系数至少比中空玻璃低 15%。

⑥普通玻璃：普通玻璃可通过贴膜产生吸热、热反射或低辐射等效果。由于节能的原理相似，贴膜玻璃的节能效果与同功能的镀膜玻璃类似。

7.2　金　属

7.2.1　金属材料简介

金属

金属是指那些原子与自由电子结合形成晶体结构的化学元素。金属具有光泽（即对可见光有强烈反射作用），富有延展性、导电性、导热性等。金属材料由金属加工而成，其自身具有优势，如它与砖石相比质量轻，延展性好，韧性强。

尽管地球上绝大多数化学元素都是金属，但它们在地壳中的含量不足 15%。在自然界中，绝大多数金属以化合态存在，只有像金、银、铂金一类的贵重金属是以纯金属形态存在于自然界。金属矿物大多数是氧化物及硫化物。其他存在形式有氯化物、硫酸盐、碳酸盐及硅酸盐。金属之间的连接是金属键，因此随意更换位置都可再重新建立连接，这也是金属伸展性良好的原因。

随着园林景观事业的蓬勃发展，金属材料在现代景观中的应用也越来越广泛。虽然在中国传统园林中已经出现金属材料，但随着现代加工工艺的发展，金属正以更多样的表情呈现于景观设计中（图 7.20），为现代景观设计带来形式上的创新。

金属加工

对建筑、景观工程意义重大的金属（如铁、铝、铜）源于矿石（硫化物和碳酸盐），但这些矿石要经过各种预备过程，先转换成氧化物，然后送入高炉熔炼（还原）。

（1）金属的加工

①锻造：锻造可以手工完成，也可以使用由锤子和铁砧或冲压模（锻模）所组成的机器完成。锻造既可以是一个冷加工的过程，也可以是一个热加工的过程。金属可以被锻造成任何形状。

图 7.20　金属在现代景观中的应用

②铸造：铸造可以把材料铸成任何形状。但是铸钢的深加工只能使用机械方法。锡和青铜非常适合精密铸造。

③轧制：这种方法是在轧钢机内，使用较高的接触压力，通过一系列不同尺寸的轧辊，经过多次操作将工件（如轧钢部件）做成想要的形状。

④挤压：在这种方法中，金属被压入模具中形成理想的形状。这个过程特别适用于有色金属，如铝合金门窗的制造。挤压法可用于冷、热加工过程。

⑤拉拔：金属线、杆和钢筋就是用拉拔的方法制造的，通常适用于冷加工过程。

⑥扭转：部件、杆和用作电缆的金属线是将自身扭转形成的。扭转的钢筋扩大了表面积，提高了钢铁和混凝土的粘接度。

（2）金属的连接技术

大量的方法被运用到金属的连接上，我们将其分为两类：一类是可卸连接，如用螺丝钉、螺栓、钉子、铆钉和销进行连接，还有一类是不可卸连接，如焊接、钎焊、铜焊，以及胶黏剂粘接。焊接方法是将工件在接触点熔化，并在连接处形成材料黏合剂。

7.2.2　黑色金属——钢铁

钢铁材料包括生铁和钢材（图 7.21），是应用最广、产量最大的金属材料，也称为黑色金属材料。生铁是铁矿石在高炉内通过焦炭还原而得的铁碳合金。钢由生铁冶炼而成，将生铁（及废钢）在熔融状态下进行氧化，除去过多的碳及杂质。

图 7.21　生铁和钢材

纯铁质软、易加工，但强度低，几乎不能用于工业。生铁抗拉强度低、塑性差，尤其是炼钢生铁硬而脆，不易加工，更难以使用。铸铁虽可加工，但不能承受冲击及振动荷载，使用范围有限。钢材则具有良好的物理及机械性能，应用范围极其广泛。

建筑、景观用钢材应具有优良的机械性能，可焊接、铆接和螺栓连接。用钢筋和混凝土组成的钢筋混凝土结构，强度高、耐久性好、适用范围广。

1）钢材的生产与性能

（1）钢铁的生产

炼铁的原料之一是铁矿石，铁矿石主要成分是 Fe_2O_3，没有碳。炼铁的原料之二是焦炭。炼铁过程中部分焦炭留在了铁水中，导致铁水中含碳。

钢铁的生产流程为：先由铁矿石炼生铁，再由生铁作原料炼钢，炼钢的过程主要是除碳的过程，但不能将碳除尽，钢需要有一定量的碳，性能才能达到最佳。

（2）钢材的性能

钢材的使用性能包括机械性能（也称力学性能）、化学性能（耐腐蚀性、抗氧化性）及工艺性能（材料适应冷、热加工方法的能力）。

①力学性能：又称机械性能，是指金属材料在外力作用下所表现出来的特性。钢材的力学性能主要有：抗拉屈服强度、抗拉极限强度、伸长率、硬度和冲击韧性等。

a. 强度：材料在外力（载荷）作用下，抵抗变形和断裂的能力。

b. 硬度：是指材料抵抗另一硬物体压入其表面的能力。钢材的硬度常用压痕的深度或压痕单位面积上所受压力作为衡量指标。硬度的大小，既可用以判断钢材的软硬，又可用以近似地估计钢材的抗拉强度，一般来说，硬度高，耐磨性较好，但脆性也大。

c. 屈服强度：金属材料发生屈服现象时的屈服极限，也就是抵抗微量塑性变形的应力。对于无明显屈服现象出现的金属材料，规定以产生 0.2% 残余变形的应力值作为屈服极限。

d. 抗拉极限强度：指试件破坏前，能承受的最大应力值，也称抗拉强度。钢材的抗拉屈服强度与极限强度的比值（屈服强度／极限强度）是钢结构和钢筋混凝土结构中用以选择钢材的一个质量指标。比值小者，结构安全度大，不易因局部超载而造成破坏；但太小时，钢材的有效利用率小，不经济。

e. 延伸率：材料在拉伸断裂后，总伸长与原始标距长度的百分比。工程上常将 $\delta \geqslant 5\%$ 的材料称为塑性材料，如常温静载的低碳钢、铝、铜等；而把 $\delta \leqslant 5\%$ 的材料称为脆性材料，如常温静载下的铸铁、玻璃、陶瓷等。

f. 延展性：延性指材料的结构、构件或构件的某个截面从屈服开始到达最大承载能力或到达以后而承载能力还没有明显下降期间的变形能力。展性指材料可以压成薄片的性质。

g. 冲击韧性：材料抵抗冲击载荷的能力。同一种钢材的冲击韧性通常随温度下降而降低。钢材的化学成分、晶粒度对冲击韧性有很大影响。此外，冶炼或加工时形成的微裂隙以及晶界析出物等，都会使冲击韧性显著下降。故对一切承受动荷载并可能在负温下工作的建筑钢材，都必须通过冲击韧性试验。

②化学性能：该性能指金属材料与周围介质接触时抵抗发生化学或电化学反应的性能。

a. 耐腐蚀性：指金属材料抵抗各种介质侵蚀的能力。

b. 抗氧化性：指金属材料在高温下，抵抗产生氧化反应的能力。

③工艺性能：该性能指材料承受各种加工、处理的性能。

a.铸造性能：指金属或合金是否适合铸造的工艺性能，主要包括流动性、充满铸模能力；收缩性、铸件凝固时体积收缩的能力；偏析（指化学成分不均性）。

b.焊接性能：指金属材料通过加热、加压或两者并用的焊接方法，把两个或两个以上金属材料焊接在一起，接口处能满足使用目的的特性。

c.顶锻性能：指金属材料能承受顶锻变形而不破裂的性能。

d.冷弯性能：指金属材料在常温下能承受弯曲而不破裂的性能。弯曲程度一般用弯曲角度 α（外角）或弯心直径 d 对材料厚度 a 的比值表示，α 越大或 d/a 越小，则材料的冷弯性越好。

e.冲压性能：金属材料承受冲压变形加工而不破裂的能力。在常温进行冲压称为冷冲压。用杯突试验进行检验。

f.锻造性能：金属材料在锻压加工中能承受塑性变形而不破裂的能力。

2）钢材的分类

（1）按含碳量分类

铁碳合金分为钢与生铁两大类。钢是含碳量为 0.03% ~ 2% 的铁碳合金。碳钢是最常用的普通钢，冶炼方便、加工容易、价格低廉，而且在大多数情况下能满足使用要求，故应用十分普遍。按含碳量不同，碳钢又分为低碳钢、中碳钢和高碳钢。随含碳量升高，碳钢的硬度增加、韧性下降。合金钢又称为特种钢，在碳钢的基础上加入一种或多种合金元素，使钢的组织结构和性能发生变化，从而具有一些特殊性能，如高硬度、高耐磨性、高韧性、耐腐蚀性等。

生铁是含碳量为 2% ~ 4.3% 的铁碳合金。生铁硬而脆，但耐压耐磨。根据生铁中碳存在的形态不同又可分为白口铁、灰口铁和球墨铸铁（图 7.22）。白口铁中碳以 Fe_3C 形态分布，断口呈银白色，质硬而脆，不能进行机械加工，是炼钢的原料，故又称炼钢生铁。碳以片状石墨形态分布的称灰口铁，断口呈银灰色，易切削、易铸、耐磨。若碳以球状石墨分布则称球墨铸铁，其机械性能、加工性能接近于钢。在铸铁中加入特种合金元素可得特种铸铁，如加入 Cr，耐磨性可大幅度提高，在特种条件下有十分重要的应用。

（a）白口铁　　　　　　（b）灰口铁　　　　　　（c）球墨铸铁

图 7.22　白口铁、灰口铁和球墨铸铁显微组织

（2）按化学成分分类

①碳素钢：碳素钢是指钢中除铁、碳外，还含有少量锰、硅、硫、磷等元素的铁碳合金，按其含碳量的不同，可分为：低碳钢，含碳量 ≤ 0.25%；中碳钢，含碳量 =0.25% ~ 0.60%；高碳钢，含碳

量＞ 0.60%。高碳钢一般在军工业和工业医疗业中应用比较多。

②合金钢：为了改善钢的性能，在冶炼碳素钢的基础上，加入一些合金元素而炼成的钢，如铬钢、锰钢、铬锰钢、铬镍钢等。按其合金元素的总含量，可分为：低合金钢，合金元素的总含量≤ 5%；中合金钢，合金元素的总含量为 5% ~ 10%；高合金钢，合金元素的总含量＞ 10%。

（3）按冶炼设备分类

①转炉钢：用转炉吹炼的钢，可分为底吹、侧吹、顶吹和空气吹炼、纯氧吹炼等。根据炉衬的不同，又分为酸性和碱性两种。

②平炉钢：用平炉炼制的钢，按炉衬材料的不同分为酸性和碱性两种，一般平炉钢多为碱性。

③电炉钢：用电炉炼制的钢，有电弧炉钢、感应炉钢及真空感应炉钢等。工业上大量生产的，是碱性电弧炉钢。

（4）按浇铸前脱氧程度分类

①沸腾钢：沸腾钢属脱氧不完全的钢，浇铸时在钢锭模里产生沸腾现象。其优点是冶炼损耗少、成本低、表面质量及深冲性能好；缺点是成分和质量不均匀、抗腐蚀性和力学强度较差，一般用于轧制碳素结构钢的型钢和钢板。

②镇静钢：镇静钢属脱氧完全的钢，浇注时在钢锭模里钢液镇静，没有沸腾现象。其优点是成分和质量均匀；缺点是金属的收得率低，成本较高。一般合金钢和优质碳素结构钢都为镇静钢。

③半镇静钢：半镇静钢的脱氧程度介于镇静钢和沸腾钢之间，因生产较难控制，目前产量较少。

（5）按钢的品质分类

①普通钢：钢中含杂质元素较多，含硫量一般≤ 0.05%，含磷量≤ 0.045%，如碳素结构钢、低合金结构钢等。

②优质钢：钢中含杂质元素较少，含硫量及含磷量一般均≤ 0.04%，如优质碳素结构钢、合金结构钢、碳素工具钢和合金工具钢、弹簧钢、轴承钢等。

③高级优质钢：钢中含杂质元素极少，含硫量一般≤ 0.03%，含磷量≤ 0.035%，如合金结构钢和工具钢等。

（6）按钢的用途分类

①结构钢：

a. 钢结构用钢：钢结构是各种型钢、钢板，经焊接、铆接或螺栓连接而成的工程结构。型钢有方钢、圆钢、扁钢、工字钢等（图 7.23）。

钢结构的特点如下：构件尺寸大，形状复杂，不可能对其进行整体热处理。构件在制作过程中，常需经冷弯、焊接等，要求钢材可焊性好。结构暴露于自然环境中，尤其是水工（水利工程）钢结构多处于潮湿、腐蚀或低温条件下工作，要求钢材具有在所处环境下的可靠性及耐久性。

图 7.23　不同截面钢

b. 混凝土结构用钢：混凝土结构用钢主要有热轧钢筋、冷拉热轧钢筋、冷拔低碳钢丝、冷轧带肋钢筋、热处理钢筋、预应力混凝土用钢丝及钢绞线。

c. 机械制造用结构钢：是指用于制造机械设备上结构零件的钢。这类钢基本上都是优质钢或高级优质钢，主要有优质碳素结构钢、合金结构钢、易切结构钢、弹簧钢、滚动轴承钢等。

②工具钢：一般用于制造各种工具，如碳素工具钢、合金工具钢、高速工具钢等。按用途又可分为刀具钢、模具钢、量具钢。

③特殊钢：具有特殊性能的钢，如不锈耐酸钢、耐热不起皮钢、高电阻合金钢、耐磨钢、磁钢等。

④专业用钢：专业用钢是指各个工业部门专业用途的钢，如汽车用钢、农机用钢、航空用钢、化工机械用钢、锅炉用钢、电工用钢、焊条用钢等。

（7）按制造加工形式分类

①铸钢：铸钢是指采用铸造方法生产出来的一种钢铸件。铸钢主要用于制造一些形状复杂、难于进行锻造或切削加工成形而又要求较高强度和塑性的零件。

②锻钢：锻钢是指采用锻造方法生产出来的各种锻材和锻件。锻钢件的质量比铸钢件高，能承受大的冲击力作用，塑性、韧性和其他方面的力学性能也都比铸钢件高，因此凡是一些重要的机器零件都应当采用锻钢件。

③热轧钢：热轧钢是指用热轧方法生产出来的各种热轧钢材。大部分钢材都是采用热轧轧成的，热轧常用来生产型钢、钢管、钢板等大型钢材，也用于轧制线材。

④冷轧钢：冷轧钢是指用冷轧方法生产出来的各种冷轧钢材。与热轧钢相比，冷轧钢的特点是表面光洁、尺寸精确、力学性能好。冷轧常用来轧制薄板、钢带和钢管。

⑤冷拔钢：冷拔钢是指用冷拔方法生产出来的各种冷拔钢材。冷拔钢的特点是：精度高、表面质量好。冷拔主要用于生产钢丝，也用于生产直径在 50 mm 以下的圆钢和六角钢，以及直径在 76 mm 以下的钢管。

3）钢材的防腐

（1）腐蚀的原因

根据钢材与周围介质的不同，一般把腐蚀分为化学腐蚀和电化学腐蚀两种。

①化学腐蚀：化学腐蚀是指钢材与周围介质直接起化学反应而产生的腐蚀。如在高温中与干燥的 O_2、NO_2、SO_2、H_2S 等气体以及与非电解质的液体发生化学反应，在钢材的表面生成氧化铁、硫化铁等。腐蚀的程度随时间和温度的增加而增加。

②电化学腐蚀：电化学腐蚀是钢材与介质之间发生氧化还原反应而产生的腐蚀。其特点是有电流产生。如钢材在潮湿空气中、水中或酸、碱、盐溶液中产生的腐蚀；不同金属接触处产生的腐蚀以及钢材受到拉应力作用的区域发生的腐蚀等。

（2）腐蚀的类型

①均匀腐蚀：腐蚀均匀地分布在材料表面。一般来说，这种腐蚀较轻微，危害性也较小。

②晶间腐蚀和孔蚀：晶间腐蚀即沿着或紧挨着晶粒边界发生的腐蚀。孔蚀指腐蚀集中于金属表面的很小范围并深入金属内部的孔状腐蚀。

③应力腐蚀：钢材经冷加工后具有残余应力；钢结构在受荷时，也会有应力集中或应力不均匀的现象。当有腐蚀性介质存在时，受应力部位处于特别容易生锈的状态，如钢筋弯钩的弯曲部，圆

钉的顶端和尖部。

④疲劳腐蚀：疲劳腐蚀是指在腐蚀介质和重复应力的共同作用下，具有孔蚀和应力腐蚀的联合使用。

⑤冲刷腐蚀：这种腐蚀是在腐蚀介质和机械磨损的共同作用下所产生的。机械冲刷磨损作用破坏了钢材表面的钝化膜，可加速腐蚀介质的作用，钢材的腐蚀产物又使其表面抗冲刷能力下降，从而加速钢材的破坏。

（3）防止腐蚀的方法

①保护膜法：保护膜法是在钢材表面涂布一层保护层，以隔离空气或其他介质。常用的保护层有搪瓷、涂料、塑料等，或经化学处理使钢材表面形成氧化膜（发蓝处理）。

②阴极保护法：

a.牺牲阳极保护法：即要在保护的钢结构上，特别是位于水下的钢结构上，接以较钢材更为活泼的金属，如锌、镁等。于是这些更为活泼的金属在介质中成为原电池的阳极而遭到腐蚀，取代了铁素体，而钢结构均成为阴极而得到保护。

b.外加电流保护法：此方法是在钢结构的附近，安放一些废钢铁或其他难熔金属，如高硅铁、铅银合金等。将外加直流电源的负极接在被保护的钢结构上，正极接在废钢铁或难熔金属上。通电后阳极被腐蚀，钢结构成为阴极而得到保护。

4）钢材的腐蚀性的应用

从20世纪90年代开始，许多景观设计师热衷于追求钢材的自然锈蚀变化效果，将未处理的耐候钢板直接用于景观中（图7.24）。所谓耐候钢板，即大气腐蚀钢，是介于普通钢和不锈钢之间的低合金钢系列。耐候钢板在大气环境中，表层逐渐氧化变色，形成一层锈红色物质，将这种独特的质感和色彩融于景观设计中，体现出别出心裁的艺术魅力。

图7.24　耐候钢板在景观中的应用

耐候钢板在不同类型的设计语境中常被冠以"工业时代的代名词""时间概念的视觉表达"以及"科技与文化创意的标签"等设计语汇而被大量应用。首先，它具有突出的视觉表现力。锈蚀钢板会随着时间而发生变化，其色彩和饱和度比一般的构筑物要高，因此在园林绿色植物背景下容易突显出来（图7.25）。其次，它有很强的形体塑造能力，容易塑造成丰富变化的形状，并能保持极好的整体性（图7.26）。最后，它还具有鲜明的空间界定能力。可利用很薄的钢板对空间进行清晰、准确的分隔（图7.27），使场地变得简练而明快，又充满力量。

耐候钢

耐候钢具有优质钢的一些特性，其耐候性为普碳钢的 2~8 倍，涂装性为普碳钢的 1.5~10 倍。耐候钢也有一些缺点：耐候钢焊接点的氧化速率必须和其他用料相同，这需要特殊的焊接材料和技术；耐候钢并非不锈钢，如果耐候钢的凹位中有积水，该处的腐蚀速率将变快，因此必须做好排水；耐候钢对富盐空气环境敏感，在这样的环境中，表层保护膜可能阻止不了内部的进一步氧化。

图 7.25　耐候钢板视觉表现力　　图 7.26　耐候钢板形体塑造力　　图 7.27　耐候钢板空间界定力

7.2.3　其他黑金属材料

1）铸铁

铸铁是含碳量大于 2% 的铁碳合金，是现代工业中极其重要的材料。工业上使用的铸铁，一般含碳量为 2.5% ~ 4%。与钢相比，铸铁所含的杂质较多，机械性能较差，性脆，不能进行碾压的锻造，但它具有良好的铸造性能，可铸成形状复杂的零件。此外，它的减震性、耐磨性和切削加工性能较好，抗压强度高，成本低，因而常用在机械行业中。

在建筑、景观工程中，铸铁适用于排水管、暖气管、浴用管道、各种室外井盖、路面排水的水算子和树坑的透水树算子等（图 7.28）。纽约艺术家、金属设计师卡尔·莱恩利用废旧的铁制品雕刻图案、丰富的细部掩饰了锈迹斑斑的粗犷。在她手中，冰冷坚硬的铸铁被雕琢成精美绝伦的艺术品置于景观之中，令人惊叹（图 7.29）。

图 7.28　水算子

图 7.29　铸铁景观雕刻

2）不锈钢

不锈钢是不锈耐酸钢的简称，耐空气、蒸汽、水等弱腐蚀介质或具有不锈性的钢种称为不锈钢；而将耐化学介质腐蚀（酸、碱、盐等化学侵蚀）的钢种称为耐酸钢。由于两者在化学成分上的差异而使它们的耐蚀性不同，普通不锈钢一般不耐化学介质腐蚀，而耐酸钢则一般均具有不锈性。不锈钢含铬 12% 以上，较好的钢种还含有镍。添加钼可进一步改善大气腐蚀性，特别是耐含氯化物大气的腐蚀。

不锈钢的出现使设计师们表达语言更为丰富。由于不锈钢表面处理形式不同，呈现出不同的外观。五种加工方法：轧制法、机械法、化学法、网纹法和彩色法，形成了抛光（镜面）、拉丝、蚀刻、网纹、电解着色、涂层着色等不同效果（图 7.30）。

图 7.30　不同处理形式的不锈钢

不锈钢在景观工程中，既可用于室内，也可用于室外，既可作非承重的纯粹装饰、装修制品，也可用作承重构件，如工业建筑的屋顶、侧墙、幕墙、安全栏杆、防水雕塑小品等（图 7.31）。

图 7.31　不锈钢在景观中的应用

7.3　有色金属材料

　　有色金属通常指除去铁（有时也除去锰和铬）和铁基合金以外的所有金属。有色金属可分为重金属（如铜、铅、锌）、轻金属（如铝、镁）、贵金属（如金、银、铂）及稀有金属（如钨、钼、锗、锂、镧、铀）。景观工程中，金属雕花构件常用到铜、铝等；金属构件防锈会采取镀锌的工艺处理；陶砖、瓷砖会采用金属离子着色。

7.3.1　铝及铝制品

1）铝

　　铝的质量轻，只有铁和钢的1/3，它的这一特性被广泛应用到建筑中。铝材可被碾压、锯开和钻孔，其质量轻，易成形、易操作，可以抛光。成形是通过轧制、拉伸变形、冲压、冷拉、锻造和顶锻进行的。铝比钢的韧性高，故生产挤压部件仅需要非常少的能源。

　　在建筑、景观领域使用的铝合金通常被简称为铝。这些合金包含2%～5%的硅、镁、铜、锰等元素。用于支撑框架、窗户和立柱横梁立面的挤压铝部件是铝在建筑领域中最重要的应用形式（图7.32）。铝的进一步应用还包括用于建筑立面和屋顶的平铝板和异形铝板、穿孔铝板（吸声天花板）（图7.33）、铸铝景墙、铸铝制成的小品（图7.34）等。此外，铝箔在防水方面的应用也较为广泛。

图 7.32　铝合金支撑板

图 7.33　穿孔铝板

图 7.34　铝在景观中的应用

2）泡沫铝

　　由铝制成的金属泡沫（图7.35）表现出较低的导热性和良好的隔音性能（图7.36）。它具有很高的抗压强度，而且质量轻，易于处理加工。泡沫铝因其轻质高强的特性，也受到建筑设计师的青睐，多应用于建筑表皮设计（图 7.37）。而在景观领域中，结合不同色彩，泡沫铝有了更多的发挥空间，能够呈现较高的艺术性（图 7.38）。

图 7.35　泡沫铝

图 7.36　用泡沫铝制作的公路隔音屏障

图 7.37　用泡沫铝制作的艺术小品

图 7.38　泡沫铝作建筑表皮

7.3.2　锌与钛锌合金

　　锌合金（比如由 99.995% 的锌加上 0.003% 的钛制成的钛锌合金）比相对脆弱的锌本身强度更高。钛锌合金可焊接或钎焊，且比锌的热膨胀系数低。由于这个原因，建筑业几乎只使用钛锌合金。锌能抵御气候的影响，与铅类似，遇到空气时形成一层保护层，因而经常用于保护其他金属，如钢、铜等。

　　钛锌合金板也适合用于立面、屋顶排水沟（图 7.39）及管道。锌可以被十分精确地铸造，制成精密的模件。许多锌合金都广泛应用在建筑业中，例如制作小五金的压铸锌、黄铜、镍银铜合金及钎焊的焊料。

图 7.39　锌板立面及屋顶

锌的一个重要应用是用于防止钢构件腐蚀。锌抗腐蚀能力强，是由于它能形成永久性的保护层。有很多方法可以把保护层应用到钢构件外部：热浸镀锌法、电镀锌法、喷镀锌法等。锌保护层的耐久性取决于周围空气中 CO_2 的含量。利用这一特性，景观中常用于栏杆、金属构件等表面的防腐材料，也可制成景观小品（图 7.40）。

图 7.40　锌在景观中的应用

7.3.3　铜

铜具有闪亮的颜色，而且十分耐磨。它易于操作、成型、焊接与钎焊，但难以铸造。铜具有良好的导电性和导热性。柔软的纯铜难以发挥作用，但是铜合金的形式可以大大提高它的强度。

1）加工与应用

传统的金属加工技术同样适用于铜和铜合金的生产。但是铜材料的导热性高，因此很难被焊接，不过使用螯合剂可以较容易地将其钎焊和粘接。

薄铜板适用于建筑立面、屋顶、栏杆等（图 7.41），可用于防水，因为它能与沥青粘接。铜还可用来生产管道，如供暖设备，同时也广泛应用于电机工程。

图 7.41　铜板在建筑中的应用

2）铜锡合金——青铜

青铜是在 1 000 ℃的熔炉中冶炼出来的。其中锡的比例占 10% ~ 20%。青铜具有极高的耐久性和耐候性。它比黄铜和铜都坚硬，并具有很强的抗腐蚀性和耐磨损性。

青铜常用来生产套管接头、小五金、煤气管接头、水管接头和蒸汽管接头。除此之外，青铜还被用来铸造大钟和艺术品。由于它持久耐用，在许多历史建筑中，甚至是著名的当代建筑中，经常被用来制作窗框和大门（图7.42）。

图 7.42　青铜窗框和大门

3）铜锌合金——黄铜

铜合金与纯铜相比，容易成形，易于加工，也可以铸造。

黄铜是一种含铜的合金，包含50%～80%的铜。黄铜具有较高的耐腐蚀性，打磨抛光后呈闪亮的金色。但过一段时间后，表面就会失去光泽，变得暗淡。

使用黄铜制成的经典景观建筑案例有昆明铜殿、五台山铜殿、峨眉山金顶、德累斯顿犹太教堂等（图7.43）。黄铜也可制作电力终端设备、螺丝钉和螺丝帽、管道配件和小五金。

图 7.43　五台山铜殿和峨眉山金顶

4）铜铝合金——金铜

金铜是铜和铝的合金，以及以金铜合金为基添加其他组分构成的合金，主要有金铜合金、金铜镍合金和铜钯合金等。金铜作为一种崭新的应用于幕墙的铜铝合金材料可以安装在建筑表面或者景墙立面，光泽褪去后逐渐形成显著的暖金表层，会明显地使人联想到珍贵的金属（图7.44）。

图 7.44 金铜景墙和金铜幕墙

思考与练习

1. 简述玻璃的组成及特性。

2. 如何在园林景观中应用玻璃的艺术特性？

3. 园林景观中常见的玻璃有哪几类？特征分别是什么？

4. 简述钢铁的特性。

5. 简述钢铁的锈蚀原因及防锈措施。

6. 简述铸铁与不锈钢的特性及应用。

7. 简述有色金属的分类及各自的应用。

8 有机高分子材料

本章导读 本章介绍景观工程中常见有机高分子材料的基本知识。以涂料、塑料和胶黏剂为例，分别讲述材料的定义、性质、应用等。要求认识涂料，了解涂料的组成及各成分的作用，了解涂料的基本名称、分类及新型环保涂料的发展；掌握塑料的主要性质、常用塑料的性能及应用；了解胶黏剂的选择与应用。

　　有机高分子材料是指以有机高分子化合物为主要成分的材料。有机高分子材料分为天然高分子材料和合成高分子材料两类。木材、天然橡胶、棉织品、沥青等都是天然高分子材料；而现代生活中广泛使用的塑料、化学纤维以及某些涂料、胶黏剂等，都是以高分子化合物为基础材料制成的，这些高分子化合物大多是人工合成的，故称为合成高分子材料。

　　高分子材料是现代工程材料中不可缺少的一类材料。由于有机高分子合成材料的原料来源广泛，化学结合效率高，产品具有质轻、强韧、耐化学腐蚀、功能多样、易加工成型等优点，还可用作结构材料替代钢材、木材等。

8.1　高分子化合物概述

　　高分子化合物也称聚合物，是由千万个原子彼此以共价键[1]连接的大分子化合物，其分子量一般在 10^4 以上。虽然高分子化合物的分子量很大，但其化学组成都比较简单，一个大分子往往是由许多相同的、简单的结构单元通过共价键连接而成。

1）高分子化合物的分类

　　高分子化合物的分类方式很多，常见的有以下三种。

　　（1）按分子链的集合形状分类

　　高分子化合物按其链节（碳原子之间的结合形式）在空间排列的集合形状，可分为线型结构、支链型结构和体型结构（或网状型结构）三种（图8.1）。

---

[1] 共价键 (Covalent Bond)——是化学键的一种，两个或多个原子共同使用它们的外层电子，在理想情况下达到电子饱和的状态，由此组成比较稳定的化学结构，或者说共价键是原子间通过共用电子对所形成的相互作用。

（a）线型结构　　　　　　　（b）支链型结构　　　　　　（c）体型结构

图8.1　高分子化合物按分子链集合形状分类

（2）按合成方法分类

按高分子化合物的合成方法分为加聚树脂和缩合树脂两类。

（3）按受热时的性质分类

高分子化合物按其在热作用下所表现出来的性质不同，可分为热塑性聚合物和热固性聚合物两种。

（4）按来源来分类

①天然高分子材料：存在于动物、植物及生物体内的高分子，可分为天然纤维、天然树脂、天然橡胶、动物胶等。

②合成高分子材料：主要是指塑料、合成橡胶和合成纤维三大材料，此外还包括胶黏剂、涂料以及各种功能高分子材料，都是以高分子化合物为基础材料制成的，这些高分子化合物大多是人工合成的，故称为合成高分子材料。

2）高分子化合物的主要性质

（1）物理性质

高分子化合物的密度小，一般为 0.8 ~ 2.2 g/cm³，只有钢材的 1/8 ~ 1/4，混凝土的 1/3，铝的 1/2；而它的强度高，一般都大于钢材和混凝土制品，是极好的轻质高强材料，但力学性能受温度变化的影响较大；它的导热性很小，是一种很好的轻质保温隔热材料；它的电绝缘性好，是极好的绝缘材料；它的减震、消声性好，一般可制成隔热、隔声和抗震材料。

（2）化学性质

①老化：在光、热、大气作用下，高分子化合物的组成和结构发生变化，致使其性质变化。如失去弹性、出现裂纹、变硬、变脆或变软、发黏、失去原有的使用功能，这种现象称为老化。

②耐腐蚀性：一般的高分子化合物对侵蚀性化学物质及蒸汽的作用具有较高的稳定性。但有些聚合物在有机溶液中会溶解或溶胀，使几何形状和尺寸改变，性能恶化，使用时应注意。

③可燃性及毒性：高分子化合物一般属于可燃的材料，但可燃性受其组成和结构的影响有很大差别。如聚苯乙烯遇明火会很快燃烧起来，而聚氯乙烯则有自熄性，离开火焰会自动熄灭。一般液态的聚合物几乎都有不同程度的毒性，而固化后的聚合物多半是无毒的。

8.2　涂　料

涂料是指涂覆在物体表面，起保护、装饰或其他特殊功能（绝缘、防锈、防霉、耐热等），并能与被涂物体形成牢固附着的连续薄膜，通常以树脂、油或乳液为主，添加或不添加颜料、填料，添加相应助剂，用有机溶剂或水配制而成的黏稠液体或固体材料。

涂料具有色彩鲜艳、造型丰富、质感与装饰效果好、品种多样、自重轻、价格低、工期短、功效高、维修更新方便等优点，是现代景观工程中常用的装饰材料（图 8.2）。

图 8.2　涂料在景观中的应用

涂料属于有机化工高分子材料，所形成的涂膜属于高分子化合物类型。按照现代通行的化工产品的分类，涂料属于精细化工产品。现代的涂料正在逐步成为一类多功能性的工程材料，是化学工业中的一个重要行业。

8.2.1　涂料的成分

涂料一般有四种基本成分：成膜物质（树脂）、颜料（包括体质颜料，通常称填料）、溶剂和添加剂。

1）成膜物质

成膜物质（树脂）是涂膜的主要成分，包括油脂、油脂加工产品、纤维素衍生物、天然树脂和合成树脂。成膜物质还包括部分不挥发的活性稀释剂，它是使涂料牢固附着于被涂物面上形成连续薄膜的主要物质，是构成涂料的基础，决定着涂料的基本特性。

2）颜料

颜料一般分两种，一种为着色颜料，常见颜料如下：白色（钛白、锌钡白和锌白）；黑色（炭黑、氧化铁）；彩色（无机类和有机类）；金属（铜粉、铝粉）；仿锈（石墨、红丹等），见表 8.1。还有一种为体质颜料，也就是常说的填料，如碳酸钙、滑石粉。

表 8.1　常用着色颜料分类

颜　色	化学组成	品　种
黄色颜料	无机颜料	铬黄（铬酸铅 $PbCrO_4$）、褐铁矿 $[FeO(OH)\cdot nH_2O]$
	有机染料	永固黄、联苯胺黄等
红色颜料	无机颜料	铁红（Fe_2O_3）、银朱（HgS）
	有机染料	甲苯胺红、立索尔红等
蓝色颜料	无机颜料	铁蓝、钴蓝（$Co\cdot Al_2O_3$）、群青
	有机染料	酞菁蓝、铁铵蓝 $[Fe（NH_4），Fe（CN）_5]$
白色颜料	无机颜料	钛白粉（TiO_2）、氧化锌（Zn_2O）、立德粉
金色颜料	无机颜料	铝粉（Al）、铜粉（Cu）

3）溶剂

溶剂包括真溶剂、助溶剂、稀释剂。又可划分为烃类（矿物油精、煤油、汽油、苯、甲苯、二甲苯等）、醇类、醚类、酮类和酯类溶剂。溶剂和水的主要作用在于使成膜基料分散而形成黏稠液体。它有助于施工和改善涂膜的某些性能。

根据涂料中使用的主要成膜物质可将其分为油性涂料、纤维涂料、合成涂料和无机涂料；按涂料或漆膜性状可分为溶液、乳胶、溶胶、粉末、有光、消光和多彩美术涂料等。

4）添加剂

添加剂如消泡剂，流平剂等，还有一些特殊的功能助剂，如底材润湿剂等。这些助剂一般不能成膜，但对基料形成涂膜的过程与耐久性起着相当重要的作用。

8.2.2　涂料的作用、性能及特点

涂料的作用主要有四点：保护、装饰、标志和其他特殊作用，通过涂料的使用，可提升产品的价值。

1）涂料的作用

（1）保护作用

金属材料，尤其是钢铁，容易受到环境中腐蚀性介质、水分和空气中氧的侵蚀和腐蚀；木材易受潮气、微生物的作用而腐烂；塑料易受光和热的作用而降解；混凝土易风化或受化学品的侵蚀。因此，材料需要用涂层来保护（图8.3）。

图8.3　涂料的保护作用

（2）装饰作用

用色彩来装饰我们的环境，是人类的天性，并伴随着人类以及整个社会的发展过程。涂料很容易配出成千上万种颜色，色彩丰富；涂层既可做到平滑光亮，也可做出各种立体质感的效果（图8.4）。

艺术家利用涂料在建筑立面上涂鸦（图8.5），其主题旨在唤起对环境生态问题的重视。涂料的运用使得设计师可以从更广泛的角度寻找创作空间，延续建筑的生命力，让材料相互"共生"，凝聚成丰富的设计语境。

（3）标志作用

标志作用是利用色彩的明度和反差强烈的特性，引起人们警觉，避免危险事故发生，保障人们的安全（图8.6）。

图 8.4　涂料的装饰作用

图 8.5　利用涂料装饰立面

图 8.6　涂料的标志作用

（4）特殊作用

①力学功能：耐磨涂料、润滑涂料等。

②热功能：耐高温涂料、阻燃涂料等。

③电磁学功能：导电涂料、防静电涂料等。

④光学功能：发光涂料、荧光涂料等（图 8.7）。

⑤生物功能：防污涂料、防霉涂料等（图 8.8）。

⑥化学功能：耐酸、碱等化学介质涂料。

图8.7 发光涂料

图8.8 防腐涂料

2）涂料的性能

（1）遮盖力

遮盖力通常用能使规定的黑白格掩盖所需的涂料质量来表示，质量越大遮盖力越小。

（2）涂膜附着力

附着力表示涂膜与基层的黏合力。

（3）黏度

黏度的大小影响施工性能，不同的施工方法要求涂料有不同的黏度。

（4）细度

细度大小直接影响涂膜表面的平整性和光泽。

3）涂料的特点

（1）耐污染性

涂料可避免材质直接与空气、湿气、酸碱等接触，避免发霉、生锈等。

（2）耐久性

耐久性包括耐冻融性、耐洗刷性、耐老化性。

（3）耐碱性

涂料的装饰对象主要是一些碱性材料，因此耐碱性是涂料的重要特性。

（4）最低成膜温度

每种涂料都具有一个最低成膜温度，不同的涂料最低成膜温度不同。

（5）耐高温性

涂料由原来的耐几十摄氏度发展到今天可以耐温到 1 800 ℃。

8.2.3　涂料的分类

涂料的分类方法很多，可有以下分类。

（1）按产品的形态分类

按形态分，可分为溶剂型涂料、粉末型涂料、高固体份涂料、金属涂料、珠光涂料、无溶剂型涂料和水溶性涂料。

（2）按用途分类

按用途分，可分为建筑涂料、罐头涂料、汽车涂料、飞机涂料、家电涂料、木器涂料、桥梁涂料、塑料涂料、纸张涂料、船舶涂料、风力发电涂料、核电涂料、管道涂料、钢结构涂料、橡胶涂料、航空涂料、木器涂料等。

（3）按性能分类

按性能分，可分为防腐蚀涂料、防锈涂料、绝缘涂料、耐高温涂料、耐老化涂料、耐酸碱涂料、耐化学介质涂料。

（4）按是否有颜色分类

按是否有颜色分，可分为清漆和色漆。

（5）按施工工序分类

按施工工序分，可分为封闭漆、腻子、底漆、二道底漆、面漆、罩光漆。

（6）按施工方法分类

按施工方法分，可分为刷涂涂料、喷涂涂料、辊涂涂料、浸涂涂料、电泳涂料等。

（7）按功能分类

按功能分，可分为不粘涂料、铁氟龙涂料、装饰涂料、防腐涂料、导电涂料、防锈涂料、耐高温涂料、示温涂料、隔热涂料、防火涂料、防水涂料等。

（8）按在建筑物上的使用部位分类

按使用部位分，可分为内墙涂料、外墙涂料、地面涂料、门窗涂料、顶棚涂料、木器漆、金属用漆等。

（9）按漆膜性能分类

按漆膜性能分，可分为防腐漆、绝缘漆、导电漆、耐热漆等。

（10）按成膜物质分类

按成膜物质分，可分为天然树脂类漆、酚醛类漆、醇酸类漆、氨基类漆、硝基类漆、环氧类漆、氯化橡胶类漆、丙烯酸类漆、聚氨酯类漆、有机硅树脂类漆、氟碳树脂类漆、聚硅氧烷类漆、乙烯树脂类漆等。

（11）按基料的种类分类

按基料的种类分，可分为有机涂料、无机涂料、有机—无机复合涂料。有机涂料由于其使用的溶剂不同，又分为有机溶剂型涂料和有机水性（包括水乳型和水溶型）涂料两类。生活中常见的涂料一般都是有机涂料。无机涂料指的是用无机高分子材料为基料所生产的涂料，包括水溶性硅酸盐系、硅溶胶系、有机硅及无机聚合物系。有机—无机复合涂料有两种复合形式，一种是涂料在生产时采用有机材料和无机材料共同作为基料，形成复合涂料；另一种是有机涂料和无机涂料在装饰施工时相互结合。

（12）按装饰效果分类

①平面涂料：平涂后表面平整光滑的涂料 [图 8.9（a）]。这是最为常见的涂料，适用范围广泛。

②砂壁状涂料：表面呈砂粒状装饰效果的涂料 [图 8.9（b）]，如真石漆。该涂料最突出的特点是，在光照下会产生钻石的光彩效果，丰富了建材品种和装饰设计选择。该涂料的优点是色彩丰富，耐久性极佳，建设造价经济，施工工艺及工具简单，是现代建筑、景观装饰的首选超高档装饰材料。缺点是涂料表面呈沙粒状，漆面粗糙，给后期的清洁工作带来了很大难度。

③复层涂料：复层涂料也称凹凸花纹涂料或浮雕涂料、喷塑涂料，是应用较广的建筑物内（外）墙涂料 [图 8.9（c）]。主要以水泥系、硅酸盐系和合成树脂系等粘接剂和骨料为原料，用刷涂、辊涂或喷涂等方法，在建筑物表面涂布 2 ～ 3 层，厚度为 1 ～ 5 mm 的复层建筑涂料。其饰面由多道涂层组成，外观可以是凹凸花纹状、波纹状、橘皮状及环状等，颜色可以是单色、双色或多色，光泽可以是无光、半光、有光、珠光、金属光泽等。装饰效果豪华、庄重，立体感强。涂层粘接强度高，耐久性优良，对墙体有良好的保护作用，并有遮盖基层不平的"遮丑"作用。适用于水泥砂浆、混凝土、水泥石棉板等多种基层，利用喷涂、滚涂方法进行施工。

（a）平面涂料　　　　　　　（b）砂壁状涂料　　　　　　（c）复层涂料

图 8.9　不同装饰效果涂料

8.3　塑　料

塑料是以合成高分子化合物或天然高分子化合物为主要基料，与其他原料在一定条件下经混炼、塑化成型，在常温常压下能保持产品形状不变的材料。塑料在一定的温度和压力下具有较大的塑性，容易做成所需要的各种形状、尺寸的制品，而成型以后，在常温下又能保持既得的形状和必需的强度。

8.3.1　塑料的基本组成与性质

1）基本组成

塑料大多数都是以合成树脂为基本材料，再按一定比例加入填充料、增塑剂、固化剂、着色剂及其他助剂等加工而成。

（1）合成树脂

合成树脂是塑料的主要组成材料，在塑料中起胶黏剂的作用，它不仅能自身胶结，还能将塑料中的其他组分牢固地胶结在一起成为一个整体，使其具有加工成型的性能。合成树脂在塑料中的含量为 30% ～ 60%，塑料的主要性质取决于所用合成树脂的性质。

（2）填料

填料又称填充剂，是绝大多数塑料不可缺少的原料，通常占塑料组成材料的 40% ～ 70%，是为了改善塑料的某些性能而加入的，其作用是可提高塑料的强度、硬度、韧性、耐热性、耐老化性、抗冲击性等，同时也可降低塑料的成本。常用的填料有滑石粉、硅藻土、石灰石粉、云母、木粉、各类纤维材料、纸屑等（图 8.10）。

（a）滑石粉　　　　　　　　　　（b）木粉　　　　　　　　　　（c）纤维材料

图 8.10　常用填料

（3）增塑剂

增塑剂可增加塑料的可塑性和柔软性，降低脆性，使塑料易于加工成型，但会降低塑料的强度与耐热性。增塑剂一般是能与树脂混溶，无色、无毒、无臭，对光、热稳定的高沸点有机化合物，最常用的是邻苯二甲酸酯类。

（4）固化剂

为了防止合成树脂在加工和使用过程中受光和热的作用分解和破坏，延长使用寿命，要在塑料中加入固化剂。常用的有硬脂酸盐、环氧树脂等。固化剂的用量一般为塑料的 0.3% ~ 0.5%。

（5）着色剂

着色剂可使塑料具有各种鲜艳、美观的颜色。常用有机染料和无机颜料作为着色剂。合成树脂的本色大都是白色半透明或无色透明的。在工业生产中，常利用着色剂来增加塑料制品的色彩。着色的塑料用于景观中，丰富了空间的色彩，在单调的背景衬托之下，起到点缀的作用（图 8.11）。

图 8.11　着色塑料在景观中的应用

（6）其他助剂

为了改善和调节塑料的某些性能，以适应使用和加工的特殊要求，可在塑料中掺入各种不同的助剂（如稳定剂）可提高塑料在热、氧、光等作用下的稳定性；阻燃剂可提高塑料的耐燃性和自熄性；润滑剂能改善塑料在加工成型时的流动性和脱模性等。此外，还有抗静电剂、发泡剂、防霉剂、偶联剂等。

在种类繁多的塑料助剂中，由于各种助剂的化学组成、物质结构不同，对塑料的作用机理及作用效果各异，因而由同种合成树脂制成的塑料，其性能会因加入助剂的不同而不同。

2）塑料的主要性质

塑料是具有质轻、绝缘、耐腐、耐磨、绝热、隔声等优良性能的材料。在建筑、景观上可作为装饰材料、绝热材料、吸声材料、防火材料、墙体材料、管道及卫生洁具等（图8.12）。它与传统材料相比，具有以下优异性能。

图8.12　塑料在装饰装修中的应用

（1）质轻、比强度高

塑料的密度为 $0.9 \sim 2.2$ g/cm^3，平均为 1.45 g/cm^3，约为铝的 $1/2$，钢的 $1/5$，混凝土的 $1/3$。其比强度却远远超过水泥、混凝土，接近或超过钢材，是一种优良的轻质高强材料。

（2）加工性能好

塑料可采用各种方法制成具有各种断面形状的通用材或异型材。如塑料薄膜、薄板、管材等（图8.13），且加工性能优良并可采用机械化大规模的生产，生产效率高。

（3）导热系数小

塑料制品的传导能力比金属、岩石小，即热传导、电传导能力较小。其导热能力为金属的 $1/600 \sim 1/500$，混凝土的 $1/40$，砖的 $1/20$，是理想的绝热材料。

（4）装饰性优异

塑料制品可完全透明，也可着色，而且色彩绚丽耐久，表面光亮，有光泽；可通过照相制版印制，模仿天然材料的纹理，达到以假乱真的程度；还可电镀、热压、烫金制成各种图案和花型，使其表面具有立体感和金属的质感（图8.14）。通过电镀技术，还可使塑料具有导电、耐磨和对电磁波的屏蔽作用等功能。

（5）多功能性

塑料制品品种繁多、功能不一，且可通过改变配方和生产工艺，在相当大的范围内制成具有各种特殊性能的工程材料。如强度超过钢材的碳纤维复合材料，具有承重、质轻、隔声、保温的复合板材，柔软而富有弹性的密封、防水材料等。各种塑料又具有各种特殊性能，如防水性、隔热性、隔声性、耐化学腐蚀性等，有些性能是传统材料难以具备的。

图 8.13　各种断面形状的塑料

图 8.14　塑料表面立体感和金属质感

（6）经济性

塑料建材无论是从生产时所消耗的能量或是从使用过程中的效果来看都有节能性。塑料生产的能耗低于传统材料，在使用过程中某些塑料产品还具有节能效果。因此，广泛使用塑料具有明显的经济效益和社会效益。

（7）缺点

塑料自身也存在一些缺点，主要体现在以下四个方面：

①容易燃烧，燃烧时产生有毒气体：塑料的耐热性差，受到较高温度作用时会产生热变形，甚

至分解。塑料一般可燃，且燃烧时产生大量的烟雾，甚至有毒气体，例如聚苯乙烯燃烧时产生甲苯，PVC 燃烧也会产生氯化氢等有毒气体。所以在生产过程中一般要掺入一定量的阻燃剂，以提高塑料的耐燃性。在重要的公共场所或易产生火灾的部位，不宜采用塑料装饰制品。

②耐热性等较差，易老化：塑料在高热、空气、阳光及环境介质中的酸、碱、盐等作用下，分子结构会产生递变，增塑剂等组分挥发，使塑料性能变差，甚至产生硬脆、破坏等。塑料的耐老化性可通过添加外加剂的方法得到很大的提高。

③热膨胀性大：塑料的热膨胀系数较大，因此在温差变化较大的场所使用塑料，尤其是与其他材料结合时，应考虑变形因素，以保证制品的正常使用。

④刚度小：塑料与钢铁等金属材料相比，强度和弹性模量较小，即刚度差，且在载荷长期作用下会产生蠕变。所以给塑料的使用带来了一定的局限性，尤其是用作承重结构时应慎重。

总之，塑料及其制品的优点大于缺点，且塑料的缺点可以通过采取措施加以改进。塑料制品给我们带来许多便利，成为日常生活的一部分。

塑料小品在景观设计中也有着画龙点睛的作用。芬兰著名设计师艾洛·阿尼奥（Eero Aarnio）热衷于用塑料进行创意设计。形态自由、色彩鲜明的塑料家具使人们从中得到极大乐趣。他设计的球椅、香皂椅、小马椅（图 8.15）成为时代的象征，开创了新材料、新技术的设计道路。

图 8.15　塑料创意座椅

一些设计师为了唤起人们的环保意识，利用废弃的塑料制作成景观小品（图 8.16），在减少废弃塑料产生的同时为环境增添一道风景。随着塑料资源的不断发展，景观工程中塑料的应用将越来越广阔。

图 8.16　废弃塑料的利用

8.3.2 景观工程中常用的塑料

近些年，我国高分子合成材料快速发展，装饰材料已由过去的木材、金属等单一材料向复合高分子材料发展。塑料作为其中重要的组成部分，在现代景观工程中有着不可替代的作用。塑料产品的种类越来越丰富，主要包括地面材料、墙面材料、展示材料及其他家具、小品，如图8.17所示。复合材料的发展必然会促使塑料产品的不断更新，同时兼顾资源的可持续利用。

（a）聚氯乙烯家具

（b）发泡壁纸

（c）聚碳酸酯板

图8.17 塑料制品的应用

根据合成树脂受热时的性质，塑料可分为热塑性塑料（如聚乙烯、聚氯乙烯、聚苯乙烯、ABS塑料等）和热固性塑料（如酚醛塑料、不饱和聚酯树脂等）。景观中常用塑料的性能与用途见表8.2。

表8.2　景观中常用塑料的性能与用途

名　称	性　能	用　途
聚乙烯	柔软性好、耐低温性好、耐化学腐蚀和介电性能优良，成型工艺好，但刚性差，耐热性差（使用温度<50 ℃），耐老化性能差	主要用于防水材料、给排水管和绝缘材料等
聚氯乙烯	耐化学腐蚀性和电绝缘性优良，力学性能较好，具有难燃性，但耐热性较差，温度升高时易发生降解	有软质、硬质、轻质发泡制品。广泛用于建筑各部位（薄板、壁纸、地毯、地面卷材等），是应用最多的一种塑料
聚苯乙烯	树脂透明、有一定机械强度，电绝缘性能好，耐辐射，成型工艺好，但脆性大，耐冲击和耐热性差	主要以泡沫塑料作为隔热材料，也用来制造灯具、平顶板等
聚丙烯	耐腐蚀性能优良，力学性能和刚性超过聚乙烯，耐疲劳和耐应力开裂性好，但收缩率较大，低温脆性大	管材、卫生洁具、模板等
ABS塑料	具有韧、硬、刚相均衡的优良力学特性，电绝缘性与耐化学腐蚀性好，尺寸稳定性好，表面光泽性好，易涂装和着色，但耐热性不太好，耐候性较差	用于生产建筑五金和各种管材、模板、异形板等
酚醛塑料	电绝缘性能和力学性能良好，耐水性、耐酸性和耐腐蚀性能优良。酚醛塑料坚固耐用、尺寸稳定、不易变形	生产各种层压板、玻璃钢制品、涂料和胶黏剂等
环氧树脂	粘接性和力学性能良好，耐化学药品性（尤其是耐碱性）良好，电绝缘性能好，固化收缩率低，可在温室、接触压力下固化成形	主要用于生产玻璃钢、胶黏剂和涂料等产品
不饱和聚酯树脂	可在低压下固化成型，用玻璃纤维增强后具有优良的力学性能，良好的耐化学腐蚀性和电绝缘性能，但固化收缩率较大	主要用于玻璃钢、涂料和聚酯装饰板等
聚氨酯	强度高，耐化学腐蚀性优良，耐热、耐油、耐溶剂性好，粘接性和弹性优良	主要以泡沫塑料形式作为隔热材料及优质涂料、胶黏剂、防水涂料和弹性嵌缝材料等
脲醛塑料	电绝缘性好，耐弱酸、碱，无色、无味、无毒，着色力好，不易燃烧，耐热性差，耐水性差，不利于复杂造型	胶合板和纤维板，泡沫塑料，绝缘材料，装饰品等
有机硅塑料	耐高温、耐腐蚀、电绝缘性好、耐水、耐光、耐热，固化后的强度不高	防水材料、胶黏剂、电工器材、涂料等

8.4　薄膜材料

膜结构是20世纪中期发展起来的一种新型建筑结构形式，是由多种高强薄膜材料及加强构件（钢架、钢柱或钢索）通过一定方式使其内部产生一定的预张应力以形成某种空间形状，作为覆盖结构，并能承受一定的外荷载作用的一种空间结构形式。其具有造型自由、轻巧、阻燃、制作简易、安装快捷、使用安全等优点，使它得到广泛应用。

膜结构

8.4.1　膜材料

膜材一种新兴的建筑材料，适用于建造需要充足内部阳光的建筑空间的屋盖或墙体。常用膜材料的类型有ETFE膜材、PTFE膜材等。

（1）ETFE 膜材料

ETFE 膜材料成分为乙烯 - 四氟乙烯共聚物，是无织物基材的透明膜材料，延伸率可达 420% ~ 440%，透光光谱与玻璃相近。它也俗称为软玻璃。

ETFE 膜具有轻质与优良的透光性能，质量约为同等尺寸玻璃板的 1%；抗拉强度在 40 MPa 以上，在低于 20 MPa 时膜材料呈现弹性状态，允许折叠，具有良好的抗撕裂能力；材料允许产生大的弹性变形，但会出现蠕变性延伸，故不适宜做有抗力要求的张拉结构体系的空间膜面；长期使用的环境允许温度为 –200 ~ 150 ℃，且有良好的保温隔热性能；具有良好的化学稳定性能与防腐蚀性能，耐候性极佳，在雨水中具有很好的自洁性，实际的使用寿命可超过 20 年。

随着技术创新推动材料能力的发展，ETFE 在景观工程中广泛使用，如德国慕尼黑市的电车站（图 8.18）、美国洛杉矶蛇形画廊（图 8.19）等。ETFE 材料使结构具有运动性和轻便性，塑料能够在刚性钢制框架中轻松变形，呈现出动态观感，充满空气和轻盈的质感，也传达了放松场域的基本精神。

图 8.18　慕尼黑市的电车站

图 8.19　美国洛杉矶蛇形画廊

（2）PTFE 膜材料

PTFE 膜材料的织物基材为玻璃纤维，涂层的主要材料应为聚四氟乙烯树脂。

PTFE 膜材的最大特点是强度高，而且弹性模量较低，有利于膜材形成复杂的曲面造型；使用温度范围广，能够在 –70 ~ 230℃ 的温度范围内使用；具有较好的光学性能，白天入射光线为自然漫射光，遮挡紫外线性能好，夜间其高反射性能使得内部有好的照明效果；自洁性好，雨水可冲刷掉表面的附着物；具有高透光率，透光率约为 13%，且热吸收量很小，对热能反射率约为 73%；使用寿命较长，可达 25 年以上。

8.4.2　膜结构

膜结构体系由膜面、边索和脊索、谷索、支承结构、锚固系统，以及各部分之间的连接节点等组成（图 8.20）。膜结构所用膜材是一种新型建筑材料。膜材的类型主要有 ETFE 膜材（乙烯 - 四氟乙烯共聚物）。

膜结构按支承条件可分为柔性支承结构体系、刚性支承结构体系、混合支承结构体系（图 8.21）。

图 8.20　膜结构体系示意图

膜结构按结构可分为骨架式膜结构、张拉式膜结构、充气式膜结构（图 8.22）。

（a）柔性支承结构体系　　　（b）刚性支承结构体系

（c）混合支承结构体系

图8.21　按支承分类

图8.22　按结构分类

（1）骨架式膜结构

该结构以钢构或是集成材构成的屋顶骨架，在其上方张拉膜材的构造形式，下部支承结构安定性高，因屋顶造型比较单纯，开口部不易受限制，经济效益较高，广泛适用于各种规模的空间（图8.23）。

（2）张拉式膜结构

该结构以膜材、钢索及支柱构成，利用钢索与支柱在膜材中导入张力以达到安定的形式（图8.24）。除了可实现具有创意而且美观的造型，也是最能展现膜结构精神的构造形式。大型跨距空间也多采用以钢索与压缩材构成钢索网来支承上部膜材的形式。张拉膜结构因施工精度要求较高，结构性能强，

图8.23　骨架式膜结构

图8.24　张拉式膜结构　　　　　图8.25　充气式膜结构

且具丰富的表现力，所以造价略高于骨架式膜结构。

（3）充气式膜结构

该结构是将膜材固定于屋顶结构周边，利用送风系统让室内气压上升到一定压力后，使屋顶内外产生压力差，以抵抗外力。因利用气压来支承，以及钢索作为辅助材料，无须梁、柱支承，故该结构可获得更大的空间（图8.25），施工快捷，经济效益高，但需维持进行24 h送风机运转，在持续运行及机器维护方面的成本较高。

8.4.3 膜结构的特性

膜结构打破了纯直线建筑风格的模式，以其独有的优美曲面造型，简洁、明快、刚与柔、力与美的完美组合，呈现给人以耳目一新的感觉，同时，膜结构独特的优点给建筑设计师提供了更大的想象和创造空间。

1）轻质

张力结构自重小的原因在于它依靠预应力形态而非材料来保持结构的稳定性。膜结构中所使用的膜材每平方米的质量为1 kg左右，由于自重轻，加上钢索、钢结构高强度材料的采用，与受力体系简洁合理——力大部分以轴力传递，故使得膜结构适合跨越大空间而形成开阔的无柱大跨度结构体系。建筑及景观设计可利用其轻质大跨的特点设计和组织结构细部构件，将其轻盈和稳定的结构特性有机地统一起来（图8.26）。

图8.26　膜结构的轻盈与稳定

2）透光性

透光性是现代膜结构被广泛认可的特性之一。膜材的透光性可为建筑提供所需的照度，这对于节能需求十分重要，对于一些要求光照多且亮度高的商业建筑等尤为重要。通过自然采光与人工采光的综合利用，膜材透光性可为建筑设计提供更大的美学创作空间，夜晚透光性将膜结构变成了光的雕塑（图8.27）。

膜材透光性是由它的基层纤维、涂层及其颜色所决定的。标准膜材的光谱透射比为10% ~ 20%，有的膜材的光谱透射比可以达到40%，而有的膜材则是不透光的。膜材的透光性及对光色的选择可通过涂层的颜色或是面层颜色来调节。

通过膜材和透光保温材料的适当组合，可以使含保温层的多层膜具有透光性。即使光谱透射只有几个百分点，膜屋面对于人眼来说依然是发亮和透光的，具有轻型屋面的观感。

图 8.27　膜结构的透光性

3）柔性

张拉膜结构不是刚性的，其在风荷载或雪荷载的作用下会产生变形。膜结构通过变形来适应外荷载，在此过程中荷载作用方向上的膜面曲率半径会减小，直至能更有效抵抗该荷载。张拉结构的灵活性使其可以产生很大的位移而不发生永久性变形。膜材的弹性性能和预应力水平决定了膜结构的变形和反应。适应自然的柔性特点可激发人们的建筑设计灵感。

不同膜材的柔性程度也不同，有的膜材柔韧性极佳，不会因折叠而产生脆裂或破损，这样的材料是有效实现可移动、可展开结构的基础和前提。

4）雕塑感

张拉膜结构的独特曲面外形使其具有强烈的雕塑感。膜面通过张力达到自平衡。负高斯膜面高低起伏具有的平衡感使体型较大的结构看上去像摆脱了重力的束缚般轻盈地飘浮于天地之间（图8.28）。无论室内还是室外这种雕塑般的质感都令人激动（图8.29）。张拉膜结构可使建筑师设计出各种张力自平衡、复杂且生动的空间形式。在一天内随着光线的变化，雕塑般的膜结构通过光与影而呈现出不同的形态（图8.30）。日出和日落时，低入射角度的光线将突现屋顶的曲率和浮雕效果，太阳位于远地点时，膜结构的流线型边界在地面上投射出弯弯曲曲的影子。利用膜材的透光性和反射性，经过设计的人工灯光也可使膜结构成为光的雕塑。

图 8.28　张拉膜漂浮感　　　　　　图 8.29　膜结构室内空间　　　　　　图 8.30　膜结构光影效果

5）安全性

  按照现有的各国规范和指南设计的轻型张拉膜结构具有足够的安全性。膜结构建筑所采用的膜材具有卓越的阻燃性和耐高温性，故能很好地满足防火要求。而且由于轻型结构自重较轻，即使发生意外坍塌，其危险性也较传统建筑结构小。膜结构发生撕裂时，若结构布置能保证桅杆、梁等刚性支承构件不发生坍塌，其危险性会更小。

6）工期短

  骨架的钢结构、钢索均在工厂加工制作，现场只需组装，施工简便，故施工周期比传统建筑短。

8.5　合成橡胶

  合成橡胶属于有机高分子结构材料，又称为合成弹性体，是由人工合成的高弹性聚合物，是三大合成材料之一，其产量仅低于合成树脂（或塑料）、合成纤维。合成橡胶材料主要目的是节约成本、提高橡胶制品的特性。合成橡胶材料也具有优良的耐热性、耐寒性、防腐蚀性，且受环境因素影响小，合成橡胶材料在 −60~250℃可正常使用。

8.5.1　合成橡胶的性质

1）物理性质

  其性能因单体不同而异，少数品种的性能与天然橡胶相似，它们均在使用条件下呈高弹性，有一定模量。某些合成橡胶具有比天然橡胶更优良的耐温、耐磨、耐老化、耐腐蚀或耐油等性能。

2）化学性质

  合成橡胶是由不同单体在引发剂作用下，经聚合而成的品种多样的高分子化合物，单体有丁二烯、苯乙烯、丙烯腈、异丁烯、氯丁二烯等多种，聚合工艺有乳液聚合、溶液聚合、悬浮聚合、本体聚合四种。

8.5.2　合成橡胶的分类

1）按成品状态

  合成橡胶按此可分为液体橡胶（如端羟基聚丁二烯）、固体橡胶、乳胶和粉末橡胶等。

2）按形成过程

  合成橡胶按此可分为热塑性橡胶（如可反复加工成型的热塑性丁苯橡胶）、硫化型橡胶（须经硫化才能制得成品，大多数合成橡胶属此类）。

3）按生胶充填的其他非橡胶成分

  合成橡胶按此可分为充油母胶、充炭黑母胶和充木质素母胶。

4）按使用特性

  合成橡胶按此分为通用型橡胶和特种橡胶两大类。

  通用型橡胶指可以部分或全部代替天然橡胶使用的橡胶，如丁苯橡胶、异戊橡胶、顺丁橡胶等，主要用于制造各种轮胎及一般工业橡胶制品。通用橡胶的需求量大，是合成橡胶的主要品种。

特种橡胶是指具有耐高温、耐油、耐臭氧、耐老化和高气密性等特点的橡胶，常用的有硅橡胶、各种氟橡胶、聚硫橡胶、氯醇橡胶、丁腈橡胶、丙烯酸酯橡胶、聚氨酯橡胶和丁基橡胶等，主要用于对某种特性有要求的特殊场合。

8.5.3 合成橡胶在景观中的运用

1）橡胶防渗膜

池塘衬垫橡胶防渗膜在一定程度上代替了PVC、PE、TPO等塑性材料。在长期使用过程中发现橡胶材料能更好地解决水池结构异形等复杂问题，现在越来越多的设计师采用橡胶材料进行水池防水安装。

2）橡胶颗粒

橡胶颗粒主要是通过废橡胶、鞋底、电缆皮、橡胶边角料、汽车轮胎等废旧橡胶原料加工生产而来。橡胶颗粒抗老化、寿命长、易维护。在园林景观中的人造草坪，其草皮主要用聚合物拉丝制造而成，因此需要利用石英砂，或者是橡胶的颗粒来将草丝压住，添加适量的具备高弹性的橡胶颗粒，可以有效地模拟土壤的感觉，预防身体和场地发生碰撞时而出现受伤的情况。

8.6 合成纤维

合成纤维以石油、天然气、煤和农副产品为原料，经过提炼和化学反应合成高分子化合物，再经过熔融或溶解后纺丝制得。它具有强度高、密度小、弹性好、耐磨、耐酸碱、不霉烂、不怕蛀虫等特点。

8.6.1 合成纤维的分类

常用的合成纤维主要有涤纶、锦纶、腈纶、维纶、丙纶、氯纶、氨纶。

（1）涤纶

涤纶学名为聚酯纤维，由对苯二甲酸乙二酯抽丝制成。它具有弹性好、弹性模量大，不易变形，强度高，抗冲击性强，耐磨性好，化学稳定性和电绝缘性也较好，不易发霉，不虫蛀等优点；但是吸水性差、染色性差、不透气、易起静电、易吸附灰尘。

（2）锦纶

锦纶学名为聚酰胺纤维，由聚酰胺树脂抽丝制成。它具有质轻，强度高，弹性好，耐磨性好，耐碱性和电缘性良好等优点；但是耐酸、耐热、耐光性能较差，弹性模量低，容易变形，缺乏刚性。

（3）腈纶

腈纶学名为聚丙烯腈纤维，由聚丙烯腈树脂经湿纺或干纺制成。它具有质轻、柔软，保暖性好，不易发霉，不虫蛀，吸湿小，耐光性能好等优点；缺点是耐磨性差，表面易起球，易吸尘。

（4）维纶

维纶学名为聚乙烯醇纤维，由聚乙烯醇树脂经混纺制成。其特点是吸湿性好，耐磨性好，耐酸、碱腐蚀，耐日晒，不易发霉、不虫蛀，维纶纤维织物柔软透气。

（5）丙纶

丙纶学名为聚丙烯纤维，以丙烯聚合得到的等规聚丙烯为原料制成。其特点是质轻、强度大，耐磨性优良，吸湿性小，耐酸、碱。用丙纶制的织物，易洗快干，且密度很小，能浮在水面上。

（6）氯纶

氯纶学名为聚氯乙烯纤维，由聚氯乙烯或其共聚物制成。其特点是弹性大，保暖性好、遇火不易燃烧、化学稳定性好，能耐酸、碱性好，电绝缘性好，不霉烂，不虫蛀；缺点是耐热性差，热水中收缩率大。

（7）氨纶

氨纶学名为聚氨基甲酸酯纤维。其共有两个品种，一个是由芳香双异氰酸酯和含有羟基的聚酯链段镶嵌共聚物，简称为聚酯型氨纶，另一个品种是由芳香双异氰酸酯与含有羟基的聚醚链段镶嵌共聚物，简称为聚醚型氨纶。其特点是弹性高，耐酸碱性、耐汗、耐海水性、耐磨性均较好。

8.6.2 纤维在景观中的应用

景观材料物理性的差异在表现中能产生各不相同的美感：金属材料构成的环境给人冷漠的洁净感，木石材料营造的环境显得质朴无华，而纤维编织而成的空间则洋溢着温馨随和的气氛。

纤维的材料、肌理、形态、色彩等要素在空间形成的完整表达，现代纤维艺术以其特有的材质肌理与极富个性的表现形式构成了独特的审美特征。

1）丝线

石家庄融创中心的致舍景观（图8.31）通过研究院落、屋檐、大树的位置关系，将五色彩线有关联的定位和投射，采用细微的丝线对空间进行微介入，以这种对环境最轻微的干预和造价最低的形式，创造出一种可观可玩的互动方式。

图8.31 致舍景观

美国女艺术家谢利·帕里奥特善于利用丝网、薄纱或者金属网等制作雕塑（图8.32）。这些雕塑规模有大有小，大的甚至可以当作一个透明的迷宫，色调和光线都对空间产生了改变，增强了人与景观的互动性。

图8.32　薄纱景观雕塑

2）丝带

美国俄亥俄州科肖克顿社的区公园的临时遮阳艺术装置——科肖克顿射线追踪装置（图8.33），由网状织物丝带构成，丝带上涂上耀眼的荧光橙，在旧建筑的钢结构和地面之间延伸，形成一系列交替的"细胞空间"，让艺术与建筑同时在物理上连接起来，极具视觉张力。

图8.33　科肖克顿射线追踪装置

3）麻绳

圣彼得堡新海滨码头的"弯曲的弧线"纤维雕塑装置（图8.34），由1 662 528个结和180英里（1英里=5 280英尺 = 63 360英寸 ≈ 1 609.344 m）长的麻绳组成，跨度424英尺，最高处达72英尺。绳索是用一种轻质纤维制成的，它的强度是钢铁的15倍，在码头上轻轻起伏，让风在项目的软面上创造出变化无常的形态，色彩也会随着其表面与自然和投影的光线相互作用而随时变化。

图8.34　"弯曲的弧线"　　　　　**图8.35　地球时间1.26**

4）渔网

美国雕塑家珍妮特·埃切尔曼，将传统的纺织方法与当代绘画相结合，在世界各地的城市中构建了雕塑环境。例如伦敦牛津街的《地球时间1.26》（图8.35），用到将近1 t的渔网，打了多达

54 万个左右的线结，并使用轻质纤维来提高它的呼吸形式，这个作品还包含了移动热点和智能手机软件，人们可实时挑选颜色，而捕风网会呈现出千万种颜色的变化。

现代纤维艺术以其特有的材质肌理与极富个性的表现魅力，构成了独特的审美特征。这种美的特征由纤维艺术的材料、肌理、形态、色彩等要素在空间形成的完整性，经视觉传达由人的审美心理感应来完成。它们之间既有相对独立的审美特色又是相互渗透、交融统一的审美整体。

8.7 透光云石

透光云石是一种新型的复合材料，由高分子材料合制而成，与人造石一样用了透光树脂，在花纹上工艺与人造玉石相似。透光云石采用不饱和树脂、氢氧化铝和其他辅料以及模具浇铸成型，在特殊工艺条件下可任意加工成各种造型。

透光云石具有如下特点：

①硬度较高、吸水率低，无污染、无放射性、无毒性、有阻燃性、耐油污、耐腐蚀、抗菌防霉、不易碎，可拼接无缝、任意造型，安装方便，易保养。

②制成板材光泽度好，透光效果明显，与天然云石相比质量较轻。

③花纹丰富灵动，既具有天然石材花纹的典雅豪华，又具有现代装饰艺术风格。借助灯光的透射效果，可产生晶莹通透、若隐若现的梦幻效果。

透光云石可用于墙体装饰、吊顶、吧台、立柱、灯饰，以及各种不同造型的透光台面及透光小品等。景观设计中，透光云石板常用于立面景墙、立柱外装、特色光效的灯罩；但不宜安装在水中及阳光直射的地方，亦不宜安装在人行、车行道上。

8.8 胶黏剂

胶黏剂是指具有良好的粘接性能，能在两个物体表面间形成薄膜并把它们牢固地粘接在一起的材料。与焊接、铆接、螺纹连接等连接方式相比，胶结具有很多突出的优越性，如粘接为面连接，应力分布均匀，耐疲劳性好；不受胶接物的形状、材质限制；胶接后具有良好的密封性能；几乎不增加粘接物的质量；胶接方法简单等。胶黏剂在景观工程中的应用越来越广泛，成为工程上不可缺少的重要配套材料。

胶黏剂是一种多组分的材料，它一般由粘接物质、固化剂、增韧剂、填料、稀释剂和改性剂等组分配制而成，见表8.3。

常用胶黏剂的性能及应用见表8.4。

表8.3　胶黏剂按粘接物质的性质分类

胶黏剂	有机类	合成类	树脂型	热固性：酚醛树脂、环氧树脂、不饱和聚酯、聚氨酯、脲醛树脂等
				热塑性：聚酯酸乙烯酯、聚氯乙烯—乙酸乙烯酯、聚丙烯酸酯、聚苯乙烯、聚酰胺、醇酸树脂、纤维素、饱和聚酯等
			橡胶型：再生橡胶、丁苯橡胶、丁基橡胶、氯丁橡胶、聚硫橡胶等	
			混合型：酚醛—聚乙烯醇缩醛、酚醛—氯丁橡胶、环氧—酚醛、环氧—聚硫橡胶等	
		天然类	葡萄糖衍生物：淀粉、可溶性淀粉、糊精、阿拉伯树胶、海藻酸钠等	
			氨基酸衍生物：植物蛋白、酪元、血蛋白、骨胶、鱼胶	
			天然树脂：木质素、单宁、松香、虫胶、生漆	
			沥青、沥青胶	
	无机类		硅酸盐类	
			磷酸盐类	
			硼酸盐	
			硫磺胶	
			硅溶胶	

表8.4　常用胶黏剂的性能及应用

	种　类	性　能	主要用途
热塑性合成树脂胶黏剂	聚乙烯醇缩甲醛类胶黏剂	粘接强度较高，耐水性、耐油性、耐磨性及抗老化性较好	粘贴壁纸、墙布、瓷砖等，可用于涂料的主要成膜物质，或用于拌制水泥砂浆，能增强砂浆层的粘接力
	聚乙酸乙烯酯类胶黏剂	常温固化快，粘接强度高，粘接层的韧性和耐久性好，不易老化，无毒、无味，不易燃爆，价格低，但耐水性差	广泛用于粘贴壁纸、玻璃、陶瓷、塑料、纤维织物、石材、混凝土、石膏等各种非金属材料，也可作为水泥增强剂
	聚乙烯醇胶黏剂（胶水）	水溶性胶黏剂，无毒，使用方便，粘接强度不高	用于胶合板、壁纸、纸张等的胶接
热固性合成树脂胶黏剂	环氧树脂类胶黏剂	粘接强度高，收缩率小，耐腐蚀，电绝缘性好，耐水、耐油	粘接金属制品、陶瓷、玻璃、木材、塑料、皮革、水泥制品、纤维制品等
	酚醛树脂类胶黏剂	粘接强度高，耐疲劳，耐热，耐气候老化	粘接金属、陶瓷、玻璃、塑料和其他非金属材料制品等
	聚氨酯类胶黏剂	黏附性好，耐疲劳，耐油，耐水、耐酸，韧性好，耐低温性能优异，可室温固化，但耐热性差	适于胶接塑料、木材、皮革等，特别适用于防水、耐酸、耐碱工程中
合成橡胶胶黏剂	丁腈橡胶胶黏剂	弹性及耐候性良好，耐疲劳、耐油、耐溶剂性好，耐热，有良好的混溶性，但黏着性差，成膜缓慢	适用于耐油部件中橡胶与橡胶、橡胶与金属、织物等的胶接。尤其适用于粘接软质聚氯乙烯材料
	氯丁橡胶胶黏剂	黏附力、内聚强度高，耐燃、耐油、耐溶剂性好。储存稳定性差	用于结构粘接或不同材料的粘接。如橡胶、木材、陶瓷、石棉等不同材料的粘接
	聚硫橡胶胶黏剂	很好的弹性、黏附性。耐油、耐候性好，对砌体和蒸汽不渗透，抗老化性好	作密封胶及用于路面、地坪、混凝土的修补、表面密封和防滑。用于海港、码头及水下建筑物的密封
	硅橡胶胶黏剂	良好的耐紫外线、耐老化性，耐热、耐腐蚀性好，黏附性好，防水防震	用于金属、陶瓷、混凝土、部分塑料的粘接。尤其适用于门窗玻璃的安装以及隧道、地铁等地下建筑中的瓷砖、岩石接缝间的密封

思考与练习

1. 简述涂料的定义和组成。

2. 涂料有哪些功能作用?

3. 按照涂料的装饰效果可分为哪几类?

4. 简述塑料的基本组成及性质。

5. 简述景观常用塑料的性能与用途。

6. 胶黏剂有哪些突出的优越性?

7. 简述膜结构的优点。

9 形制成品材料

本章导读　园林景观形制成品材料范围十分广泛，包括形制建筑小品及形制装饰小品两大类。在景观环境中，园林景观形制小品具有较高的观赏价值和艺术个性，具有体量小巧、造型精致、内容丰富等特点。本章主要介绍了园林形制小品及常见游乐、服务设施等成品材料。

园林景观的美是整体的，也是细节的，正如建筑的美要通过细节表现出来一样，城市园林景观也是由不同的细节所组成的，是体现着一定人文特征的综合体。其中，园林景观形制小品无疑是形式最为丰富、功能最为多样、出现最为频繁的重要细节。它几乎包含了城市园林环境中的各个方面，存在于大小各异的表现形式中。可以小到让人忽视，也可以大到成为空间焦点，它的多样性与普遍性使它成为园林环境设计中必须慎重对待的重要环节。

随着科学技术的提高，园林景观形制小品的材料及选择范围越来越广，形式也越来越多样化，从古代的金属、陶瓷、木材，到今天的塑料、合金、高分子复合材料，材料科技有了极大的发展。天然及人工材料充斥着设计空间，极大丰富了园林形制小品的语言和形式。

9.1　园林景观形制小品的含义

园林景观小品范围十分广泛，一般意义上指那些园林中供休息、装饰、照明、展示和为园林管理及方便游人使用的小型设施。园林小品包括功能简明、体量小巧、造型别致、带有意境、富于特色的小型园林建筑（图9.1）；也包括能够美化环境、装点生活、增添情趣的环境装饰构件（图9.2）。

形制小品是指以有效满足客户需求，由厂家定制生产的园林景观小品。这类产品在生产阶段注重整体设计，考虑其可制造性、可装配性、可拆卸性及可靠性等。针对不同形制小品的特征、材料和工艺进行标准化、批量化的生产。

在实际应用中，园林景观形制小品为园林营建中的重要组成部分，具有较高观赏价值和艺术个性。在现代城市园林中，形制小品除传统景观建筑、小品外，还包括城市空间中许多功能性及服务性设施，如城市标志、街道家具等各类影响城市外在景观效果的元素。随着人们对城市环境问题的重视，以及城市园林化的进程，景观形制小品设计已被作为一项重要的环境设计因素予以着重考虑。

图9.1 园林建筑

图9.2 环境装饰构件

园林景观形制
小品的特征

9.2 园林景观形制小品的特征

1）与环境的协调性及整体性

园林景观形制小品的应用总是处于一定环境的包容中，因此，人们看到的景观形制小品不仅是其本身，而是它与周围环境所共同形成的整体艺术效果。在设计与配置景观形制小品时，要整体考虑其所处的环境和空间形式，保证景观形制小品与周边环境及建筑之间的和谐统一，避免在材料、色彩、风格上产生冲突和对立。如图9.3所示的景观形制小品，采用天然木材制成，具有亲切、自然、细腻之感，与背景植物及整体环境风格统一，融于一体，浑然天成，保持了环境的整体性。

图9.3 形制小品与环境的整体性

2）设置与创作上的科学性

园林景观形制小品设置后一般不会随意搬迁移动，具有相对的固定性，所以其设计不能仅凭经验和主观判断，而是必须根据特定的位置条件、周边环境对视线角度、光线、视距、色泽、质感等因素的影响进行合理的设置，避免出现过于突兀或过于隐蔽的设计。

金属、石材质地光滑，容易让人产生高贵、庄重的印象，适用于城市道路、广场的形制小品中，体现现代之感；略微粗糙的木材、竹材则让人产生朴实、自然的感受，适用于公园、郊外的形制小品中（图9.4）。只有经过科学的考虑，才会有完善的设计方案。

图9.4　形制小品设置的科学性

3）风格上的民族性和时代感

环境中的园林景观形制小品，通过本身的造型、材质、色彩、肌理向人们展示其形象特征，表达某种情感，同时也反映特定的社会、地域、民俗审美情趣。城市环境中的园林景观形制小品，也是城市时代特征的重要表现，在形制小品的设计与硬件上，应尽量运用最新的设计思想和理论，利用新技术、新工艺、新材料、新艺术手法，使其具有鲜明的时代精神。

在形制小品的设计中，材料是载体，是表达设计概念的基本单元和主要物质基础，形制小品的民族性与时代感的实现最终依赖于材料。采用现代材料表达传统民族符号语言，生动形象，特色鲜明（图9.5）。

图9.5　民族风格景观形制小品

4）内容上的文化性和地方特色

园林景观形制小品的文化性是指其所体现的本土文化，是对这些文化内涵不断升华、提炼的过程，反映了一个地区自然环境、社会生活、历史文化等方面的特点。

材料是文化语言的一种表达方式，采用传统材料——木材、瓦等制成的形制小品，充分考虑其与黔东南文化的融合，特色鲜明，极具地方特色（图9.6）。

5）表现形式的多样性与功能的合理性

园林景观形制小品表现形式多样，不拘一格。体量的大小、手法的变化、材料的丰富、组合形式的差异，都使其表现内容丰富多样。

如图9.7所示的景观坐凳设计，采用不同表现形式，结合人体休憩功能的尺度，造型独特，功能完善，体现了景观小品的多样性。在材料的运用上，着色塑料具有活泼、热情之感，常用于儿童活动场所的坐凳设计；石材坐凳冷静、沉重，充分展现其坚固耐久的特性；木材制成的富有雕塑效果的坐凳极具艺术感染力，使人产生亲近之感。

图 9.6　黔东南景观形制小品

图 9.7　不同材料、造型的景观坐凳

9.3　园林景观形制小品的功能

1）造景功能

　　园林景观形制小品具有较强的造型艺术性和观赏性，因此能在环境中发挥重要的造景功能。在整体环境中，形制小品虽体量不大，却往往起着画龙点睛的作用。通过材质、色彩可以拉近人与环境的距离。在水景中，石材往往能巧为烘托，相得益彰，为整个环境增景添色。无论是石质花钵还是石板铺砌的汀步，都能为整体环境创造丰富多彩的景观内容。新型材料——耐候钢与水景搭配，更体现了软硬对比中所获得的艺术美的享受（图9.8）。

图9.8　形制小品的造景功能

2）使用功能

园林景观形制小品除了具有艺术造景功能，还具有使用功能，可直接满足人们的使用需要，如亭、廊、榭、椅等形制小品，可供人们休息、纳凉和赏景；园灯可提供夜间照明，方便夜间休闲活动；儿童活动设施可为儿童游戏、娱乐、玩耍所使用；小桥或汀步可让人通过小河或漫步于溪流之上（图9.9）；电话亭则方便人们进行通信及交流等；售卖亭可进行食品、用品交易。

图9.9　形制小品的使用功能

3）信息传达功能

一些园林景观形制小品还具有文化宣传及提供信息的作用，如宣传栏、宣传牌、标志牌等（图9.10）。这一类形制小品的材质多种多样，在选择上着重考虑不同的环境因素。如旅游景区的指示牌本身就是景观构成的一部分，其设计应与环境相融，多采用石材、木材，突显古朴自然之美；对于具有历史性、传统性的环境而言，多用古铜、耐候钢等材料来展现历史，从而引起人们的追忆；塑料指示牌多用于现代景观中，突出其丰富的色彩效果。

4）安全防护功能

　　一些园林景观形制小品还具有安全防护功能，可保证人们游览、休息或活动时的人身安全，并实现不同空间功能的强调和划分以及环境管理上的秩序和安全，如各种安全护栏、围墙等（图 9.11）。这些具有安全防护功能的形制小品多采用木材、金属等材料。

图 9.10　形制小品的信息传达功能

图 9.11　形制小品的安全防护功能

9.4　园林景观形制小品的分类

　　生活中常见的园林景观形制小品主要有景亭、花架、构架、园桥、景墙、水池、花坛、休息椅等，还有电话亭、候车亭、照明灯具、指路牌、垃圾桶、踏步、饮水龙头、告示牌等。园林景观形制小品的分类也多种多样，见表 9.1。

表 9.1　园林景观形制小品分类

分类标准	类　型	特　点	例　图
按功能性质分类	建筑形制小品	指园林环境中具有建筑性质的景观形制小品。如亭、廊、榭、花架、围墙（包括门洞、花窗）等	
	设施形制小品	指园林中主要为满足人们赏景、休息、娱乐、健身活动、科普宣传、卫生管理及安全防护等使用需要而设置的构筑物性质的形制小品。如步石、园灯、护栏、曲桥、圆桌、庭园椅凳、儿童娱乐设施以及宣传牌、果皮箱、文化卫生设施形制小品等	
	雕塑形制小品	指园林环境中富有生活气息和装饰情趣的小型雕塑。如人物及动物具象雕塑，反映现代艺术特质的抽象雕塑等	
	植物造景形制小品	指园林中使用植物材料进行人工造型所创造的形制小品。如盛花花坛、立体花坛、树木动物造型与艺术造型等	

续表

分类标准	类型	特点	例图
按功能性质分类	山石形制小品	指园林中人工堆叠放置的山石景观形制小品。如假山、置石等	
	水景形制小品	指园林中人工创造的小型水体景观。如水池、瀑布、流水、喷泉等	
按建造材料分类	竹木形制小品	以竹、木为材料建成的形制小品。这类小品色彩、质地容易与庭院环境相协调，取材方便，而且较为经济；缺点是不耐久，需经常维护。如竹花架、竹亭、木桥、木构凉亭、竹构椅凳等	
	混凝土形制小品	以水泥、砂、石等为原材料建造的形制小品，包括更牢固的钢筋混凝土形制小品，取材方便，坚固持久，造价也不太高，是现代园林环境中广泛应用的一类形制小品。如平顶亭、蘑菇亭、庭园桌凳、花架长廊等	
	砖石形制小品	以砖石为材料建成的园林形制小品，如花墙、铺地、石桌、石凳等。这类形制小品质感朴素，自然雅逸，与庭园绿色环境和谐统一	
	金属形制小品	以金属材料（如钢、铁、铝、铜及合金材料等）建成的园林形制小品，通常精致、美观、持久耐用，但造价较高。除不锈钢和铝合金小品外，一般都需要定期保养，以防锈蚀损坏。如金属椅凳、护栏、围栅、导游牌、园灯、雕塑、果皮箱以及各种儿童游戏设施形制小品等	

分类标准	类型	特点	例图
按建造材料分类	植物形制小品	以园林植物为材料建成的形制小品。这类形制小品既经济又美观，还具有生态功能，但需经常修剪维护。如立体模纹造型、绿雕、树木建筑造型等	
	陶瓷形制小品	以红泥或高岭土烧制而成的园林形制小品。这类形制小品一般由陶瓷工艺厂出品，精巧、美观，但造价较高，有时因色彩华丽而不易与环境取得调和，应用时有一定的局限性	
	其他形制小品	园林景观形制小品除以上材料外，还有塑料（如儿童游戏小品等）、玻璃与玻璃钢（如雕塑等）、纤维（如各种绳网篷架等）及其他混合材料	
按空间特性分类	可进入类形制小品	指那些在自身内部限定着一定的空间，并且能为人们提供休息、赏景、玩耍、使用的形制小品。包括景亭、榭舫、景廊、花架、构架、挑台、园路、小桥、汀步、梯级、候车亭、街头售货亭、自行车棚、假山、水景等	
	不可进入类形制小品	指那些实体虽然是园林形制小品，内部也有空间，但人不能进入其中。主要包括柱式、景石、独立假山、绿化（植物雕塑、植物造型、植物模纹图案、花钵、花卉盆景等），还包括水景以及景观雕塑、景墙、栏杆、护柱、徽章标志、邮筒、垃圾箱、公共桌凳、照明灯具、饮水器、时钟等	

9.5　园林景观形制小品的发展

园林景观形制
小品的发展

近年来，随着我国经济水平的快速发展和技术水平的不断提高，新的城市景观环境理念逐步形成。现代园林景观形制小品设计的发展趋势有以下几个方面。

1）人性化

现代园林形制小品设计在满足人们实际需要的同时，追求以人为本的理念，并逐步形成人性化的设计导向，在造型、风格、体量、材料等因素上更加考虑人们的心理需求，使形制小品更加体贴、亲近，提高了公众参与的热情。如公园座椅、洗手间、道路等公共设施设计更多考虑方便不同人群（特别是残障人士、老年人和儿童等）的使用（图9.12）。

图 9.12　人性化园林景观形制小品

2）生态化

目前，人们越来越倡导生态型的城市景观建设，对公共设施中的园林形制小品也越来越要求其环保、节能和生态特性，石材、木材和植物等材料得到了更多的使用（图9.13）。在设计形式、结构等方面也要求园林形制小品尽可能地与周边自然环境相衔接，建立与自然和谐共生的关系，体现"源于自然、归于自然"的设计理念。前些年各地盛行用玻璃钢材制作的大型仿真植物（如仙人掌、椰子树等），现已被设计师们所抛弃，因其与周边环境极不协调，更不具备任何生态化元素。

3）艺术化

园林形制小品是城市地域文化建设的重要载体，承载着展现地方文化历史和服务群众游憩生活的功能需要。随着我国精神文明建设的不断深入，人民群众对生态环境的要求进一步提高。因此，现代园林形制小品设计手法应更加个性化、艺术化，并需要不断创造出新的物质形态表达方法，更加深入地影响人们的精神生活。如2004年第五届深圳园博会金奖作品——"武之魂"郑州园，即以少林武术发源地这一重要人文要素为基点进行扩展，借助石材雕刻来表现。通过设置嵩岳晨钟、石锁、石球、华夏图腾柱、武术浮雕、兵器陈列架等园林景观形制小品，将中原武术博大精深的文化内涵进行艺术化的概括和提炼，并通过艺术手法予以展示，取得了较为理想的景观效果（图9.14）。

图9.13　生态化景观形制小品

图9.14　武之魂雕塑

4）综合化

园林形制小品很少以单一个体出现，大多具有综合性功能，并能够与环境要素有机结合起来。近年来，在北京天安门广场设立的国庆大型立体花坛，就充分体现了园林形制小品的综合化发展趋势（图9.15）。新型的立体花坛充分运用了声、光、电等表现手法，将建筑、结构、绘画、雕塑、植物、音响、照明等相关学科有机联系在一起，通过新材料、新工艺、新技术的大胆创新使用，展现出了独特而新颖的景观效果。

图 9.15 天安门广场国庆花坛

5）多样化

　　随着科学技术的发展，多元文化的交融互通，新材料、新工艺、新技术不断涌现。材料在园林形制小品中应用非常广泛，不同材料都有其独特的性能和作用。伴随着现代新材料的充实，使得未来园林形制小品在形式和内容上将呈现多样化、多元化的发展趋势。

　　当今，我国正处于重构乡村和城市景观的重要历史时期，传统文化面临着外来文化的强烈冲击。在此背景下，对风景园林行业发展趋势进行研究具有十分重要的意义。未来园林形制小品的发展是难以准确预测的，但可以肯定的是，发展离不开创新，艺术需要创新，而这些创新就需要在前人的文化上寻找灵感，并深受环境的影响。总的来讲，人类社会生活文明程度越进步，园林形制小品设计就越以人为本。随着各种"手法""理念"的不断更新，人们已不再纠缠它们的文化背景，因为随着社会民主化、人本化的深入，各种设计方法都将得到弘扬，科学、民主才是将来园林形制小品设计的发展趋势。

思考与练习

　　1. 简述园林景观形制小品的特征。

　　2. 简述园林景观形制小品的功能。

　　3. 园林景观形制小品可以分为哪几类？特征分别是什么？

　　4. 简述现代园林景观形制小品设计的发展趋势。

参考文献

[1] 金涛 . 园林景观小品应用艺术大观 [M]. 北京：中国城市出版社，2003.

[2] 周维权 . 中国古典园林史 [M].3 版 . 北京：清华大学出版社，2008.

[3] 金学智 . 中国园林美学 [M].2 版 . 北京：中国建筑工业出版社，2007.

[4] 陈战是，梁伊任 . 谈我国现代园林中材料的运用与发展 [J]. 中国园林 ,2004（01）:38-40.

[5] 刘登良 . 涂料工艺 [M].4 版 . 北京：化学工业出版社，2010.

[6] 魏鸿汉 . 建筑材料 [M].6 版 . 北京：中国建筑工业出版社，2022.

[7] 徐成君 . 建筑材料 [M].3 版 . 北京：高等教育出版社，2013.

[8] 吴科如 . 建筑材料 [M]. 上海：同济大学出版社，2001.

[9] 张海梅，张广峻 . 建筑材料 [M].6 版 . 北京：科学出版社，2019.

[10] 刘莹 . 传统材料在当代环境设计中的艺术再现 [D]. 重庆大学 ,2010.

[11] 张建林，曹仁勇 . 园林工程 [M].3 版 . 北京：中国农业出版社，2019.

[12] 张文英 . 风景园林工程 [M].2 版 . 北京：中国农业出版社，2020.

[13] 中国建筑标准设计研究院 . 国家建筑标准设计图集 03JO12-1——环境景观室外工程细部构造 [M]. 北京：中国计划出版社，2007.

[14] 郭明 . 景观小品工程 [M]. 北京：中国建筑工业出版社，2006.

[15] 乔安 · 克里夫顿 . 景观创意设计 [M]. 郝福玲，译 . 大连：大连理工大学出版社，2006.

[16] 张学军 . 2006 版园林艺术小品雕塑与景观搭配设计与营造技术大全 [M]. 北京：中国科技文化出版社，2006.

[17] 都伟 . 公共设施 [M]. 北京：机械工业出版社，2007.

[18] 张彬 . 浅谈我国现代园林中材料的运用与发展 [J]. 绿色科技，2009（4）.

[19] 李运远 . 试论园林材料的应用 [D]. 哈尔滨：东北林业大学，2006.

[20] 王万喜 . 玻璃在现代景观设计中的应用 [J]. 长江大学学报（自然科学版）农学卷 ,2009,6（03）:24-26+111.

[21] 张静芳 . 浅谈竹模饰面混凝土施工工艺及其应用 [J]. 四川建筑 ,2023,43(04):241-242+247.

[22] 刘双 . 景观工程中装饰混凝土应用分析 [J]. 混凝土世界 ,2018（01）:50-53.

[23] 涂序涌 . 新型胶凝材料及模块化建设在现代园林中的应用 [J]. 现代园艺 ,2015（22）:151.DOI: 10.14051/j.cnki.xdyy.2015.22.126.